U0184839

国家出版基金项目
NATIONAL PUBLICATION FOUNDATION

计/量/史/学/译/丛 ————— 主编

[法] 克洛德·迪耶博 Claude Diebolt
[美] 迈克尔·豪珀特 Michael Haupert

制度与计量史学的发展

张文 杨济菡 译

格致出版社 上海人民出版社

中文版推荐序一

　　量化历史研究是交叉学科,是用社会科学理论和量化分析方法来研究历史,其目的是发现历史规律,即人类行为和人类社会的规律。量化历史研究称这些规律为因果关系;量化历史研究的过程,就是发现因果关系的过程。

　　历史资料是真正的大数据。当代新史学的发展引发了"史料革命",扩展了史料的范围,形成了多元的史料体系,进而引发了历史资料的"大爆炸"。随着历史大数据时代的到来,如何高效处理大规模史料并从中获得规律性认识,是当代历史学面临的新挑战。中国历史资料丰富,这是中华文明的优势,但是,要发挥这种优势、增加我们自己乃至全人类对我们过去的认知,就必须改进研究方法。

　　量化分析方法和历史大数据相结合,是新史学的重要内容,也是历史研究领域与时俱进的一种必然趋势。量化历史既受益于现代计算机、互联网等技术,也受益于现代社会科学分析范式的进步。按照诺贝尔经济学奖获得者、经济史学家道格拉斯·诺思的追溯,用量化方法研究经济史问题大致起源于 1957 年。20 世纪六七十年代,量化历史变得流行,后来其热度又有所消退。但 20 世纪 90 年代中期后,新一轮研究热潮再度引人注目。催生新一轮研究的经典作品主要来自经济学领域。在如何利用大数据论证历史假说方面,经济史学者做了许多方法论上的创新,改变了以往只注重历史数据描述性分析、相关性分析的传统,将历史研究进一步往科学化的方向推进。量化历史不是"热潮不热潮"的问题,而是史学研究必须探求的新方法。否则,我们难以适应新技术和海量历史资料带来的便利和挑战。

1

理解量化历史研究的含义，一般需要结合三个角度，即社会科学理论、量化分析方法、历史学。量化历史和传统历史学研究一样注重对历史文献的考证、确认。如果原始史料整理出了问题，那么不管采用什么研究方法，由此推出的结论都难言可信。两者的差别在于量化方法会强调在史料的基础上尽可能寻找其中的数据，或者即使没有明确的数据也可以努力去量化。

不管哪个领域，科学研究的基本流程应该保持一致：第一，提出问题和假说。第二，根据提出的问题和假说去寻找数据，或者通过设计实验产生数据。第三，做统计分析，检验假说的真伪，包括选择合适的统计分析方法识别因果关系、做因果推断，避免把虚假的相关性看成因果关系。第四，根据分析检验的结果做出解释，如果证伪了原假说，那原假说为什么错了？如果验证了原假说，又是为什么？这里，挖掘清楚"因"导致"果"的实际传导机制甚为重要。第五，写报告文章。传统历史研究在第二步至第四步上做得不够完整。所以，量化历史方法不是要取代传统历史研究方法，而是对后者的一种补充，是把科学研究方法的全过程带入历史学领域。

量化历史方法不仅仅"用数据说话"，而且提供了一个系统研究手段，让我们能同时把多个假说放在同一个统计回归分析里，看哪个解释变量、哪个假说最后能胜出。相比之下，如果只是基于定性讨论，那么这些不同假说可能听起来都有道理，无法否定哪一个，因而使历史认知难以进步。研究不只是帮助证明、证伪历史学者过去提出的假说，也会带来对历史的全新认识，引出新的研究话题与视角。

统计学、计量研究方法很早就发展起来了，但由于缺乏计算软件和数据库工具，在历史研究中的应用一直有限。最近四十年里，电脑计算能力、数据库化、互联网化都突飞猛进，这些变迁带来了最近十几年在历史与社会科学领域的知识革命。很多原来无法做的研究今天可以做，由此产生的认知越来越广、越来越深，同时研究者的信心大增。今天历史大数据库也越来越多、越来越可行，这就使得运用量化研究方法成为可能。研究不只是用数据说话，也不只是统计检验以前历史学家提出的假说，这种新方法也可以带来以前人们想不到的新认知。

强调量化历史研究的优势，并非意味着这些优势很快就能够实现，一项好的量化历史研究需要很多条件的配合，也需要大量坚实的工作。而量化历史研究作为一个新兴领域，仍然处于不断完善的过程之中。在使用量化历史研究方法的过程中，也需要注意其适用的条件，任何一种方法都有其适用的范围和局限，一项研究的发展也需要学术共同体的监督和批评。量化方法作为"史无定法"中的一种方法，在历史大数据时代，作用将越来越大。不是找到一组历史数据并对其进行回归分析，然后就完成研究了，而是要认真考究史料、摸清史料的历史背景与社会制度环境。只有这样，才能更贴切地把握所研究的因果关系链条和传导机制，增加研究成果的价值。

未来十年、二十年会是国内研究的黄金期。原因在于两个方面：一是对量化方法的了解、接受和应用会越来越多，特别是许多年轻学者会加入这个行列。二是中国史料十分丰富，但绝大多数史料以前没有被数据库化。随着更多历史数据库的建立并且可以低成本地获得这些数据，许多相对容易做的量化历史研究一下子就变得可行。所以，从这个意义上讲，越早进入这个领域，越容易产出一些很有新意的成果。

我在本科和硕士阶段的专业都是工科，加上博士阶段接受金融经济学和量化方法的训练，很自然会用数据和量化方法去研究历史话题，这些年也一直在推动量化历史研究。2013年，我与清华大学龙登高教授、伦敦经济学院马德斌教授等一起举办了第一届量化历史讲习班，就是希望更多的学人关注该领域的研究。我的博士后熊金武负责了第一届和第二届量化历史讲习班的具体筹备工作，也一直担任"量化历史研究"公众号轮值主编等工作。2019年，他与格致出版社唐彬源编辑联系后，组织了国内优秀的老师，启动了"计量史学译丛"的翻译工作。该译丛终于完成，实属不易。

"计量史学译丛"是《计量史学手册》（*Handbook of Cliometrics*）的中文译本，英文原书于2019年11月由施普林格出版社出版，它作为世界上第一部计量史学手册，是计量史学发展的一座里程碑。该译丛是全方位介绍计量史学研究方法、应用领域和既有研究成果的学术性研究丛书，涉及的议题非常广泛，从计量史学发展的学科史、人力资本、经济增长，到银行金融业、创新、公共政策和经济周期，再到计量史学方法论。其中涉及的部分研究文献已经在"量化历史研究"公众号上被推送出来，足以说明本套译丛的学术前沿性。

同时，该译丛的各章均由各研究领域公认的顶级学者执笔，包括2023年获得诺贝尔经济学奖的克劳迪娅·戈尔丁，1993年诺贝尔经济学奖得主罗伯特·福格尔的长期研究搭档、曾任美国经济史学会会长的斯坦利·恩格尔曼,以及量化历史研讨班授课教师格里高利·克拉克。这套译丛既是向学界介绍计量史学的学术指导手册,也是研究者开展计量史学研究的方法性和写作范式指南。

"计量史学译丛"的出版顺应了学界当下的发展潮流。我们相信,该译丛将成为量化历史领域研究者的案头必备之作,而且该译丛的出版能吸引更多学者加入量化历史领域的研究。

陈志武

香港大学经管学院金融学讲座教授、

香港大学香港人文社会研究所所长

中文版推荐序二

马克思在 1868 年 7 月 11 日致路德维希·库格曼的信中写道："任何一个民族,如果停止劳动,不用说一年,就是几个星期,也要灭亡,这是每一个小孩都知道的。人人都同样知道,要想得到和各种不同的需要量相适应的产品量,就要付出各种不同的和一定数量的社会总劳动量。这种按一定比例分配社会劳动的必要性,决不可能被社会生产的一定形式所取消,而可能改变的只是它的表现形式,这是不言而喻的。自然规律是根本不能取消的。在不同的历史条件下能够发生变化的,只是这些规律借以实现的形式。"在任何时代,人们的生产生活都涉及数量,大多表现为连续的数量,因此一般是可以计算的,这就是计量。

传统史学主要依靠的是定性研究方法。定性研究以普遍承认的公理、演绎逻辑和历史事实为分析基础,描述、阐释所研究的事物。它们往往依据一定的理论与经验,寻求事物特征的主要方面,并不追求精确的结论,因此对计量没有很大需求,研究所得出的成果主要是通过文字的形式来表达,而非用数学语言来表达。然而,文字语言具有多义性和模糊性,使人难以精确地认识历史的真相。在以往的中国史研究中,学者们经常使用诸如"许多""很少""重要的""重大的""严重的""高度发达""极度衰落"一类词语,对一个朝代的社会经济状况进行评估。由于无法确定这些文字记载的可靠性和准确性,研究者的主观判断又受到各种主客观因素的影响,因此得出的结论当然不可能准确,可以说只是一些猜测。由此可见,在传统史学中,由于计量研究的缺失或者被忽视,导致许多记载和今天依据这些记载得出的结论并不可靠,难以成为信史。

因此,在历史研究中采用计量研究非常重要,许多大问题,如果不使用计量方法,可能会得出不符合事实甚至是完全错误的结论。例如以往我国历史学界的一个主流观点为:在中国传统社会中,建立在"封建土地剥削和掠夺"的基础上的土地兼并,是农民起义爆发的根本原因。但是经济学家刘正山通过统计方法表明这些观点站不住脚。

如此看来,运用数学方法的历史学家研究问题的起点就与通常的做法不同;不是从直接收集与感兴趣的问题相关的材料开始研究,而是从明确地提出问题、建立指标体系、提出假设开始研究。这便规定了历史学家必须收集什么样的材料,以及采取何种方法分析材料。在收集和分析材料之后,这些历史学家得出有关结论,然后用一些具体历史事实验证这些结论。这种研究方法有两点明显地背离了分析历史现象的传统做法:研究对象必须经过统计指标体系确定;在历史学家研究具体史料之前,已经提出可供选择的不同解释。然而这种背离已被证明是正确的,因为它不仅在提出问题方面,而且在解决历史学家所提出的任务方面,都表现出精确性和明确性。按照这种方法进行研究的历史学家,通常用精确的数量进行评述,很少使用诸如"许多""很少""重要的""重大的"这类使分析结果显得不精确的词语进行评估。同时,我们注意到,精确、具体地提出问题和假设,还节省了历史学家的精力,使他们可以更迅速地达到预期目的。

但是,在历史研究中使用数学方法进行简单的计算和统计,还不是计量史学(Cliometrics)。所谓计量史学并不是一个严谨的概念。从一般的意义上讲,计量史学是对所有有意识地、系统地采用数学方法和统计学方法从事历史研究的工作的总称,其主要特征为定量分析,以区别于传统史学中以描述为主的定性分析。

计量史学是在社会科学发展的推动下出现和发展起来的。随着数学的日益完善和社会科学的日益成熟,数学在社会科学研究中的使用愈来愈广泛和深入,二者的结合也愈来愈紧密,到了20世纪更成为社会科学发展的主要特点之一,对于社会科学的发展起着重要的作用。1971年国际政治学家卡尔·沃尔夫冈·多伊奇(Karl Wolfgone Deutsch)发表过一项研究报告,详细地列举了1900—1965年全世界的62项社会科学方面的重大进展,并得出如下的结论:"定量的问题或发现(或者兼有)占全部重大进展的三分之二,占1930年以来重大进展的六分之五。"

作为一个重要的学科,历史学必须与时俱进。20世纪70年代,时任英国历史学会会长的历史学家杰弗里·巴勒克拉夫(Geoffrey Barractbugh)受联合国教科文组织委托,总结第二次世界大战后国际历史学发展的情况,他写道:"推动1955年前后开始的'新史学'的动力,主要来自社会科学。"而"对量的探索无疑是历史学中最强大的新趋势",因此当代历史学的突出特征就是"计量革命"。历史学家在进行研究的时候,必须关注并学习社会科学其他学科的进展。计量研究方法是这些进展中的一个主要内容,因此在"计量革命"的背景下,计量史学应运而生。

20世纪中叶以来,电子计算机问世并迅速发展,为计量科学手段奠定了基础,计量方法的地位日益提高,逐渐作为一种独立的研究手段进入史学领域,历史学发生了一次新的转折。20世纪上半叶,计量史学始于法国和美国,继而扩展到西欧、苏联、日本、拉美等国家和地区。20世纪60年代以后,电子计算机的广泛应用,极大地推动了历史学研究中的计量化进程。计量史学的研究领域也从最初的经济史,扩大到人口史、社会史、政治史、文化史、军事史等方面。应用计量方法的历史学家日益增多,有关计量史学的专业刊物大量涌现。

计量史学的兴起大大推动了历史研究走向精密化。传统史学的缺陷之一是用一种模糊的语言解释历史,缺陷之二是历史学家往往随意抽出一些史料来证明自己的结论,这样得出的结论往往是片面的。计量史学则在一定程度上纠正了这种偏差,并使许多传统的看法得到检验和修正。计量研究还使历史学家发现了许多传统定性研究难以发现的东西,加深了对历史的认识,开辟了新的研究领域。历史学家马尔雪夫斯基说:"今天的历史学家们给予'大众'比给予'英雄'以更多的关心,数量化方法没有过错,因为它是打开这些无名且无记录的几百万大众被压迫秘密的一把钥匙。"由于采用了计量分析,历史学家能够更多地把目光转向下层人民群众以及物质生活和生产领域,也转向了家庭史、妇女史、社区史、人口史、城市史等专门史领域。另外,历史资料的来源也更加广泛,像遗嘱、死亡证明、法院审判记录、选票、民意测验等,都成为计量分析的对象。计算机在贮存和处理资料方面拥有极大优势,提高了历史研究的效率,这也是计量史学迅速普及的原因之一。

中国史研究中使用计量方法始于 20 世纪 30 年代。在这个时期兴起的社会经济史研究,表现出了明显的社会科学化取向,统计学方法受到重视,并在经济史的一些重要领域(如户口、田地、租税、生产,以及财政收支等)被广泛采用。1935 年,史学家梁方仲发表《明代户口田地及田赋统计》一文,并对利用史籍中的数字应当注意的问题作了阐述。由此他被称为"把统计学的方法运用到史学研究的开创者之一"。1937 年,邓拓的《中国救荒史》出版,该书统计了公元前 18 世纪以来各世纪自然灾害的频数,并按照朝代顺序进行了简单统计。虽然在统计过程中对数据的处理有许多不完善的地方,但它是中国将统计方法运用在长时段历史研究中的开山之作。1939 年,史学家张荫麟发表《北宋的土地分配与社会骚动》一文,使用北宋时期主客户分配的统计数字,说明当时几次社会骚动与土地集中无关。这些都表现了经济史学者使用计量方法的尝试。更加专门的计量经济史研究的开创者是巫宝三。1947 年,巫宝三的《国民所得概论(一九三三年)》引起了海内外的瞩目,成为一个标志性的事件。但是在此之后,中国经济史研究中使用计量方法的做法基本上停止了。

到了改革开放以后,使用计量方法研究历史的方法重新兴起。20 世纪末和 21 世纪初,中国的计量经济史研究开始进入一个新阶段。为了推进计量经济史的发展,经济学家陈志武与清华大学、北京大学和河南大学的学者合作,于 2013 年开始每年举办量化历史讲习班,参加讲习班接受培训的学者来自国内各高校和研究机构,人数总计达数百人。尽管培训的实际效果还需要时间检验,但是如此众多的中青年学者踊跃报名参加培训这件事本身,就已表明中国经济史学界对计量史学的期盼。越来越多的人认识到:计量方法在历史研究中的重要性是无人能够回避的;计量研究有诸多方法,适用于不同题目的研究。

为了让我国学者更多地了解计量史学的发展,熊金武教授组织多位经济学和历史学者翻译了这套"计量史学译丛",并由格致出版社出版。这套丛书源于世界上第一部计量史学手册,同时也是计量史学发展的一座里程碑。丛书全面总结了计量史学对经济学和历史学知识的具体贡献。丛书各卷均由各领域公认的大家执笔,系统完整地介绍了计量史学对具体议题的贡献和计量史学方法论,是一套全方位介绍计量史学研究方法、应用领域和既有研究成果的学术性研究成果。它既是向社会科学同行介绍计量史学的学术指导手册,也是研究者实际开展计量史学研究的方法和写作范式指南。

在此,衷心祝贺该译丛的问世。

李伯重
北京大学人文讲席教授

中文版推荐序三

　　许多学术文章都对计量史学进行过界定和总结。这些文章的作者基本上都是从一个显而易见的事实讲起,即计量史学是运用经济理论和量化手段来研究历史。他们接着会谈到这个名字的起源,即它是由"克利俄"(Clio,司掌历史的女神)与"度量"(metrics,"计量"或"量化的技术")结合而成,并由经济学家斯坦利·雷特与经济史学家兰斯·戴维斯和乔纳森·休斯合作创造。实际上,可以将计量史学的源头追溯至经济史学的发端。19世纪晚期,经济史学在德国和英国发展成为独立的学科。此时,德国的施穆勒和英国的约翰·克拉彭爵士等学术权威试图脱离标准的经济理论来发展经济史学。在叛离古典经济学演绎理论的过程中,经济史成了一门独特的学科。经济史最早的形式是叙述,偶尔会用一点定量的数据来对叙述予以强化。

　　历史学派的初衷是通过研究历史所归纳出的理论,来取代他们所认为的演绎经济学不切实际的理论。他们的观点是,最好从实证和历史分析的角度出发,而不是用抽象的理论和演绎来研究经济学。历史学派与抽象理论相背离,它对抽象理论的方法、基本假设和结果都批评甚多。19世纪80年代,经济历史学派开始分裂。比较保守的一派,即继承历史学派衣钵的历史经济学家们完全不再使用理论,这一派以阿道夫·瓦格纳(Adolph Wagner)为代表。另一派以施穆勒为代表,第一代美国经济史学家即源于此处。在英国,阿尔弗雷德·马歇尔(Alfred Marshall)和弗朗西斯·埃奇沃斯(Francis Edgeworth)代表着"老一派"的对立面,在将正式的数学模型纳入经济学的运动中,他们站在最前沿。

在 20 世纪初,经济学这门学科在方法上变得演绎性更强。随着自然科学声望日隆,让经济学成为一门科学的运动兴起,此时转而形成一种新认知,即经济学想要在社会科学的顶峰占据一席之地,就需要将其形式化,并且要更多地依赖数学模型。之后一段时期,史学运动衰落,历史经济学陷入历史的低谷。第一次世界大战以后,经济学家们研究的理论化程度降低了,他们更多采用统计的方法。第二次世界大战以后,美国经济蓬勃发展,经济学家随之声名鹊起。经济学有着严格缜密的模型,使用先进的数学公式对大量的数值数据进行检验,被视为社会科学的典范。威廉·帕克(William Parker)打趣道,如果经济学是社会科学的女王,那么经济理论就是经济学的女王,计量经济学则是它的侍女。与此同时,随着人们越来越注重技术,经济学家对经济增长的决定因素越来越感兴趣,对所谓世界发达地区与欠发达地区之间差距拉大这个问题也兴趣日增。他们认为,研究经济史是深入了解经济增长和经济发展问题的一个渠道,他们将新的量化分析方法视为理想的分析工具。

"新"经济史,即计量史学的正式形成可以追溯到 1957 年经济史协会(1940 年由盖伊和科尔等"老"经济史学家创立)和"收入与财富研究会"(归美国国家经济研究局管辖)举办的联席会议。计量史学革命让年轻的少壮派、外来者,被老前辈称为"理论家"的人与"旧"经济史学家们形成对立,而后者更像是历史学家,他们不太可能会依赖定量的方法。他们指责这些新手未能正确理解史实,就将经济理论带入历史。守旧派声称,实际模型一定是高度概括的,或者是特别复杂的,以致不能假设存在数学关系。然而,"新"经济史学家主要感兴趣的是将可操作的模型应用于经济数据。到 20 世纪 60 年代,"新""旧"历史学家之间的争斗结束了,结果显而易见:经济学成了一门"科学",它构建、检验和使用技术复杂的模型。当时计量经济学正在兴起,经济史学家分成了两派,一派憎恶计量经济学,另一派则拥护计量经济学。憎恶派的影响力逐渐减弱,其"信徒"退守至历史系。

"新""旧"经济史学家在方法上存在差异,这是不容忽视的。新经济史学家所偏爱的模型是量化的和数学的,而传统的经济史学家往往使用叙事的模式。双方不仅在方法上存在分歧,普遍接受的观点也存在分裂。计量史学家使用自己新式的工具推翻了一些人们长期秉持的看法。有一些人们公认的观点被计量史学家推翻了。一些人对"新"经济史反应冷淡,因为他们认为"新"经济史对传统史学的方法构成了威胁。但是,另外一些人因为"新"经济史展示出的可能性而对它表示热烈欢迎。

计量史学的兴起导致研究计量史学的经济学家与研究经济史的历史学家之间出现裂痕,后者不使用形式化模型,他们认为使用正规的模型忽略了问题的环境背景,过于迷恋统计的显著性,罔顾情境的相关性。计量史学家将注意力从文献转移到了统计的第一手资料上,他们强调使用统计技术,用它来检验变量之间的假定关系是否存在。另一方面,对于经济学家来说计量史学也没有那么重要了,他们只把它看作经济理论的另外一种应用。虽然应用经济学并不是什么坏事,但计量史学并没有什么特别之处——只不过是将理论和最新的量化技术应用在旧数据上,而不是将其用在当下的数据上。也就是说,计量史学强调理论和形式化模型,这一点将它与"旧"经济史区分开来,现在,这却使经济史和经济理论之间的界线模糊不清,以至于有人质疑经济史学家是否有存在的必要,而且实际上许多经济学系已经认为不再需要经济史学家了。

中国传统史学对数字和统计数据并不排斥。清末民初,史学研究和统计学方法已经有了结合。梁启超在其所著的《中国历史研究法》中,就强调了统计方法在历史研究中的作用。巫宝三所著的《中国国民所得(一九三三年)》可谓中国史领域中采用量化历史方法的一大研究成果。此外,梁方仲、吴承明、李埏等经济史学者也重视统计和计量分析工具,提出了"经济现象多半可以计量,并表现为连续的量。在经济史研究中,凡是能够计量的,尽可能做些定量分析"的观点。

在西方大学的课程和经济学研究中,计量经济学与经济史紧密结合,甚至被视为一体。然而,中国的情况不同,这主要是因为缺乏基础性历史数据。欧美经济学家在长期的数据开发和积累下,克服了壁垒,建立了一大批完整成熟的历史数据库,并取得了一系列杰出的成果,如弗里德曼的货币史与货币理论,以及克劳迪娅·戈尔丁对美国女性劳动历史的研究等,为计量经济学的科学研究奠定了基础。然而,整理这样完整成熟的基础数据库需要巨大的人力和资金,是一个漫长而艰巨的过程。

不过,令人鼓舞的是,国内一些学者已经开始这项工作。在量化历史讲习班上,我曾提到,量化方法与工具从多个方面推动了历史研究的发现和创新。量化历史的突出特征就是将经济理论、计量技术和其他规范或数理研究方法应用于社会经济史研究。只有真正达到经济理论和定量分析方法的互动融合，才可以促进经济理论和经济史学的互动发展。然而，传统史学也有不容忽视的方面，例如人的活动、故事的细节描写以及人类学的感悟与体验，它们都赋予历史以生动性与丰富性。如果没有栩栩如生的人物与细节，历史就变成了手术台上被研究的标本。历史应该是有血有肉的，而不仅仅是枯燥的数字，因为历史是人类经验和智慧的记录，也是我们沟通过去与现在的桥梁。通过研究历史，我们能够深刻地了解过去的文化、社会、政治和经济背景，以及人们的生活方式和思维方式。

中国经济史学者在国际量化历史研究领域具有显著的特点。近年来，中国学者在国际量化历史研究中崭露头角，通过量化历史讲习班与国际学界密切交流。此外，大量中国学者通过采用中国历史数据而作出的优秀研究成果不断涌现。这套八卷本"计量史学译丛"的出版完美展现了当代经济史、量化历史领域的前沿研究成果和通用方法，必将促进国内学者了解国际学术前沿，同时我们希望读者能够结合中国历史和数据批判借鉴，推动对中国文明的长时段研究。

龙登高

清华大学社会科学学院教授、中国经济史研究中心主任

英文版总序

目标与范畴

新经济史[New Economic History,这个术语由乔纳森·休斯(Jonathan Hughes)提出],或者说计量史学[Cliometrics,由斯坦·雷特(Stan Reiter)创造]最近才出现,它字面上的意思是对历史进行测量。人们认为,阿尔弗雷德·康拉德(Alfred Conrad)和约翰·迈耶(John Meyer)是这个领域的拓荒者,他们1957年在《经济史杂志》(*Journal of Economic History*)上发表了《经济理论、统计推断和经济史》(Economic Theory, Statistical Inference and Economic History)一文,该文是二人当年早些时候在经济史协会(Economic History Association)和美国国家经济研究局(NBER)"收入与财富研究会"(Conference on Research in Income and Wealth)联席会议上发表的报告。他们随后在1958年又发表了一篇论文,来对计量史学的方法加以说明,并将其应用在美国内战前的奴隶制问题上。罗伯特·福格尔(Robert Fogel)关于铁路对美国经济增长影响的研究工作意义重大,从广义上讲是经济学历史上一场真正的革命,甚至是与传统的彻底决裂。它通过经济学的语言来表述历史,重新使史学在经济学中占据一席之地。如今,甚至可以说它是经济学一个延伸的领域,引发了新的争论,并且对普遍的看法提出挑战。计量经济学技术和经济理论的使用,使得对经济史的争论纷纭重起,使得对量化的争论在所难免,并且促使在经济学家们中间出现了新的历史意识(historical awareness）。

计量史学并不仅仅关注经济史在有限的、技术性意义上的内容,它更在整体上改变了历史研究。它体现了社会科学对过往时代的定量估计。知晓奴隶制是否在美国内战前使美国受益,或者铁路是否对美国经济发展产生了重大影响,这些问题对于通史和经济史来说同样重要,而且必然会影响到任何就美国历史进程所作出的(人类学、法学、政治学、社会学、心理学等)阐释或评价。

此外,理想主义学派有一个基本的假设,即认为历史永远无法提供科学证据,因为不可能对独特的历史事件进行实验分析。计量史学对这一基本假设提出挑战。计量史学家已经证明,恰恰相反,通过构造一个反事实,这种实验是能做到的,可以用反事实来衡量实际发生的事情和在不同情况下可能发生的事情之间存在什么差距。

众所周知,罗伯特·福格尔用反事实推理来衡量铁路对美国经济增长的影响。这个方法的原理也许和历史的时间序列计量经济学一样,是计量史学对一般社会科学研究人员,特别是对历史学家最重要的贡献。

方法上的特点

福格尔界定了计量史学方法上的特征。他认为,在承认计量和理论之间存在紧密联系的同时,计量史学也应该强调计量,这一点至关重要。事实上,如果没有伴随统计和/或计量经济学的处理过程和系统的定量分析,计量只不过是另一种叙述历史的形式,诚然,它用数字代替了文字,却并未带来任何新的要素。相比之下,当使用计量史学尝试对过去经济发展的所有解释进行建模时,它就具有创新性。换言之,计量史学的主要特点是使用假说-演绎(hypothetico-deductive)的模型,这些模型要用到最贴近的计量经济学技术,目的在于以数学形式建立起特定情况下变量之间的相关关系。

计量史学通常要构建一个一般均衡或局部均衡的模型,模型要反映出所讨论的经济演进中的各个因素,并显示各因素之间相互作用的方式。因此,可以建立相关关系和/或因果关系,来测量在给定的时间段内各个因素孰轻孰重。

计量史学方法决定性的要素,与"市场"和"价格"的概念有关。即使在并未明确有市场存在的领域,计量史学方法通常也会给出类似于"供给""需求"和"价格"等市场的概念,来对主题进行研究。

时至今日,假说-演绎的模型主要被用来确定创新、制度和工业过程对增长和经济发展的影响。由于没有记录表明,如果所论及的创新没有发生,或者相关的因素并没有出现会发生什么,所以只能通过建立一个假设模型,用以在假定的另一种情况下(即反事实)进行演绎,来发现会发生什么。的确,使用与事实相反的命题本身并不是什么新鲜事,这些命题蕴含在一系列的判断之中,有些是经济判断,有些则不是。

使用这种反事实分析也难逃被人诟病。许多研究人员依旧相信,使用无法被证实的假设所产生的是准历史(quasi history),而不是历史本身(history proper)。再者,煞费苦心地使用计量史学,所得到的结果并不如许多计量史学家所希冀的那般至关重大。毫无疑问,批评者们得出的结论是没错的:经济分析本身,连同计量经济学工具的使用,无法为变革和发展的过程与结构提供因果解释。在正常的经济生活中,似乎存在非系统性的突变(战争、歉收、市场崩溃时的群体性癔症等),需要对此进行全面分析,但这些突变往往被认为是外源性的,并且为了对理论假设的先验表述有利,它们往往会被弃之不理。

然而,尽管有一些较为极端的论证,令计量史学让人失望,但计量史学也有其成功之处,并且理论上在不断取得进步。显然,这样做的风险是听任经济理论忽略一整套的经验资料,而这些资料可以丰富我们对经济生活现实的认知。反过来说,理论有助于我们得出某些常量,而且只有掌握了理论,才有可能对规则的和不规则的、能预测的和难以预估的加以区分。

主要的成就

到目前为止,计量史学稳扎稳打地奠定了自己主要的成就:在福格尔的传统中,通过计量手段和理论方法对历史演进进行了一系列可靠的经济分析;循着道格拉斯·诺思(Douglass North)的光辉足迹,认识到了新古典主义理论的局限性,在经济模型中将制度的重要作用纳入考量。事实上,聚焦于后者最终催生了一个新的经济学分支，即新制度经济学。现在，没有什么能够取代基于成体系的有序数据之上的严谨统计和计量经济分析。依赖不可靠的数字和谬误的方法作出的不精确判断，其不足之处又凭主观印象来填补，现在已经无法取信于人。特别是经济史，它不应该依旧是"简单的"故事，即用事实来说明不同时期的物质生活，而应该成为一种系统的尝试，去为具体的问题提供答案。我们的宏愿，应该从"理解"（Verstehen）认识论（epistemology）转向"解释"（Erklären）认识论。

进一步来说，对事实的探求越是被问题的概念所主导，研究就越是要解决经济史在社会科学中以何种形式显明其真正的作用。因此，智识倾向（intellectual orientation）的这种转变，即计量史学的重构可以影响到其他人文社会科学的学科（法学、社会学、政治学、地理学等），并且会引发类似的变化。

事实上，社会科学中势头最强劲的新趋势，无疑是人们对量化和理论过分热衷，这个特征是当代学者和前辈学人在观念上最大的区别。即使是我们同僚中最有文学性的，对于这一点也欣然同意。这种兴趣没有什么好让人惊讶的。与之前的几代人相比，现今年轻一代学者的一个典型特征无疑是，在他们的智力训练中更加深刻地打上了科学与科学精神的烙印。因此，年轻的科学家们对传统史学没有把握的方法失去了耐心，并且他们试图在不那么"手工式"（artisanal）的基础之上开展研究，这一点并不让人奇怪。

因此，人文社会科学在技术方面正变得更加精细，很难相信这种趋势有可能会发生逆转。然而，有相当一部分人文社会科学家尚未接受这些新趋势，这一点也很明显。这些趋势意在使用更加复杂的方法，使用符合新标准且明确的概念，以便在福格尔传统下发展出一门真正科学的人文社会科学。

史学的分支？

对于许多作者（和计量史学许多主要的人物）来说，计量史学似乎首先是史学的一个分支。计量史学使用经济学的工具、技术和理论，为史学争论而非经济学争论本身提供答案。

对于（美国）经济史学家来说，随着时间的推移，"实证"一词的含义发生了很大的变化。人们可以观察到，从"传统的历史学家"（对他们而言，在自己的论证中所使用的不仅仅是定量数据,而且还有所有从档案中检索到的东西)到(应用)经济学家(实证的方面包含对用数字表示的时间序列进行分析),他们对经验事实(empirical fact)概念的理解发生了改变。而且历史学家和经济学家在建立发展理论方面兴趣一致,所以二者的理论观点趋于一致。

在这里,西蒙·库兹涅茨(Simon Kuznets)似乎发挥了重要作用。他强调在可能确定将某些部门看作经济发展的核心所在之前,重要的是一开始就要对过去经济史上发生的重要宏观量变进行严肃的宏观经济分析。应该注意,即使他考虑将历史与经济分析结合起来,但他所提出的增长理论依旧是归纳式的,其基础是对过去重要演变所做的观察,对经济史学家经年累月积累起来的长时段时间序列进行分析给予他启迪。

因此,这种(归纳的)观点尽管使用了较为复杂的技术,但其与经济学中的历史流派,即德国历史学派(German Historical School)密切相关。可以说,这两门学科变得更加紧密,但可能在"归纳"经济学的框架之内是这样。除此之外,尽管早期人们对建立一种基于历史(即归纳)的发展经济学感兴趣,但计量史学主要试图为史学的问题提供答案——因此,它更多是与历史学家交谈,而不是向标准的经济学家讲述。可以用计量经济学技术来重新调整时间序列,通过插值或外推来确定缺失的数据——顺便说一句,这一点让专业的历史学家感到恼火。但是,这些计量史学规程仍旧肩负历史使命,那就是阐明历史问题,它将经济理论或计量经济学看作历史学的附属学科。当使用计量史学的方法来建立一个基于被明确测度的事实的发展理论时,它发展成为一门更接近德国历史学派目标的经济学,而不是一门参与高度抽象和演绎理论运动的经济学,而后者是当时新古典学派发展的特征。

库兹涅茨和沃尔特·罗斯托(Walt Rostow)之间关于经济发展阶段的争执,实际上是基于罗斯托理论的实证基础进行争论,而不是在争论一个高度概括和非常综合的观点在形式上不严谨(没有使用增长理论),或者缺乏微观基础的缺陷。在今天,后者无疑会成为被批判的主要议题。简而言之,要么说计量史学仍然是(经济)史的一个(现代化的)分支——就像考古学方法的现代化(从碳14测定到使用统计技术,比如判别分析)并未将该学科转变为自然科学的一个分支一样;要么说运用计量史学方法来得到理论结果,更多是从收集到的时间序列归纳所得,而不是经由明确运用模型将其演绎出来。也就是说,经济理论必须首先以事实为依据,并由经验证据归纳所得。

如此,就促成了一门与德国历史学派较为接近,而与新古典观点不甚相近的经济科学。

经济学的附属学科?

但故事尚未结束。(严格意义上的)经济学家最近所做的一些计量史学研究揭示,计量史学也具备成为经济学的一门附属学科的可能性。因此,所有的经济学家都应该掌握计量史学这种工具并具备这份能力。然而,正如"辅助学科"(anxiliary discipline)一词所表明的那样,如果稍稍(不要太多)超出标准的新古典经济学的范畴,它对经济学应有的作用才能发挥。它必定是一个复合体,即应用最新的计量经济学工具和经济理论,与表征旧经济史的制度性与事实性的旧习俗相结合。

历史学确实一直是一门综合性的学科,计量史学也该如此。不然,如果计量史学丧失了它全部的"历史维度"(historical dimension),那它将不复存在(它只会是将经济学应用于昔日,或者仅仅是运用计量经济学去回溯过往)。想要对整个经济学界有所助益,那么计量史学主要的工作,应该是动用所有能从历史中收集到的相关信息来丰富经济理论,甚或对经济理论提出挑战。这类"相关信息"还应将文化或制度的发展纳入其中,前提是能将它们对专业有用的一面合宜地呈现出来。

经济学家(实际上是开尔文勋爵)的一个传统看法是"定性不如定量"。但是有没有可能,有时候确实是"定量不如定性"?历史学家与经济学家非常大的一个差别,就是所谓的历史批判意识和希望避免出现年代舛误。除了对历史资料详加检视以外,还要对制度、社会和文化背景仔细加以审视,这些背景形成了框定参与者行为的结构。诚然,(新)经济史不会建立一个一般理论——它过于相信有必要在经济现象的背景下对其进行研究——但是它可以基于可靠的调查和恰当估计的典型事实(stylized facts),为那些试图彰显经济行为规律的经济学家们提供一些有用的想法和见解[经济学与历史学不同,它仍旧是一门法则性科学(nomological science)]。经济学家和计量史学家也可以通力合作,在研究中共同署名。达龙·阿西莫格鲁(Daron Acemoglu)、西蒙·约翰逊(Simon Johnson)、詹姆斯·罗宾逊(James

Robinson)和奥戴德·盖勒(Oded Galor)等人均持这一观点,他们试图利用撷取自传统史学中的材料来构建对经济理论家有用的新思想。

总而言之,可以说做好计量史学研究并非易事。由于计量史学变得过于偏重"经济学",因此它不可能为某些问题提供答案,比如说,对于那些需要有较多金融市场微观结构信息,或者要有监管期间股票交易实际如何运作信息的问题,计量史学就无能为力了——对它无法解释的现象,它只会去加以测度。这就需要用历史学家特定的方法(和细枝末节的信息),来阐述在给定的情境之下(确切的地点和时期),为什么这样的经济理论不甚贴题(或者用以了解经济理论的缺陷)。也许只有这样,计量史学才能通过提出研究线索,为经济学家提供一些东西。然而,如果计量史学变得太偏重"史学",那它在经济学界就不再具有吸引力。经济学家需要新经济史学家知晓,他们在争论什么,他们的兴趣在哪里。

经济理论中的一个成熟领域?

最后但同样重要的一点是,计量史学有朝一日可能不仅仅是经济学的一门附属学科,而是会成为经济理论的一个成熟领域。确实还存在另外一种可能:将计量史学看作制度和组织结构的涌现以及路径依赖的科学。为了揭示各种制度安排的效率,以及制度变迁起因与后果的典型事实(stylized facts),经济史学会使用该学科旧有的技术,还会使用最先进的武器——计量经济学。这将有助于理论家研究出真正的制度变迁理论,即一个既具备普遍性(例如,满足当今决策者的需求)而且理论上可靠(建立在经济学原理之上),又是经由经济与历史分析共同提出,牢固地根植于经验规律之上的理论。这种对制度性形态如何生成所做的分析,将会成为计量史学这门科学真正的理论部分,会使计量史学自身从看似全然是实证的命运中解放出来,成为对长时段进行分析的计量经济学家的游乐场。显然,经济学家希望得到一般性结论,对数理科学着迷,这些并不鼓励他们过多地去关注情境化。然而,像诺思这样的新制度主义经济学家告诫我们,对制度(包括文化)背景要认真地加以考量。

因此,我们编写《计量史学手册》的目的,也是为了鼓励经济学家们更系统地去对这些以历史为基础的理论加以检验,不过,我们也力求能够弄清制度创设或制度变迁的一般规律。计量史学除了对长时段的定量数据集进行研究之外,它的一个分支越来越重视制度的作用与演变,其目的在于将经济学家对找到一般性结论的愿望,与关注经济参与者在何种确切的背景下行事结合在一起,而后者是历史学家和其他社会科学家的特征。这是一条中间道路,它介乎纯粹的经验主义和脱离实体的理论之间,由此,也许会为我们开启通向更好的经济理论的大门。它将使经济学家能够根据过去的情况来解释当前的经济问题,从而更深刻地理解经济和社会的历史如何运行。这条途径能为当下提供更好的政策建议。

本书的内容

在编写本手册的第一版时,我们所面对的最大的难题是将哪些内容纳入书中。可选的内容不计其数,但是版面有限。在第二版中,给予我们的版面增加了不少,结果显而易见:我们将原有篇幅扩充到三倍,在原有 22 章的基础上新增加了 43 章,其中有几章由原作者进行修订和更新。即使对本手册的覆盖范围做了这样的扩充,仍旧未能将一些重要的技术和主题囊括进来。本书没有将这些内容纳入进来,绝对不是在否定它们的重要性或者它们的历史意义。有的时候,我们已经承诺会出版某些章节,但由于各种原因,作者无法在出版的截止日期之前交稿。对于这种情况,我们会在本手册的网络版中增添这些章节,可在以下网址查询:https://link. Springer. com/refer-encework/10.1007/978-3-642-40458-0。

在第二版中新增补的章节仍旧只是过去半个世纪里在计量史学的加持下做出改变的主题中的几个案例,20 世纪 60 年代将计量史学确立为"新"经济史的论题就在其中,包括理查德·萨奇(Richard Sutch)关于奴隶制的章节,以及杰里米·阿塔克(Jeremy Atack)关于铁路的章节。本书的特色是,所涵章节有长期以来一直处于计量史学分析中心的议题,例如格雷格·克拉克(Greg Clark)关于工业革命的章节、拉里·尼尔(Larry Neal)关于金融市场的章节,以及克里斯·哈内斯(Chris Hanes)论及大萧条的文章。我们还提供了一些主题范围比较窄的章节,而它们的发展主要得益于计量史学的方法,比如弗朗齐斯卡·托尔内克(Franziska Tollnek)和约尔格·贝滕(Joerg Baten)讨论年龄堆积(age heaping)的研究、道格拉斯·普弗特(Douglas Puffert)关于路径依赖的章节、托马斯·拉夫(Thomas Rahlf)关于统计推断的文章,以及弗洛里安·普洛克利(Florian Ploeckl)关于空间建模的章节。介于两者之间的是斯坦利·恩格尔曼(Stanley Engerman)、迪尔德丽·麦克洛斯基(Deirdre McCloskey)、罗杰·兰瑟姆(Roger Ransom)和彼得·特明(Peter Temin)以及马修·贾雷姆斯基(Matthew Jaremski)和克里斯·维克斯(Chris Vickers)等年轻学者的文章,我们也都将其收录在手册中,前者在计量史学真正成为研究经济史的"新"方法之时即已致力于斯,后者是新一代计量史学的代表。贯穿整本手册一个共同的纽带是关注计量史学做出了怎样的贡献。

《计量史学手册》强调,计量史学在经济学和史学这两个领域对我们认知具体的贡献是什么,它是历史经济学(historical economics)和计量经济学史(econometric history)领域里的一个里程碑。本手册是三手文献,因此,它以易于理解的形式包含着已被系统整理过的知识。这些章节不是原创研究,也不是文献综述,而是就计量史学对所讨论的主题做出了哪些贡献进行概述。这些章节所强调的是,计量史学对经济学家、历史学家和一般的社会科学家是有用的。本手册涉及的主题相当广泛,各章都概述了计量史学对某一特定主题所做出的贡献。

本书按照一般性主题将65章分成8个部分。* 开篇有6章,涉及经济史和计量史学的历史,还有论及罗伯特·福格尔和道格拉斯·诺思这两位最杰出实践者的文稿。第二部分的重点是人力资本,包含9个章节,议题广泛,涉及劳动力市场、教育和性别,还包含两个专题评述,一是关于计量史学在年龄堆积中的应用,二是关于计量史学在教会登记簿中的作用。

第三部分从大处着眼,收录了9个关于经济增长的章节。这些章节包括工业增长、工业革命、美国内战前的增长、贸易、市场一体化以及经济与人口的相互作用,等等。第四部分涵盖了制度,既有广义的制度(制度、政治经济、产权、商业帝国),也有范畴有限的制度(奴隶制、殖民时期的美洲、

---

* 中译本以"计量史学译丛"形式出版,包含如下八卷:《计量史学史》《劳动力与人力资本》《经济增长模式与测量》《制度与计量史学的发展》《货币、银行与金融业》《政府、健康与福利》《创新、交通与旅游业》《测量技术与方法论》。——编者注

水权)。

第五部分篇幅最大,包含 12 个章节,以不同的形式介绍了货币、银行和金融业。内容安排上,以早期的资本市场、美国金融体系的起源、美国内战开始,随后是总体概览,包括金融市场、金融体系、金融恐慌和利率。此外,还包括大萧条、中央银行、主权债务和公司治理的章节。

第六部分共有 8 章,主题是政府、健康和福利。这里重点介绍了计量史学的子代,包括人体测量学(anthropometrics)和农业计量史学(agricliometrics)。书中也有章节论及收入不平等、营养、医疗保健、战争以及政府在大萧条中的作用。第七部分涉及机械性和创意性的创新领域、铁路、交通运输和旅游业。

本手册最后的一个部分介绍了技术与计量,这是计量史学的两个标志。读者可以在这里找到关于分析叙述(analytic narrative)、路径依赖、空间建模和统计推断的章节,另外还有关于非洲经济史、产出测度和制造业普查(census of manufactures)的内容。

我们很享受本手册第二版的编撰过程。始自大约 10 年之前一个少不更事的探寻(为什么没有一本计量史学手册?),到现在又获再版,所收纳的条目超过了 60 个。我们对编撰的过程甘之如饴,所取得的成果是将顶尖的学者们聚在一起,来分析计量史学在主题的涵盖广泛的知识进步中所起的作用。我们将它呈现给读者,谨将其献给过去、现在以及未来所有的计量史学家们。

克洛德·迪耶博

迈克尔·豪珀特

参考文献

Acemoglu, D., Johnson, S., Robinson, J. (2005) "Institutions as a Fundamental Cause of Long-run Growth, Chapter 6", in Aghion, P., Durlauf, S.(eds) *Handbook of Economic Growth*, *1st edn*, *vol.1*. North-Holland, Amsterdam, pp. 385—472. ISBN 978-0-444-52041-8.

Conrad, A., Meyer, J.(1957) "Economic Theory, Statistical Inference and Economic History", *J Econ Hist*, 17:524—544.

Conrad, A., Meyer, J.(1958) "The Economics of Slavery in the Ante Bellum South", *J Polit Econ*, 66:95—130.

Carlos, A.(2010) "Reflection on Reflections: Review Essay on Reflections on the Cliometric Revolution: Conversations with Economic Historians", *Cliometrica*, 4:97—111.

Costa, D., Demeulemeester, J-L., Diebolt, C.(2007) "What is 'Cliometrica'", *Cliometrica*

1:1—6.

Crafts, N. (1987) "Cliometrics, 1971—1986: A Survey", *J Appl Econ*, 2:171—192.

Demeulemeester, J-L., Diebolt, C. (2007) "How Much Could Economics Gain from History: The Contribution of Cliometrics", *Cliometrica*, 1:7—17.

Diebolt, C. (2012) "The Cliometric Voice", *Hist Econ Ideas*, 20:51—61.

Diebolt, C.(2016) "Cliometrica after 10 Years: Definition and Principles of Cliometric Research", *Cliometrica*, 10:1—4.

Diebolt, C., Haupert M. (2018) "A Cliometric Counterfactual: What If There Had Been Neither Fogel Nor North?", *Cliometrica*, 12:407—434.

Fogel, R.(1964) *Railroads and American Economic Growth: Essays in Econometric History*. The Johns Hopkins University Press, Baltimore.

Fogel, R.(1994) "Economic Growth, Population Theory, and Physiology: The Bearing of Long-term Processes on the Making of Economic Policy", *Am Econ Rev*, 84:369—395.

Fogel, R., Engerman, S. (1974) *Time on the Cross: The Economics of American Negro Slavery*. Little, Brown, Boston.

Galor, O.(2012) "The Demographic Transition: Causes and Consequences", *Cliometrica*, 6:1—28.

Goldin, C.(1995) "Cliometrics and the Nobel", *J Econ Perspect*, 9:191—208.

Kuznets, S. (1966) *Modern Economic Growth: Rate, Structure and Spread*. Yale University Press, New Haven.

Lyons, J.S., Cain, L.P., Williamson, S.H. (2008) *Reflections on the Cliometrics Revolution: Conversations with Economic Historians*. Routledge, London.

McCloskey, D.(1976) "Does the Past Have Useful Economics?", *J Econ Lit*, 14:434—461.

McCloskey, D.(1987) *Econometric History*. Macmillan, London.

Meyer, J. (1997) "Notes on Cliometrics' Fortieth", *Am Econ Rev*, 87:409—411.

North, D.(1990) *Institutions, Institutional Change and Economic Performance*. Cambridge University Press, Cambridge.

North, D. (1994) "Economic Performance through Time", *Am Econ Rev*, 84 (1994): 359—368.

Piketty, T.(2014) *Capital in the Twenty-first Century*. The Belknap Press of Harvard University Press, Cambridge, MA.

Rostow, W.W. (1960) *The Stages of Economic Growth: A Non-communist Manifesto*. Cambridge University Press, Cambridge.

Temin, P. (ed) (1973) *New Economic History*. Penguin Books, Harmondsworth.

Williamson, J.(1974) *Late Nineteenth-century American Development: A General Equilibrium History*. Cambridge University Press, London.

Wright, G.(1971) "Econometric Studies of History", in Intriligator, M.(ed) *Frontiers of Quantitative Economics*. North-Holland, Amsterdam, pp.412—459.

英文版前言

欢迎阅读《计量史学手册》第二版,本手册已被收入斯普林格参考文献库(Springer Reference Library)。本手册于 2016 年首次出版,此次再版在原有 22 章的基础上增补了 43 章。在本手册的两个版本中,我们将世界各地顶尖的经济学家和经济史学家囊括其中,我们的目的在于促进世界一流的研究。在整部手册中,我们就计量史学在我们对经济学和历史学的认知方面具体起到的作用予以强调,借此,它会对历史经济学与计量经济学史产生影响。

正式来讲,计量史学的起源要追溯到 1957 年经济史协会和"收入与财富研究会"(归美国国家经济研究局管辖)的联席会议。计量史学的概念——经济理论和量化分析技术在历史研究中的应用——有点儿久远。使计量史学与"旧"经济史区别开来的,是它注重使用理论和形式化模型。不论确切来讲计量史学起源如何,这门学科都被重新界定了,并在经济学上留下了不可磨灭的印记。本手册中的各章对这些贡献均予以认可,并且会在各个分支学科中对其予以强调。

本手册是三手文献,因此,它以易于理解的形式包含着已被整理过的知识。各个章节均简要介绍了计量史学对经济史领域各分支学科的贡献,都强调计量史学之于经济学家、历史学家和一般社会科学家的价值。

如果没有这么多人的贡献,规模如此大、范围如此广的项目不会成功。我们要感谢那些让我们的想法得以实现,并且坚持到底直至本手册完成的人。首先,最重要的是要感谢作者,他们在严苛的时限内几易其稿,写出了质量上乘的文章。他们所倾注的时间以及他们的专业知识将本手册的水准提升到最高。其次,要感谢编辑与制作团队,他们将我们的想法落实,最终将本手册付印并在网上发布。玛蒂娜·比恩(Martina Bihn)从一开始就在润泽着我们的理念,本书编辑施卢蒂·达特(Shruti Datt)和丽贝卡·乌尔班(Rebecca Urban)让我们坚持做完这项工作,在每一轮审校中都会提供诸多宝贵的建议。再次,非常感谢迈克尔·赫尔曼(Michael Hermann)无条件的支持。我们还要感谢计量史学会(Cliometric Society)理事会,在他们的激励之下,我们最初编写一本手册的提议得以继续进行,当我们将手册扩充再版时,他们仍旧为我们加油鼓劲。

最后,要是不感谢我们的另一半——瓦莱里(Valérie)和玛丽·艾伦(Mary Ellen)那就是我们的不对了。她们容忍着我们常在电脑前熬到深夜,经年累月待在办公室里,以及我们低头凝视截止日期的行为举止。她们一边从事着自己的事业,一边包容着我们的执念。

克洛德·迪耶博

迈克尔·豪珀特

2019 年 5 月

作者简介

理查德·萨奇（Richard Sutch）

美国加利福尼亚大学河滨分校,美国国家经济研究局。

菲利普·T.霍夫曼（Philip T. Hoffman）

美国加州理工学院。

马克·小山（Mark Koyama）

美国乔治梅森大学经济系。

克劳迪娅·雷伊（Claudia Rei）

英国华威大学。

乔舒亚·L.罗森布卢姆（Joshua L. Rosenbloom）

美国艾奥瓦州立大学经济系。

加里·D.利贝卡普（Gary D. Libecap）

美国加利福尼亚大学圣芭芭拉分校,美国国家经济研究局,斯坦福大学胡佛研究所。

泽尼普.K.汉森（Zeynep K. Hansen）、斯科特.E.罗伊（Scott E. Lowe）

美国博伊西州立大学经济系。

目 录

第一章

美国奴隶制与
计量史学革命 *

理查德·萨奇

摘要

本章探讨计量史学工具应用在美国奴隶制度历史研究中的重要贡献。这里所使用的"计量史学"被定义为以明确结合经济学理论与定量分析方法为标志的科学分析方法。美国内战爆发前(1840—1860年)的奴隶问题是计量史学家最早关注的话题之一,也是他们产生最大影响的话题。

关键词

奴隶　奴隶贸易　蓄奴　奴隶市场　棉花种植园　非裔美国人　计量史学　美国内战前的经济增长

* 笔者对霍华德・博登霍恩(Howard Bodenhorn)、苏珊・卡特(Susan Carter)、亚历山大・菲尔德(Alexander Field)、迈克尔・豪珀特(Michael Haupert)、大卫・米奇(David Mitch)、乔纳森・普里切特(Jonathan Pritchett)、罗杰・兰塞姆(Roger Ransom)、保罗・罗德(Paul Rhode)、艾伦・奥姆斯特德(Alan Olmstead)以及加文・赖特(Gavin Wright)给予的鼓励和有益建议表示感谢。

引　言

没有任何历史主题比非裔美国奴隶制度更能展现计量史学方法的兴起、影响和完善了。1957 年,阿尔弗雷德·康拉德(Alfred Conrad)和约翰·迈耶(John Meyer)在一篇会议论文《美国内战前南方的奴隶制经济学》("The Economics of Slavery in the Antebellum South")中,首次有意识地对美国历史进行了计量史学分析,随后该文于 1985 年发表在《政治经济学杂志》(*Journal of Political Economy*)上。许多学院派经济学家(包括我自己)都与计量史学革命开创性阶段的几十年息息相关,这些学者运用经济学理论和定量分析方法等工具研究奴隶制度:道格拉斯·诺思(Douglass North, 1961)、理查德·萨奇(Richard Sutch, 1965)、彼得·特明(Peter Temin, 1967)、威廉·帕克(William Parker, 1970b)、罗伯特·高尔曼(Robert Gallman, 1970)、加文·赖特(Gavin Wright, 1970),以及罗伯特·福格尔和斯坦利·恩格尔曼(Robert Fogel and Stanley Engerman, 1971b)。在经济学领域之外,《截至 1980 年的历史经济学参考书目》(*The Bibliography of Historical Economics to 1980*)至少列出了 96 位对奴隶制历史研究的个人贡献者(McCloskey and Hersh, 1990)——我们并不孤单。

在这股出版物的洪流之中,一本雄心勃勃、富有争议的书——《苦难的时代:美国奴隶制经济学》(*Time on the Cross: The Economics of American Slavery*)——加上其富有煽动性的书名,引发了一场关于计量史学方法之潜力、局限以及滥用的学术争论(Fogel and Engerman, 1974)。这场争论最后演变成了历史学家与计量史学家两个阵营的学术争斗(Herbert Gutman, 1975;Kenneth Stampp, 1976)以及计量史学家之间的"内战"(David et al., 1976)。尽管自那以后,争论之热潮已经平息,新发现的步伐也有所放缓,但这个话题依旧令人着迷。计量史学的研究定期地满足了人们对这类美国"恐怖"故事的定量证据的需求(近期的研究包括 Wanamaker, 2014;Bodenhorn, 2015;Olmstead and Rhode, 2015;Calomiris and Pritchett, 2016;Pritchett and Hayes, 2016)。

　　如何解释计量史学的最初兴起和人们对其的持续关注？首先，我认为最重要的是，计量史学革命的确是一场革命，这是一直以来的观点（North，1963：128）。从学术统计数据来看情况也是如此（Whaples，1991）。因此，这场革命从研究范围、研究方法以及研究目标方面重新定义了经济史这个学科。经济史领域被拥有经济学学位的教授所组成的经济学系占领，随后又被历史学系和拥有历史学位的教授抛弃。就像所有革命一样，年轻人站在了前线，助理教授和研究生们发表的论文推翻了几代以来享有盛名的全职教授和学者们的解释。这是一种赋权，并且往往使那些参加革命的学者成为真正的信徒。作为真正的信徒，他们坚持了很长时间。

663　　有许多研究第一次尝试运用计量史学的方法处理简单的问题。计量经济史最热心的倡导者之一罗伯特·福格尔断言，历史书中随便哪一页都包含"需要衡量的明确或暗含的定量陈述"（Fogel，1990：28［350］）。研究所需的经济学理论和统计学专业知识往往较为基础，唯一困难的工作是从档案中收集数据。尽管这项工作冗长乏味，也不需要特殊的才能，然而由此产生的研究取得了巨大的成功。这些研究改变了对奴隶制的旧有共识性解释，并且似乎毫无异议地抛开了对旧南方地区及该地区"特殊制度"的情感性（和种族主义）描述。正如彼得·特明所指出的那样，这种影响使得该主题，哪怕是令人乏味的数据收集过程都"非常有趣"（Temin，1999：45［433］）。

　　由于阿尔弗雷德·康拉德和约翰·迈耶1957年发表的会议论文出现在美国民权运动时期，所以关于奴隶制的主题在当时具有特殊的意义。那一年，美国联邦军队被派去小石城（Little Rock）强制学校进行整合。* 在1963年华盛顿大游行上，马丁·路德·金（Martin Luther King）发表了他的演讲《我有一个梦想》（"I have a Dream"）。1964年，《民权法案》（The Civil Rights Act）禁止基于种族、肤色、宗教或民族血统的歧视。1965年，林登·

---

* 美国民权运动，也称作"非裔美国人民权运动"，是美国20世纪为自由而奋斗的重要运动之一，开始于20世纪50年代中期。小石城事件（Little Rock Nine），是指1957年发生在美国阿肯色州首府小石城，围绕中央中学种族隔离政策的对抗事件。彼时支持种族隔离的州长奥维尔·福布斯（Orval Faubus）阻止非裔学生进入学校，后来在时任美国总统艾森豪威尔的介入下，非裔学生才得以进入学校。——译者注

约翰逊（Lyndon Johnson）总统在国会发表了《我们终将胜利》（"We Shall Overcome"）的演讲，《投票权法案》（Voting Right Act）也获得通过。在这一背景之下，似乎需要一种新的奴隶制观点来伴随种族平等运动。许多早期计量史学家都亲自致力于民权运动。比如，加文·赖特的直接参与使得他继续攻读经济学研究生课程，并专攻经济史和奴隶制研究（Wright，2013）。

种族问题依然是一个热门话题，对奴隶制历史的深入探讨往往引发争议；关于非裔美国奴隶制的讨论也往往充满了情感。但是，关于这一主题的文章和书籍，无论其表面是何等的风平浪静，无论其站在哪个角度，仍然吸引着密切的关注和激烈的讨论（最近的例子，参见 Murray et al.，2015）。然而，我的任务并不是提供一本幕后的个人回忆录，而是强调计量史学、量化和社会科学对我们了解奴隶制历史的具体贡献。

康拉德和迈耶

康拉德和迈耶（Conrad and Meyer，1957）的开创性贡献解决了一个简单且直接的问题：奴隶制是否有利可图？他们直截了当的肯定回答与当时奴隶制经济学的观点相左。尽管历史学家们，如刘易斯·格雷（Lewis Gray，1933）和肯尼思·斯坦普（Kenneth Stampp，1956）进行了很多重要的工作，但是人们普遍认为 19 世纪 40 年代和 50 年代美国内战前夕，美国奴隶制在经济上已经日渐式微。1905 年乌尔里奇·邦内尔·菲利普斯（Ulrich Bonnell Phillips）在《政治学季刊》（*Political Science Quarterly*）上发表了一篇《棉花带奴隶制的经济成本》（"Economic Cost of Slaveholding in The Cotton Belt"）的文章，该文章对奴隶制的解释在当时的社会科学领域占据突出地位。菲利普斯 1877 年出生于佐治亚州，终其一生都是不折不扣的南方人，他是一名种族主义者、奴隶制的辩护者，也是那个时代杰出的历史学家。1902—1908 年他在威斯康星大学教授历史，后来任教于耶鲁大学，之后又加入密歇根大学。文章出版后，他成为一场现已被驳斥的学术运动的领袖。这场运动旨在为奴隶制开脱，将奴隶制视为一种积极的善行，将被奴役的人描绘为基本上心满意足之人，并把南部联邦的事业赞颂为高尚的事业。菲

664

5

利普斯对"失去的事业"(the Lost Cause)*的信仰如此强烈,以至于他将自己的名字从尤利西斯(Ulysses)改成乌尔里奇(Ulrich)。

菲利普斯的主要观点是:奴隶制已经成为美国内战前最后一代种植园主的经济负担。他相信黑人天生不聪明,除非受到严格的指导和密切的监督,否则基本都是无能的劳动者——当然这基于他的偏见而非事实证据。他认为,1845年以后,投机活动导致奴隶价格迅速上涨,拥有奴隶已经成为一桩亏损的生意。①尽管如此,这个日薄西山的制度仍然作为维护种族和平的手段而得到维持和捍卫。不愿意终止奴隶制度背后也有文化动机。在菲利普斯看来,奴隶制是一种文明制度,是为了防止黑人"野蛮本能爆发"所必需的制度(Phillips, 1905:274—275, 259)。尽管这些观点如今看起来很荒谬且令人震惊,但直到20世纪50年代中期,主流历史学家仍然继续将非裔美国人描述为头脑简单且无所思虑的人,而奴隶制则被认为是教化他们和维持对他们的社会控制的良性制度。

康拉德和迈耶并不尝试去回答非裔工人的天资才能或种植园的教化影响等问题。取而代之,他们专注于计算奴隶制的盈利性。菲利普斯提出的唯一量化证据是图1.1②中用黑线绘制的奴隶价格的时间序列。康拉德和迈耶采用一种标准的计量经济学方法,证明奴隶价格的上涨不足以证明棉

---

* The Lost Cause,即"失去的事业",也称"败局命定论",是美国文学运动中对美国内战(1861—1865年)的一种解释,该解释主要从南部联邦的角度以最好的方式描述这场战争,将南方败战的理由归因于不可抗力因素及战争英雄令出不行上。该词于1866年在爱德华·A.波拉德(Edward A. Pollard)的文章《败局命定:联盟国战事之南方新史》("The Lost Cause: A New Southern History of the War of the Confederates")中首次出现,旨在为南部联邦的战争努力辩护,此后人们对该术语进行了广泛的使用。——译者注

① 菲利普斯在《美国黑人奴隶制》(1918)第19章中详细阐述了他在1905年的论点。

② 菲利普斯发布了一份价格表(Phillips, 1918:371),后来进行了修订(Phillips, 1929:177)。图1.1是基于康拉德和迈耶(Conrad and Meyer, 1958:117, Table 7)对修订的图表进行的目测。此后,典型的奴隶价格的时间序列被进一步完善。图1.1还绘制了菲利普斯之前发表并修订的两条曲线。关于这些数据及数据来源和收集这些数据的方法的讨论详见兰塞姆和萨奇(Ransom and Sutch, 1988: Appendix)、恩格尔曼等人(Engerman et al., 2006: Table Bb209—214)。

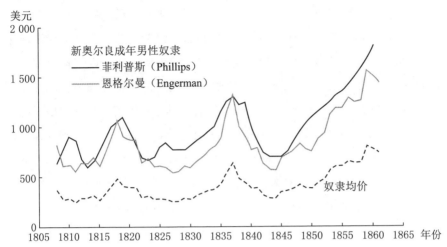

资料来源：新奥尔良主要男性奴隶数据来自 Phillips，1929：177；Engerman，Sutch，and Wright，2006：series Bb210。

奴隶均价数据来自 Ransom and Sutch，1988：150—151，Table A-1（column 4）。

图 1.1　1808—1861 年新奥尔良被贩卖的成年男性奴隶以及美国奴隶的平均价格

花种植无利可图。他们构造了两个生产函数，这两个函数都将棉花的产出看作种植业中资本、土地，以及用于食品、服装、医疗、税收、监督员工资和棉花销售费用的现金支出函数。两者的区别在于对棉花产出的定义，第一个函数将棉花的产出定义为成年男性奴隶生产的棉花产量，第二个函数定义的棉花产量则在男性奴隶产值之外将女性奴隶和儿童奴隶共同生产的棉花产量计入。为了将定量分析做得有血有肉有脉络，康拉德和迈耶收集了相关的奴隶价格（使用的是菲利普斯自己的数据）、棉花和土地的价格以及现金支付成本的数据。结合对人均产出、每位妇女"可出售的孩子"，以及寿命（出生时的预期寿命）的估计，他们分别模拟出对男性奴隶以及女性奴隶投资带来的年收入现金流（Conrad and Meyer，1958：Table 9，10，11）。他们计算出这些假设性购买的回报率，并与美国经济中各种替代资本投资产生的收益率进行比较。①

665

---

① 当然，这些计算并没有衡量潜在的种植园主在 19 世纪 40 年代中后期购买奴隶的实际利润，随着南北战争和奴隶制的废除，奴隶主失去了来自其所拥有的奴隶的收入来源。

　　康拉德和迈耶的估计方法有一个重要特点,即他们意识到尽管计算所需的每个变量和每个参数都在一定范围内变化,但仍然相互关联。每英亩棉花产量更高的土地比贫瘠土地的租金更高,棉花的价格每年也因产量而异。因此康拉德和迈耶计算了 12 个看似合理的案例,其中涉及资本支出、人均产量、奴隶价格和棉花农场价格的不同组合。他们对男性的投资回报率的估计范围很广:一般情况下为 4.5%—6.5%,稍好一点的土地可以高达 8%,密西西比冲积层最好的土地则为 10% 以上。对于女性的投资回报率,他们的估计值在 7%—8% 的水平上。由于替代性资本投资的收益率在 6%—8% 或更低的水平上,因此他们得出结论,奴隶制是有利可图的——与其他可能的替代方案一样。①

　　康拉德和迈耶表明,要证明拥有奴隶无利可图,正如菲利普斯所认为的那样,除奴隶价格上涨外还需考虑更多的证据。菲利普斯在研究中忽略了重要的一点,即女性奴隶的价值不仅取决于她所生产的棉花的产量,还取决于她所生孩子的价值。无论小孩成年后被出售还是一直留在奴隶主的庄园里,其实都属于妇女所带来的价值。在后一种情况下,其所有者所持财产(指的是非裔奴隶)的市场价值也随着被奴役的非裔人口的增长而增加。

　　因此康拉德和迈耶得出的结论是,奴隶制在整个南方地区都是有利可图的,"棉花带对劳动力的持续需求确保了沿海地区和边境领土上贫瘠土地的种植业务有所回报"(Conrad and Meyer,1958:121)。而菲利普斯忽略了奴隶人口的增加,因为他坚持认为奴隶主并不是为了贩卖奴隶而进行畜奴的,这蒙蔽了他的判断力(Phillips,1918)。

康拉德和迈耶之后的研究

　　由康拉德和迈耶开始的对奴隶制盈利性的研究,很快激发了一些批评者

---

①　康纳德和迈耶并不是首先意识到奴隶制的可盈利性特征的学者。刘易斯·格雷(Lewis Gray,1933)、托马斯·戈万(Thomas Govan,1942)和肯尼思·斯坦普(Kenneth Stamp,1956)等历史学家也得出过相同的结论。他们在奴隶制经济的这一特征和其他特征上进行的工作逐渐削弱了 U. B.菲利普斯的论点根基,以至于康拉德和迈耶的研究作为最后一击,使得菲利普斯的观点被彻底推翻了。

和模仿者对其研究的可靠性进行验证的兴趣,从而强调了计量史学家作为真正科学实践者的自我形象。研究者收集了基础变量和参数的新数据,并提出对利润进行模拟的替代模型。这些重复性研究努力支持奴隶制有利可图这一结论。不过,康拉德和迈耶的研究可能低估了男性奴隶的投资回报率。表1.1中列出了研究文献中报告的其他结论。从当前的有利视角来看,对整个南方地区平均利润中位数的最佳估计值为6%—8%。①

表1.1　关于奴隶制回报率的各种估计情况

不同年份南方诸州的平均回报率

	时间	收益率(%)	资料来源
康拉德和迈耶(1958)			
成年男性奴隶产出ᵃ	1846—1850年	4.5—6.5	第107页,表9
成年女性奴隶产出	1846—1850年	7.1—8.1	第109页
埃文斯(1962)	1846—1850年	12.6—17.0	第217页,表217
	1856—1860年	9.5—10.3	同上
萨奇(1965)	1849年	5.7—6.4	第376页,表7
	1859年	5.8—6.3	同上
福斯特和斯旺(1970)	1849年	9.3	第55页,表6
	1859年	6.9	
福格尔和恩格尔曼(1974)	1860年	10	第78页,第2卷
兰塞姆和萨奇(1977)	1859年	6.3—8.0	第212—214页

注:a. 福格尔和恩格尔曼提供的证据表明,康拉德和迈耶低估了成年男性奴隶的生产力。

　　"败局命定论"历史学家们经常反复声称,美国内战并不是因为奴隶制度,而是关于各州权利、关税或者其他事情。支持这一观点的重要论点是查

---

① 爱德华·萨拉伊达尔(Edward Saraydar)对计量史学最重要的贡献提出了不同的观点,他重新计算了康纳德和迈耶对于原始手工劳动的估计量,并认为回报率为0—1.5%(Saraydar, 1964:Table 1)。萨奇(Sutch, 1965)、康纳德(Conrad et al., 1967)、福格尔和恩格尔曼(Fogel and Engerman, 1971b)等人讨论过一些原因,不过他的结论并不被认可(参见 Saraydar, 1965)。

尔斯·拉姆斯德尔(Charles Ramsdell)最为清楚阐述的一个命题:奴隶制是不可持续的,它终将自行消亡,"很快,可能需要一代人的时间,或者更短"(Ramsdell,1929:171)。拉姆斯德尔哀叹道,美国内战是悲惨的,也是不必要的。[1]

回想起来,令人惊讶的是所有参与这一主题研究的计量史学学者从一开始就一致认为,盈利能力本身和奴隶制的长期存在并无关系,却依旧投入如此多精力去论证奴隶制的可盈利性。奴隶制的盈利性一直是菲利普斯和拉姆斯德尔提出的关键问题。经济学理论认为,资本的价值(奴隶价格)会根据预期回报进行调整。因此,康拉德和迈耶指出,"如果存在恰当的市场机制",盈利能力"或多或少可以保证"(Conrad and Meyer,1958:110)。如果康拉德和迈耶的计算存在错误,或者雇佣奴隶(包括男性奴隶和女性奴隶)的棉花生产变得无利可图,这也并不意味着奴隶制注定会消亡。如果不能找到奴隶劳动力的其他用途,那么奴隶价格、土地价格或者两者都会下降,直到拥有奴隶和种植棉花再次变得有利可图。通过调整奴隶的价格,奴隶制总是能够与自由劳动力进行竞争(Evans,1962;Sutch,1965;Foust and Swan,1970;Yasuba,1961;Fogel and Engerman,1971b)。

尽管对盈利能力的研究被断言是无关紧要的,但是计量史学家对奴隶制经济史的初始尝试加速了"菲利普斯学派"* 大厦的整体倒塌。当然,变革的时机已经成熟,因为这些观点建立在所谓的非裔种族劣势之上,并且对种植园生活进行了美化的浪漫描述。[2]与此同时,学者们将注意力转移到其他相关的奴隶制经济问题上:自给自足、奴隶的生育以及美国内战前南方经济的发展。

---

① 关于美国内战原因的讨论详见兰塞姆和萨奇(Ransom and Sutch,2001)。

* 这一学派主要以乌尔里克·菲利普斯以及查尔斯·拉姆斯德尔为代表,他们认为奴隶制在经济上是缺乏效率的,就算没有美国内战也会最终消亡。这些学者试图找出导致奴隶制最终自我崩溃的经济力量。——译者注

② 在《奴隶制是否有利可图?》(1971)一书中,休·艾特肯(Hugh Aitken)的评论提供了对康拉德提出的盈利能力和生存能力问题的极好评论。艾特肯重述了菲利普斯、康拉德和迈耶、雅斯巴(Yasuba)、埃文斯(Evans)、萨拉伊达尔和萨奇等人的主要贡献。

自给自足的种植园

　　道格拉斯·诺思为美国内战前的经济发展构建了一个优美的模型,这被证明对人们更好地理解奴隶制经济学有很大的影响(North,1961)。从他之前提出的区域专业化和出口导向型增长理论出发,诺思认为美国经济由东部、西部和南部三大区域经济组成。东部地区专门出口制成品(纺织品、靴子、鞋子、钟表、书籍和梳子)、金融和商业服务。西部地区专门出口小麦和玉米(其中相当一部分以玉米威士忌和鲜猪肉的形式运输)。而南部地区则专门出口棉花、糖和其他由奴隶生产的产品。诺思认为,每个区域的经济繁荣都与出口贸易的成功密不可分,也与其他地区对该地区主要工业产品的需求有关。南部地区主要从西部农业地区进口粮食来供给被奴役的人口,同时也依靠东部工业区获得廉价的衣服和鞋来供给种植园的奴隶,同样还有银行、信贷和代理等服务。南部地区的棉花则出售给东部地区,成为后者蓬勃发展的纺织工业的原料。东部地区也是西部地区农业产品的主要消费方。西部地区从东部地区进口制造业和服务业。这三大独立的区域通过区域间贸易流动联系在一起,每个区域都追求自己的比较优势,且生产力都比各自隔离而被迫自给自足高出很多。根据诺思的出口导向模型,美国内战之前整个国家的经济都由不断扩大的对欧洲出口的棉花所推动,当时英国开始采用棉花而非动物皮毛来为整个世界生产衣物。

　　道格拉斯·诺思的模型主要集中在康拉德和迈耶计算过程中一个薄弱的证据链条上。每个奴隶的棉花产量在一定程度上取决于典型的种植园在食品上自给自足的程度。自给自足意味着一些劳动力不得不从主要农作物生产转向食品生产和家庭手工业。诺思接受了传统观点,即南部地区在食品供应上很大部分依赖西部地区,"而制造业的大部分依赖东部地区,并且在很大程度上依赖东部地区开展商业和银行业业务"①。引文中强调的地方

---

① 这句话实际上是路易斯·施密特(Louis Schmidt)所说,诺思赞同并引用了这段话(Schmidt,1938:820;North,1961:103)。

表明南方种植园最低限度的自给自足程度,至少在大种植园是这样的。但是,无论南部地区对西部食品进口的依赖程度如何,对其利润率的计算都具有一定意义。生产函数法所需的一个重要变量是衣服和食物所花费现付成本的值。这部分成本因为自给自足程度的不同有很大差异。康拉德和迈耶考虑了三种可能性:第一种情形是,种植园几乎完全自给自足,每年维持一个主要农田运营所需的采购成本为 2.50—3.46 美元。但由于一部分劳动力需要从棉花生产转向粮食生产,故而这种低成本是以人均棉花产量的下降为代价的。另一种可能性是现付成本大概为 7—10 美元,"购买现成的衣服、鱼、肉以及其他食品"。如果购买了所有的必需品,现金花费可能会高达 25—40 美元(Conrad and Meyer, 1958:Table 5)。最后一种情况是,人均棉花产量可以最大化。重要的是需要正确地确定自给自足的常规程度,然后将其与恰当的人均产棉量相匹配。康拉德和迈耶假定供给的成本在 7—10 美元的中间范围,并且断言每个奴隶每年的棉花产量一般为 3.5—4 包。但是,他们没有提供任何证据证明产量与购买食物和衣服的假定成本有关。诺思的研究意味着从南方以外的地区进口食品和衣物的成本应该高于 7—10 美元,甚至高很多,这引人担忧。

阿尔伯特·菲什洛(Albert Fishlow)根据南部地区从西部地区的进口量得出不同的结论。假设几乎所有从西部地区进口到南部地区的产品都会顺流而下到新奥尔良,他从港口收入中计算得出"与[南部地区]本来的食品生产相比,进口只占到微不足道的部分""南部地区既不是西部地区农业产品的主要市场,也无需进口食品"(Fishlow, 1964:352, 357)。

菲什洛的结论受到罗伯特·福格尔的挑战,福格尔反驳说,西部有相当数量的农产品需要通过纽约和巴尔的摩运输,然后再沿着海岸线运向大西洋各州。他没有关于这条替代运输路线的直接证据,仅仅粗略地计算了 1860 年美国南部沿海各州猪肉和牛肉的消费量,结果显示,与本地的产量相比,这些州的猪肉和牛肉消费量存在巨大的缺口(Fogel, 1964)。然而,由于双方在西部地区和南部地区猪、牛的相对屠宰量上存在分歧,菲什洛和福格尔之间的论战陷入僵局。此外,鉴于大种植园的消费可能由当地小规模的、没有奴隶的、专门从事粮食生产和肉类生产的农民提供,区域间的运输与种植园的自给自足程度的相关性无法得到确保。

也许只有新研究出现,这场争论中的问题才会被解决。这不得不等待数年,直到威廉·帕克(William Parker)和罗伯特·高尔曼(Robert Gallman)从1860年农业普查中抽取了5 229个南方棉花种植农场和种植园的统计样本。人口普查员从这些农户手中得到的原稿申报表与每个农场主从人口普查中得到的申报表相联系,也与从奴隶主自奴隶普查中得到的申报表相联系。因此该样本是截面的微观数据样本。威廉·帕克准确地将其描述为"历史学家在研究历史时所使用的最佳的、最全面,也是最精心处理的统计学证据"(Parker,1970a:2)。帕克-高尔曼的统计样本立即被用于解决一个问题:种植棉花的农场是否同时种植粮食?答案是肯定的(Gallman,1970;Battalio and Kagel,1970)。该样本通过对每个农场和种植园进行逐一调研而得到,因此对问题的回答是微观的、具体的,而非宏观的、笼统的。图1.2给出了高尔曼按照农场规模估计的粮食产量和粮食需求。谷物的量以玉米蒲式耳表示。这一计量方法按其营养含量将玉米、小麦、黑麦、大麦、荞麦、豇豆和大豆汇总起来。大农场的人均产量(以灰色柱状图表示)明显高于小农场。但是并没有明显证据表明小农场能够向大种植园提供粮食。

670

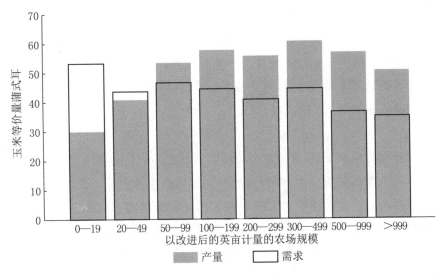

资料来源:Gallman,1970;tables 1 and 2。

图1.2 帕克-高尔曼1860年样本中的人均粮食产量

　　高尔曼通过汇总奴隶、自由人、役畜、奶牛、其他牛、绵羊和其他小动物——不包括猪——在农场的估计消费量,对单位农场的全部粮食需求进行了估算。其在估算中预留了种子、家禽以及农场废物所需的费用。为了避免夸大自给自足率,高尔曼对奴隶的比例作出他认为的足够估计——"结果很可能过高而不是太低"(Gallman,1970:12—19)。如图1.2所示,拥有50英亩或更多改进面积的农场的产出大于消费需求。留存量还相当可观。高尔曼意识到,用玉米和其他谷物喂养猪后,这些留存的产出很有可能转化为猪肉。他假定生产100磅猪肉需要10蒲式耳玉米,并认为这很可能低估了猪肉产量。在考虑到他对猪肉产量的估计是否合理后,根据农业普查报告的猪的数量和他收集的关于生猪屠宰量的大量数据,高尔曼说道:

> 我们可以作出的一些保证是,确定粮食和猪肉产量的方法并不会低估种植园的需求,当然也不会夸大其生产能力。也就是说,这一检验表明,我最初的目标——对自给自足的假设得到强有力的验证——已经达到。(Gallman,1970:16,黑点强调是原文就有的)

671　在估算农场奴隶和自由人的肉类消费量之后,高尔曼得出结论:

> 南部所有棉花种植农场(样本中所代表的)的盈余将足够养活样本之外南部所有奴隶以及六分之一的自由人。这些农场不仅远远不依赖于外部的基本食物来源,而且能够以令人印象深刻的规模向外界供应食物。(Gallman,1970:19)

　　从分析的角度来看,康拉德和迈耶的贡献之一就是将奴隶主看作商人,一名在竞争性商业活动中,维持奴隶并雇用他们在盈利性企业中工作的资本家。种植园主试图让奴隶从事一些工作以获得足够多的报酬,从而证明其价格的合理性。大型种植园在粮食生产上是自给自足的,这与南方种植园在棉花生产上具有很强的比较优势这一主张并不矛盾。拉尔夫·安德森(Ralph Anderson)和罗伯特·高尔曼指出奴隶是一种固定资本形式。其所有者不仅获得了奴隶的全部劳动,还应对其全部状况负责(Anderson and

Gallman，1977）。棉花生产所需的劳动力因季节而异，播种和采摘季节需求旺盛，两季之外的工作量较轻，只需要少量劳动力从事畜牧业和除草栽培工作。因为奴隶主即使在淡季也有义务供养奴隶，他们不希望这笔支付在农闲时节闲置。而且如果不去工作，他们也可能成为麻烦。使奴隶们全年都保持忙碌的主要方法是从事包括玉米和猪肉在内的多样化生产，尽管南部地区每英亩玉米的产量大大低于西部农业区。（1849 年和 1859 年每英亩的平均产量分别约为 12.5 蒲式耳和 32.4 蒲式耳）（Parker and Klein，1966：Table 10）。关于玉米产量较低的另一种解释是尽管玉米的种植和收获期并不影响棉花的播种和采摘，但对玉米而言并不是最优的。到了 8 月，两种作物都处于生长期且并不需要特别看护，奴隶们便开始除草，剥掉玉米秆上的绿叶。这些草叶成为牛的饲料，但这种做法却使得生长中的玉米受损并使玉米产量减少 10％—18％（Ransom and Sutch，1977：395—396，n62）。

其他研究项目提供的证据表明，南部边缘地区的次区域为南部不在农场生活的居民提供粮食和肉类。肯塔基州和得克萨斯州都是肉类出口州。南部偏北部的肯塔基州、田纳西州、弗吉尼亚州以及北卡罗来纳州生产了大量的粮食剩余，"大量出口小麦和玉米"（Lindstrom，1970：101）。与道格拉斯·诺思的研究相比，这些研究通过巧妙地重新划定区域边界——南方地区更窄而西部地区更加宽广，重新发现诺思曾强调过的区域间贸易联系的重要性。[1]

州际间的奴隶贸易和奴隶蓄养

672

人们普遍接受的说法是，由职业奴隶贩子经营的地区间的奴隶贸易规模巨大，对此很难提出质疑。奴隶买卖市场运行良好，奴隶也被灵活定价。这些奴隶"在最贫瘠的土地上出生，然后被出售给那些拥有最好良田的种植园

---

[1] 但是，对于英国的棉花出口对美国经济增长的推动作用受到了质疑。欧文·克拉维斯（Irving Kravis）认为，出口只是经济增长的辅助因素："增长的帮手，而非引擎"（Kravis，1972：405）。

主"(Conrad and Meyer，1958:110)。同样清楚的是,奴隶贩子会优先选择壮年奴隶运送到新南方(new South)。①换句话说,整个种植园人口的迁移,包括其全部劳动力——年轻人和老人、男性和女性、婴儿和儿童(连同他们的所有者及其家人)——并不只是运送奴隶快速填充西部地区劳动力的唯一途径。为了避免出现任何疑问,康拉德和迈耶还特别提及"一个古老的历史问题,即典型的南方绅士种植园主是否热衷于奴隶贸易"(Meyer and Conrad，1957:539)。他们认为如果不愿意出售奴隶将阻碍贸易,那么所有州的奴隶人口在年龄和性别分布上应大致相同。然而人口普查显示,在购买奴隶的南方各州中,黄金工作年龄段的奴隶比例高于售出奴隶的州(Conrad and Meyer，1958:114—115 and Table 14)。

理查德·萨奇进一步论证了这个观点。他利用人口普查的数据以及存活率法计算了1850—1860年各州按年龄和性别划分的净出口(或进口)量。对于特拉华州而言,哥伦比亚特区和马里兰州的整体出口率占人口的20%—33%。其他六个州(出口率降序排列:肯塔基州、南卡罗来纳州、弗吉尼亚州、田纳西州、北卡罗来纳州和佐治亚州)也是出口方。在奴隶制的最后十年中,这些州奴隶人口中有10%以上都被迫参与这一大规模的迁徙。图1.3显示了在奴隶制的最后十年中,萨奇所估计的各个年龄段和性别组的出口率。这个比率被定义为1850年居住在该州但在随后十年中被迫从该州迁徙的人口占该州1850年后可存活至1860年的奴隶人口的百分比。1860年年龄为20—29岁(在移民时大概为15—24岁)的奴隶的出口率占比明显较高,这一证据显著表明美国国内奴隶贸易中许多奴隶是单个被售卖的,而非在其所有者和家人的陪伴下迁徙至西部地区(Sutch，1975a)。②20世纪70年代和80年代学术界对美国国内奴隶贸易中确切的奴隶迁徙比

---

① 关于美国国内奴隶贸易的叙事性文学作品(与计量史学家的贡献不同)非常多。其中弗雷德里克·班克罗夫特(Frederick Bancroft)1931年的作品堪称经典。内德·萨布利特和康斯坦斯·萨布利特(Ned Sublette and Constance Sublette，2016)提出现代疗法(modern treatment)。拉尔夫·克莱顿(Ralph Clayton，2002)提供了有关将男性奴隶和女性奴隶从马里兰州运送到新奥尔良的贸易的详细文献证据。迈克尔·塔德曼(Michael Tadman)的研究结合了传统方法和历史计量方法,并详细介绍了南卡罗来纳州的出口情况(Michael Tadman，1989)。

② 塔德曼(Tadman)发现了按年龄划分的相似出口模式(Tadman，1989:Figure 2.4)。

例进行过讨论,但一直没有太大的进展。不过,乔纳森·普里切特
(Johnathan Pritchett)和迈克尔·塔德曼(Michael Tadman)最近的研究似乎
已经解决这个问题,他们对奴隶人口年龄和性别构成的变化进行了更为复
杂的分析。普里切特计算出,在州际奴隶运输中,大约有50％的奴隶被倒卖
给中间商(Pritchett,2001)。迈克尔·塔德曼认为这一比例高达60％—
70％(Tadman,1989:29—31,Appendix 3)。对于出口量异常大的地区,出
口给奴隶贸易中间商的比例可能更高。例如,从巴尔的摩运来的奴隶,大约
有80％的情况下会被当地奴隶主出售给中间商(Clayton,2002:641)。

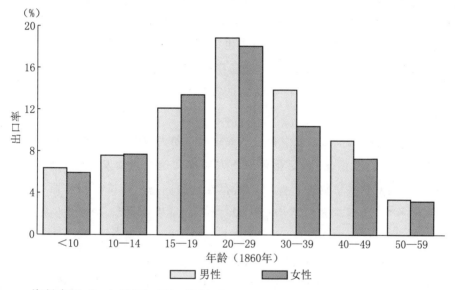

资料来源:Sutch 1975b:181,Table 5。

图 1.3　1850—1860 年售奴州以年龄和性别划分的出口率

尽管统计数据符合事实,但考虑到这些巨大的比例以及对应的巨大移民
规模,人们仍将注意力集中在奴隶贸易带来的痛苦和恐惧上。被卖到南方
的年轻男女与他们的家人(父母、妻子、伴侣等)、朋友和主人分离,被强行送
往陌生的环境,卖给并非他们自己选择的新主人,独自定居在陌生的种植园
里。这些数字背后都是令人心碎的故事。例如,一位1850年出生并成长在
马里兰州的青年,大约有12％—16％的概率会在1860年之前被卖给中间
商。当然马里兰州是一个极端的例子。在弗吉尼亚州,这一概率为11％—

14%，北卡罗来纳州的概率为 9%—10%，南卡罗来纳州的概率为 8%—11%。①就所有出口州而言，平均售出年龄为 16 岁。在这十年间，青少年男性被卖掉的概率要比女性高出 50%。斯蒂芬·克劳福德（Stephen Crawford）从 20 世纪二三十年代的前奴隶的叙述中提取有关年轻奴隶被卖出家庭的报道。他根据 42 份报告得出结论，"到了 16 岁，奴隶的孩子大约有 20% 的概率被卖出"（Crawford，1992:341—342，Table 11.6）。

卷入这场交易的青少年或许将会以拍卖的形式被卖掉：他们被关在巴尔的摩、查尔斯敦或者其他港口城市的奴隶拘留所，然后用铁链锁起来，押进船舱；在历经大概 30 天的航行后到达新奥尔良，再一次被锁起来，并被押往另一家"奴隶旅馆"；拍卖后，被带往新的奴隶主庄园。②不仅那些被卖的奴隶被迫背井离乡，而且那些留下的奴隶也因自身明显的脆弱性而悲痛欲绝、惶恐不安。留下来的儿童只能眼睁睁看着自己长大后将面临同样悲惨残酷的命运。这类被迫的西行迁徙被贴切地称为"第二中间航道"（Second Middle Passage）。*

毫无疑问，大量黑人奴隶被迫从奴隶出口州大规模迁移至奴隶进口州这一一般现象仍然存在，而专业贸易商人对推动这一运动发挥了重要作用。然而，如何对这些事物进行标记仍然存在一些问题。康拉德和迈耶将进口区域称作"奴隶需求州"，将出口区域称作"奴隶供给州"。尽管他们采用了既定的术语，但进行回顾时，"奴隶蓄养"（breeding）这个词并不恰当。这个充满感情色彩的词语显然冒犯了部分人，也激怒了部分人，并导致一些不太细心的读者对将奴隶当作繁殖工具这一做法产生极大的误解。康纳德和迈耶的观点是，被奴役的不仅仅是奴隶本身，还有资本，在这种情况下，就每一个被奴役的母亲所孕育的孩子而言，他们也是产品——如康拉德和迈耶所说

---

① 根据每个州的净出口率计算（Sutch，1975a：Appendix Table 5），并假定卖给中间商的概率为 60%—70%（Tadman，1989:31）。

② 根据初期航行中关于奴隶贸易的描述，详见拉尔夫·克莱顿（Ralph Clayton，2002）关于巴尔的摩的讨论。对于贸易的另一端，参考沃尔特·约翰逊（Walter Johnson，1999）关于新奥尔良市场的讨论，他还叙述了被迫西行的故事。

* "中间航道"（Middle Passage）指的是将奴隶从非洲运送至美洲的大西洋黑奴贸易；而"第二中间航道"（Second Middle Passage）指的是美国境内的奴隶贸易。——译者注

的"中间产品"。因此无论是否系统地培育奴隶,由奴隶生育带来的人口自然增长都是旧南方贫瘠土地上重要的,也许是最重要的产出(Conrad and Meyer,1958:96,113—114)。

理查德·萨奇试图用一些定量证据来支持上述观点。他们认为,区域间奴隶贸易的存在以及市场上形成的奴隶价格结构为奴隶主们提供了经济方面的激励,促使奴隶主们希望增加种植园中出生的儿童的数量。这个假说包含两个命题:

(1)奴隶数量的增加并非主要目的,而是由农业生产附带产生的结果;

(2)奴隶主的动机是在对现有工作状态的奴隶的既定投资下,增加所生下孩子的数量,而非最大化女性奴隶的生育能力(每个育龄妇女所生的孩子)。

美国内战前,南方女性的生育率高得惊人。萨奇使用帕克-高尔曼的样本估算了种植园农场的奴隶生育力。在每千名妇女的最佳生育年龄中,0—14岁儿童的平均数量为295:出口州这一数量为323,进口州为260(Sutch,1975a:Table 10)。在南卡罗来纳州,计算出的这一数量最高,达到355。这将接近有记录以来人口最高生育率下的生物学最大值371:科科斯(基林)群岛(Cocos-Keeling Islands)生于1873—1927年的妇女的生育经历。[1]对于奴隶出口州,这些数字意味着在生育期内每一位妇女平均会生育7名存活的孩子。要达到如此高的生育水平,需要早婚、缩短哺乳期以及没有经济压力抑制人口增加。

675

这些证据本身并不能区分两种可能性:种植园中如科科斯群岛一样的高生育率,其实是资源充足、身体健康以及生育头胎时间早的自然结果,还是有证据表明,种植园主通过鼓励(或强迫?)早婚并简化母乳喂养以及阻止禁欲来干涉奴隶们的性生活。如果奴隶人口的生育率是"自然的",正如一些奴隶主所坚称的那样,当女性生育率接近最高值时,个别种植园主如何增加其庄园中儿童的数量? 这可以通过将成年人的性别比例向育龄妇女倾斜来

---

[1]　最佳生育时期年数是一个潜在的生育能力指标。妇女在过去15年中每一年都受到相同年龄的科科斯岛女性的生育经验的影响。萨奇还提出一些计算结果,表明出口州和进口州之间的差异并不能通过没有子女的妇女的选择性迁移来解释(Sutch,1975a:Tables 8—10)。

实现。由于女性和男性都在农田从事生产活动，因此农业产出可以维持，而每名成年工人所生育的子女数量却可以增加。

在帕克-高尔曼的微观数据可用之前，公布的人口普查结果似乎并不支撑这一可能性。出口州15—39岁奴隶的性别比与所观察的进口州几乎没有差异，两者基本上都正好等于1。然而，奴隶农场的样本则讲述了一个完全不同的故事。当农场不包括任何女性奴隶时，出口州的男女比例为1∶3(进口州为1∶2)。从事非农工作的奴隶主要为男性，那些只有一个奴隶的种植户明显更偏好男性奴隶。

表1.2　1860年奴隶出口州的性别分布和儿童-成人比率

帕克-高尔曼样本——拥有5名及以上女性奴隶的农场数

R＝每一位男性对应的女性数(15—44岁)	儿童(0—14岁)与成人(15—44岁)的比率	拥有5名及以上女性奴隶的农场数	
		数量	百分比
R＞2.0ª	1.36	41	16.5
1.5＜R≤2.0	1.27	42	16.9
1.1＜R≤1.5	1.14	66	26.6
R≤1.1	1.00	99	39.9

注：a. 包括没有男性奴隶的农场。
资料来源：Sutch, 1975a：193, Table 12。

表1.2说明了在有5名及以上成年女性的农场中，性别比例失衡对生育效率的影响。由于儿童被假定为生育活动的"产出"，而成年人数量则代表"投入"，"生产率"用儿童与成年人的比率来衡量，该生产率随着女性与男性比例的增加而上升。同样值得注意的是，在出口州中，性别比大致平衡的大型农场只有不到40%。①有三分之一农场的男女比例大于1.5，有17%的男性奴隶拥有两名及以上女性奴隶。萨奇提出了一种可能性，即一夫多妻或者性开放现象，这可能有助于解释在这些农场中，尽管存在性别失衡现象，

676

---

① 斯坦利·恩格尔曼在对萨奇的评论中建议，道德上的影响导致少数农场主并不会去干涉并鼓励家庭稳定，这种稳定可能会提高女性的生育率(Engerman, 1975)。这种说法有据可循，因为在性别比例平衡的农场，妇女的生育率实际上更高(Sutch, 1975a：Table 12)。但蓄养假说认为，重要的不是女性的生育能力，而是种植园里成年人口的繁殖率，这既包括女性，也包括男性。

但出生率依然较高的情况。另一种可能性是被奴役的丈夫可能住在附近农场的种植园里。福格尔和恩格尔曼断言这是"相当普遍的"（Fogel and Engerman，1992b：462）。但是，安·巴顿·马龙（Ann Patton Malone）对路易斯安那州的奴隶家庭和家庭结构进行了透彻的研究，发现几乎没有证据表明种植园之外的婚姻存在。她认为，种植园之外的婚姻的频度被夸大了，"也许是出于过度关注……预示着标准的核心家庭"（Malone，1992：227—228，262—263）。无论如何，由于出售的需求，许多个体农场拥有的成年女性比成年男性多。

在种植园出生的儿童中女性的数量大大超过男性，这可能增加了一种可能性，即某些女性因其他男性（并非其丈夫）而怀孕，而其丈夫知情或者并不知情。考虑到南方社会中固有的种族和性别统治，女性奴隶在面对被迫性行为的时候可能觉得自己别无选择只能服从，尤其当对方是白人男性时（Steckel，1980；Bodenhorn，2015）。有限的证据表明，被监工强迫这一现象并不罕见（Malone，1992：221—222）。这些行为并不一定由奴隶主所谓的冷静的算计所驱使，而是出于冲动的犯罪。然而值得注意的是，早婚并在婚姻中生育许多孩子是被奴役的妇女防止被奴隶主性虐待的最好办法。

南方经济增长与制造业发展

奴隶制是可行且有利可图的，这并不意味着奴隶制与经济增长或发展相容。道格拉斯·多德（Douglas Dowd）在评论康拉德和迈耶时提出这一点，后来在1967年经济史协会（Economic History Association）的会议上，他就"作为经济增长阻碍的奴隶制"进行过一次著名的专题讨论（Conrad et al.，1967）。①多德说道："奴隶制和它所带来的一切是抑制南方工业资本主义和

677

---

① 小组成员：阿尔弗雷德·康拉德、道格拉斯·多德、斯坦利·恩格尔曼、伊莱·金茨伯格（Eli Ginzberg）、查尔斯·凯索（Charles Kelso）、约翰·迈耶、哈里·N.谢伯（Harry N. Scheiber）和理查德·萨奇。有关随后的讨论中丰富多彩的、充满情感的、夸张的描述，请参见罗伯特·福格尔和斯坦利·恩格尔曼（Fogel and Engerman，1974：11—19，Volume 2）。

经济增长的根本原因。"(Dowd,1958:441)事实上,的确是这样,在 20 世纪
60 年代美国内战前夕,南方经济落后于北方,这一点很少有人质疑。当时南
北方的观察家、废奴主义者以及奴隶主都注意到这种差距,并且都一致认为
奴隶制是罪魁祸首(有关评论,请参见 Harold Woodman,1963)。斯坦利·
恩格尔曼(Stanley Engerman,1967)对这一观点提出了挑战,有关这一主题
的计量史学文献就此展开。

为了重新解释,恩格尔曼对理查德·伊斯特林(Richard Easterlin)估计的
地区个人收入进行了重新计算,得出人均收入的粗略估计(将奴役人口计算在
总人口中)。结果见表1.3。①恩格尔曼将注意力放在他所计算的南北方地区的
经济增长率上。通过这些测算,1840—1860 年南方地区平均增长率为1.45%,该
增长速度快于北方地区的1.3%。②为何计量史学家的估算与同时期观察者得出
的结论如此矛盾呢? 答案是南部地区经济增长的本质相当不同寻常。这在当地
并不明显,只有在地区对比中才会体现出来。恩格尔曼计算了南方地区整体经
济的增长速度,而当时的人们则从当地观察者的角度对所看到的情况发表评论
(可以说是"实地观察")。需要注意的是,南方地区计算的增长率(1.45%)高于
南部地区三个分区单独测算的增长率(1.21%、1.28%和0.82%)。③之所以出现

---

① 表1.3根据伊斯特林(Easterlin,1961:Table 1)、恩格尔曼(Engerman,1971)、福格
尔和恩格尔曼(Fogel and Engerman,1971b:335)报告的数字以及兰塞姆和萨奇
(Ransom and Sutch,1977)的计算得出。详见兰塞姆和萨奇。伊斯特林列出的每个
地区所包含的州如下:英格兰——康涅狄格州、罗德岛州、马萨诸塞州、佛蒙特州、
新罕布什尔州和缅因州;大西洋中部——纽约州、宾夕法尼亚州、新泽西州、马里兰
州和特拉华州;东北中部——俄亥俄州、密歇根州、印第安纳州、伊利诺伊州和威斯
康星州;西北中部——爱荷华州和密苏里州,1860 年明尼苏达州、内布拉斯加州和
堪萨斯州也包括在内;大西洋南部——弗吉尼亚州(包括现西弗吉尼亚州)、北卡罗
来纳州、南卡罗来纳州、佐治亚州和佛罗里达州;东南中部——肯塔基州、田纳西
州、阿拉巴马州和密西西比州;西南中部——阿肯色州和路易斯安那州。
② 恩格尔曼从伊斯特林的估算出发,将得克萨斯州纳入 1860 年定义的西南中部地
区。这一调整将南方的经济增长率提高到 1.67%(Fogel and Engerman,1971b:
335)。表1.3报告的南部地区数据并不包括得克萨斯州。得克萨斯州于
1840 年成为独立共和政体,1845 年成为美国联邦州。
③ 恩格尔曼的计算很可能夸大了 1840—1860 年南方子地区所取得的发展。他们
的主要依据是 1839 年和 1859 年的作物普查结果,但是 1859 年是棉花生产异常
丰收的一年。

这种违反直觉的现象,是因为向西迁移是人们从土壤贫瘠和人均收入相对较低的地区转向土壤肥沃和人均收入相对较高的地方。美国内战前南方经济的明显增长很大一部分来自领土扩张到生产力更高的土地。这种粗放式增长与那些没有西迁的人并无关联。

678

表 1.3　1840 年和 1860 年按地区划分的人均收入水平

区　　位	人均收入(美元)		年增长率(%)	人口权重(US=1)	
	1840 年	1860 年		1840 年	1860 年
北方	**109**	**141**	**1.3**	**0.62**	**0.65**
新英格兰	126	186	1.97	0.13	0.10
大西洋中部各州	130	178	1.58	0.30	0.26
东北中部各州	64	90	1.72	0.17	0.22
西北中部各州	72	86	0.89	0.02	0.07
南方	**72**	**96**	**1.45**	**0.38**	**0.33**
大西洋南部各州	66	84	1.21	0.20	0.14
东南中部各州	69	89	1.28	0.15	0.13
西南中部各州[a]	140	165	0.82	0.03	0.06

注:a. 不包括得克萨斯州。
资料来源:Ransom and Sutch,1977:267,Table F.6。人口权重来源于 Easterlin,1961:535,Table 3。

　　不过,恩格尔曼的观点依旧是有道理的。南方的奴隶制经济并没有停滞不前。然而,这种变化很大程度上是由区域间奴隶贸易和种植园主的迁徙带来的。在整个美国内战前的时期,棉花的实际生产率是有所提高的(Conrad and Meyer,1958)。即使是在大西洋沿岸各州“贫瘠”的土地上,也是如此。所以,针对地方一级这样的判断可能是正确的。生产率的提高可以一步归功于运输和销售方面的进步、鸟粪作为肥料的应用、新棉花品种的采用,以及轧棉和打包棉花机械的改进。棉花的实际价格也在上升,因为制造棉线和纺织品的技术进步使制造商能够更有效地利用南部的陆地棉品种。但是,与新英格兰、大西洋中部各州和中东部地区的经济增长相比,大西洋南部和中南部东部地区的增长是微不足道的。①虽然种植园主可以从更高的价格以及市场和生产创新中获益,但是奴隶们却不能。相比之下,北方

①　1840 年,边境地区(西北中部和西南中部)人口稀少,分别只有总人口的 2% 和 3%。

679 地区经济是明显更活跃的本土性集约式增长经济,收益来源也更加广泛。北部农业生产发生了变化,出现本土制造业,年轻妇女开始离开农场去工厂工作,城市也发展起来了,大量的小发明提交到专利局。①

在南北方历史中,向西迁移很常见。但是在北部,人口是从东部高收入地区(新英格兰和中大西洋各州)迁移到人均收入较低的西部地区(主要是中东部地区)。北部移民并不是由那些放弃高薪工作而接受低收入工作的人们产生的,相反,这一迁移主要是从农业低生产率的地区向更为肥沃土壤的西部迁移。1840 年,原西北部的人均农业收入比新英格兰高 25%,1860 年高出 45%(Easterlin, 1974:Table B.1)。表 1.3 的数字支持这一种观点,即南部的奴隶制经济确实落后于英格兰和中大西洋的工业经济,也落后于中东部各州的新型农业经济。②

为什么会出现这样的情况?南方地区的特色被公认是:相对缺少制造业,城镇和村庄之间没有连接的渠道,缺乏为白人儿童提供的公共教育,以及法律实际也禁止对奴隶进行教育。③如果经济增长等同于制造业发展、城市化以及教育化,那么计量史学家显然可以进行研究。为什么南方错过了这些发展?

关于南部制造业的研究最初来源于弗雷德·贝特曼(Fred Bateman)、詹姆斯·福斯特(James Foust)和托马斯·韦斯(Thomas Weiss)。他们从 1850 年和 1860 年普查的手稿中选取一些制造公司作为研究样本,并报告两项研究结果,这两项研究结果加在一起让他们得出令人惊讶的结论。整个南方

---

① 技术创造力影响北方生活的方方面面。关于北方农业转型,详见杰里米·阿塔克和弗雷德·贝特曼(Jeremy Atack and Fred Bateman, 1987)。关于各种各样的小工具(rain of gadgets)对农业的影响,参见彼得·麦克莱兰(Peter McClelland, 1997)。

② 最近对美国内战前较长时期内区域增长进行了重新研究,结果证明,南方远远落后于北方。在 1800 年和 1860 年的基准年之间,彼得·林德特(Peter Lindert)和杰弗利·威廉姆森(Jeffrey Williamson)计算出大西洋南部地区的年增长率为 0.9%(这低于他们认为的"现代经济增长"所要求的增长率)。相比之下,新英格兰以 1.94%的速度增长,而大西洋中部各州以 1.66%的速度增长(Lindert and Williamson, 2016:101—107 and Figs. 5.1—5.2)。

③ 尽管有法律和习俗限制,一小部分奴隶还是学会了读写。希瑟·安德里亚·威廉姆斯(Heather Andrea Williams, 2003)的非量化历史叙述了这样的故事。

地区,很少有种植园主参与制造企业的经营。作为南方社会最富有的成员,奴隶主可以被认为是当地的企业家和风险投资者,但整个南方只有 6% 的种植园主从事制造业,然而他们的投资却占到所有制造业资本的 25%。"这表明,南方进入了一种非常传统但是在经济上又非常合理的发展模式——资源从农业到制造业的有限转移。"(Bateman et al.,1974:297)但计算表明,南方制造业的回报率是南方农业的两倍到三倍,如此低的参与率令人非常惊讶。显然,该地区没有发挥其经济潜力。作者将这种状况描述为企业家失败的因素之一——"投资者的非理性"。制造业的机会本应更有利可图,但种植园主们却不明智地将其收入重新投入棉花的种植和奴隶的购买中。"虽然南方并不像传统上认为的那样缺乏工业,但毫无疑问,它可以做得更好。然而这并没有发生,这很大程度上反映了南方投资者的行为。"(Bateman and Weiss,1976:26,39,Table 13)①

680

制造业的匮乏可以解释南方地区的低城市化水平。工厂中的工人需要住在工厂附近,工厂区位选择需要靠近能源基地(比如磨坊旁的小溪)。美国内战前,东北部和西北部地区的城市围绕非农就业人员而发展。这些城市开始进入良性的自我发展阶段。它们培育了一种商业文化。在技术发生变化且机会出现时,本土企业家和资本贷方愿意承担风险(Parker,1970b)。然而对于南方而言,缺乏城市中心,其就缺乏愿意承担风险的商人和放贷者,而恰恰是这部分人才可以为工业化提供动力。

克劳迪娅·戈尔丁(Claudia Goldin)探讨了城市中的奴隶制问题。然而,她所关注的与其说是城市化发展的缺乏,不如说是少数城市的确相对缺乏奴隶的情况。1850 年白人人口中有 10% 居住在南部城市,而只有 4% 的奴隶是城市居民(Goldin,1976:Table 1)。戈尔丁还证实,19 世纪 50 年代城市的奴隶制已经开始呈现衰落的趋势。根据她对城市奴隶供求情况的统计分析,这几乎可以完全由"一般情况下奴隶价格的快速上涨,从而使得城市奴隶主从资本收益中获利"来解释(Goldin,1975:449)。

撇开南部地区对基础教育可悲的投入不谈,对被奴役的黑人而言,这显然是奴隶制的后果。最初试图解释为何制造业投资水平低时,他们并没有

---

① 贝特曼和魏斯将他们的工作收集并总结在一本书中(见 Bateman and Weiss,1981)。

直接将奴隶制作为原因;相反,他们将工业化的失败归因于企业家缺乏想象力。将此讨论扩展到鲜明的地区特征、种植园主的非理性、风险规避性质以及商业文化等问题,这些会使这篇文章偏离主题。经济发展及其成功的指标——经济增长,是一个复杂的概念。诸如"为什么南方没有更快发展?"之类的问题,以及"为什么没有发展成一个繁荣和多样化的工业部门?",都需要对比分析。恩格尔曼开始比较南北方的经济增长,贝特曼和韦斯明确地将南方的制造业与北方的工业化进行比较。戈尔丁则比较城市和农村地区的奴隶制。加文·赖特作了另一个比较。他将战前旧南方的经济发展和战后新南方的发展进行对比。赖特看到"企业家精神在原则和方向上发生了根本的变化":

> 奴隶制废除后,以提高土地生产力和土地价值为目的的投资战略、企业设计以及政治计划开始出现。

赖特认为,战前南方地区经济低迷的真正原因是储蓄的缺乏:

> 储蓄水平是财富和收入的函数。通过类比国债负担,将劳动资本化满足了在生命周期内积累财富的欲望,因而减少了可用于实物投资的储蓄。该模型可以很好地解释经济学家弗雷德·贝特曼和托马斯·韦斯最近提出的证据,即美国内战前南方制造业回报率普遍较高,但未能吸引大规模投资。(Wright,1986:19—20,Emphasis in the original)

赖特引用了兰索姆和萨奇提出的关于奴隶主储蓄的论文,该论文建立在弗兰科·莫迪利安尼(Franco Modigliani)的生命周期理论及其对国家债务负担的影响之上(Ransom and Sutch,1988;Modigliani,1961)。生命周期模型预测存在一个期望的财富收入比率,这取决于个人对其生命周期内收入年龄分布的预期以及建立财富储备的需要。这笔财富既要用来建立应急基金,又要为预期收入能力较弱的老年提供保障。因为储蓄者并不关心财富是以实物资本还是以政府债券的形式积累,因此国家债务的增加"将以1:1为基础取代私人有形资本"(Modigliani,1966:200)。经济中实体资本存量的减少会降低产出流动。如果前面引用中的"国家债务"换成"奴隶资本",你就明白兰索姆和萨奇观点的实质。奴隶是一种取代制造业资本的财富形式。

生命周期理论模型不仅解释了南方制造业投资的稀缺,还可以为内战后令人费解的总储蓄率上升提供部分解释。随着奴隶制的废除,南方大量可出售的财富随之蒸发。1860年奴隶的价值几乎是农业投资总额的60%,完全超过南方制造业中所投资的物质资本(Ransom and Sutch,1977:Table 3.5;1988:Table A.1)。当奴隶所代表的财富消失时,财富与收入之间的关系远远失去平衡。作为回应,储蓄率便上升了(Ransom and Sutch,1988)。1966年,当罗伯特·高尔曼发表他对19世纪美国国民生产总值(GNP)的估算时,资本形成的加速步伐首次引起专业人士的注意(Gallman,1966)。资本构成率从国民生产总值的13%上升到17%以上,高尔曼对产出和总储蓄的后续修订见表1.4。根据修订后的估算,物质资本从低于15%跃升至20%以上,如果使用奴隶制经济概念的国民生产总值,这一比例将从16%上升至22%,其中包括奴隶财富的增加在总资本构成中的价值。

682

表1.4 美国的资本形成总额在国民生产总值中的份额

高尔曼的估计和1839—1888年奴隶制经济国民生产总值的十年平均值

时 间	高尔曼的估计(不包括奴隶财富的增长)		奴隶制经济概念(包括奴隶财富的增长)
	1966年	2006年修订	
1839—1849年	11.5	10.8	14.0
1844—1854年	12.9	13.0	14.9
1849—1859年	13.3	14.7	16.2
1869—1878年	17.4	22.1	22.1
1874—1883年	17.3	20.8	20.8
1879—1888年	18.9	23.5	23.5

资料来源:高尔曼1966年的估计是根据兰索姆和萨奇的基本数据计算得出的(Ransom and Sutch,1988:149,Table 4),所用方法如高尔曼(Gallman,1966:10—14)所描述的。修订的高尔曼估计是根据卡特(Cater)等人提出的年度数据的平均值计算的[Cater et al.,2006:Tables Ca192—207(1869—1888) and Ca219—232(1839—1858)]。美国内战前基于奴隶制经济概念的份额是根据同一来源计算得出的(Table Ca233—240)。有关奴隶制经济国民生产总值的讨论,请参阅保罗·罗德和理查德·萨奇(Paul Rhode and Richard Sutch,2006:16)的研究。

简单地说,南方奴隶制并没有建立起教育机构、社会机构和金融机构来促进创新、创业和经济发展。奴隶人口的增加满足了南方投资和扩大财富存量的冲动。奴隶制甚至剥夺了南方现代经济发展的潜力。①从长远来看,南方处于危险之中。移民们自主选择快速发展的城市中心和不断扩张工业的北方作为定居地。南方为自由劳动力提供的工作机会很少,而土地和奴隶的进入成本使得典型移民难以进入种植园主阶层。随着移民的涌入,自由州的人口增长速度超过南方奴隶州,南方的国会代表人数相对于北方的比例受到威胁,因此他们坚持要将奴隶制扩展到西部(Ransom and Sutch, 2001)。

683

关于《苦难的时代》的争论

1974 年,罗伯特·福格尔和斯坦利·恩格尔曼合著的《苦难的时代》出版,这进一步刺激了 20 世纪六七十年代关于奴隶制计量史学研究出现井喷式发展。两位作者有意激起争端,他们宣称这部作品是对奴隶制经济学的一种颠覆性解释,并报告了“过去十五年以来基于新技术和迄今被忽视的资料来源”在方法上更为复杂的研究发现(Fogel and Engerman, 1974:4, 226, Volume 1)。在这些惊人的发现中,最主要的是作者表明,美国奴隶们的身心健康状况远远好于过去人们所相信的状况。奴隶们不仅可以得到充足的食物、衣服和住所,而且有着与同时期美国自由工人相媲美的物质生活水平。奴隶主们通过使用现金奖励以及其他积极措施来激励奴隶们高水平地努力工作,而非体罚。人道的待遇确保奴隶们愿意合作。奴隶蓄养以及性剥削是废奴主义者们的“神话”罢了。贩卖人口并没有破坏很多家庭单位。群体劳动和规模经济使得生产力极高,因此大型种植园比北方的自由农场更有效率。

四十多年后,人们很难再次感受到这部作品带来的冲击。出人意料的反

---

① 加文·赖特对美国内战前经济发展的反思从计量史学的角度迈出令人耳目一新的一步,并提供了深刻的历史和比较背景(Wright, 2006)。

应部分是由该书傲慢的风格和结构的偏颇造成的。该书有两卷。第一卷为《美国黑人奴隶制经济学》，该卷主要面向普通读者，采用迪尔德里·麦克洛斯基（Deirdre McCloskey）所称的法庭风格，比起有着仔细脚注以及对原始材料引用的典型历史性叙事，这种写法更能让人联想到检察官的总结陈词（McCloskey，1985）。尽管作者声明其内容是严格科学的，但第一卷缺乏对方法论的仔细描述、精确的实证研究以及提出与新的科学发现相关的必要说明。这些材料的提供，便留给第二卷——《附录：证据和方法》。因此第二卷充满各种代数符号、错综复杂的交叉引用以及对统计结果进行的简要描述等技术笔记，除了极少数普通读者外，几乎很少有人能看懂。只有接受过经济理论、统计推理逻辑和方法以及计量史学分析训练的人才能将该书的两部分结合起来进行可靠的分析。

从某种意义上说，福格尔和恩格尔曼的研究都走在时代的前面。他们试图说服广大非专业读者"非裔美国人没有文化、没有成就，也没有发展"的观点是错误的（Fogel and Engerman，1974：258，Volume 1），同时说服他们的科研同行认识到这项研究的正确性。不过他们试图同时针对两群受众的努力被证明是失败的，不仅因为其研究发现及意义在客观上和辞藻上（physical and rhetorical）的分离被视为一种威慑读者的企图，而且因为推论和许多技术细节没有经过同行评议。

684

这两卷令人敬畏的总体安排最初带来的冲击可能只是作者传递出的暂时性干扰，他们承诺这些新颖的解释来源于可靠的发现，这些发现基于实实在在的数据、复杂的数学运算和具有消化大量数值数据能力的计算技术。然而，随后的研究表明这些发现并不那么可靠。有着一定经验和资历足够的计量史学家开始复制——或尝试复制——该研究的计量史学过程时，发现他们大部分无法做到这一点。[①]结果不能复制的原因有很多，来自多个方面。保罗·戴维（Paul David）、赫伯特·古特曼（Herbert Gutman）、理查德·萨奇、彼得·特明和加文·赖特共同编写了关于《苦难的时代》的计量史学修正和逻辑批判，并出版成书——《对奴隶制的清算》（Reckoning with Slavery），配套一份索引。其结论非常直白：

---

①　我不仅仅是复制核查工作的见证人，还是参与者（Sutch，1975b）。

29

我们相互合作,试图复原每一个重要的统计学步骤,检查每一个重要的引用,核查每一个引人注目的引文,重新思考每一个关键的推论,以及质疑福格尔和恩格尔曼书中的每一个主要结论。令我们惊讶和沮丧的是,《苦难的时代》居然满是错误。包括数学类错误,比如无视统计推断的标准原理,引用来源错误以及扭曲引文的语境,歪曲其他历史学家和经济学家的观点和发现,基于市场行为、经济动态、社会化行为、性行为、生育选择以及遗传学(仅举几例)等的模型在依据上是可疑的,且很大程度上并未被解释。

没有任何学术工作,当然也没有一项工作能覆盖如此广阔的研究领域而不受某些错误的玷污。然而,《苦难的时代》一书几乎通篇存在错误的内容。更令人沮丧的是,我们所发现的错误始终存在某种倾向:所有的错误似乎都支持福格尔和恩格尔曼对奴隶制的颠覆性解释。当错误被纠正、论据被重新核查时,《苦难的时代》一书中作出的每一个令人注目的断言都令人怀疑。在很多情况下,这样做的后果是恢复并强化了以传统和定量研究为导向研究黑奴制度的学者所得出的更"正统"的结论。(David et al.,1976:339—340)

反对意见并不仅限于事实细节上出现的错误。评论家们指责,第一卷中所呈现的解释,也并不符合计量史学分析的逻辑,福格尔和恩格尔曼在书中告诫读者,他们的发现(第二卷中所呈现的)及其解释(在第一卷中)在可靠性上不在同一水平。"解释有时候涉及相当零碎的额外数据,虽然这些假设似乎有道理,但是目前尚无法验证。因此,即使读者接受了一个或者另一个原则性结论的有效性,他们依旧可能不会同意我们对这些结论赋予的意义"(1974:Volume1,p.10)。但是,批评者们反对的并不是该研究中使用额外的假设或者零碎的数据将研究结果扩展成一个结论;相反,他们指责的是,即使接受了附加的假设和零碎的数据且第二卷中的计量经济学结论是有效的,第一卷中大张旗鼓展示的解释也没有根据,不合逻辑成为最主要的一个问题。

福格尔和恩格尔曼在第一卷中所采用的法庭风格意在不给任何分歧留有余地,为了达到这一标准,必须直接从计量史学的研究方法中对奴隶制经济的传统特征予以修正。在我看来,和真正的法证人员检查所有证据然后立案不同,福格尔和恩格尔曼预设了他们的结论然后收集看似合理的支持性证据。在这个过程中,他们忽略了将证据和证据所支撑的结论联系起来的逻辑链条。

奴隶制的相对效率

　　长期以来,福格尔坚持认为他在奴隶制经济学方面最重要的贡献是颠覆性地证明了奴隶制是高效的。的确,奴隶制也确实比自由劳动力更高效。根据福格尔和恩格尔曼报告的数据,在1859年,南方农业的效率要比北方农业高出35％,而且南方奴隶制农场比南方自由农场的效率高28％。《苦难的时代》将这个结果描述为一个悖论。生产效率是美国价值观的一个重要组成部分,也被视为资本主义经济的重要美德之一。①福格尔和恩格尔曼在没有任何明确警示的情况下,挑战了长期存在且看似可靠的信念,即奴隶是低效的,他们通过制造一个没有必要存在的悖论,似乎在暗示奴隶制是道德的,本质上也是可取的。当然,他们显然并不这么认为,在结语中,他们明确否认他们试图"出售奴隶"(Fogel and Engerman, 1974:258, Volume 1)。他们承认:"奴隶制赋予一群人凌驾于另一群人之上的巨大权力,其本身就是充满罪恶的。"在贯穿第一卷的简短零散的观察中,他们注意到奴役黑人也是具有剥削性、剥夺性以及种族歧视的行为(Fogel and Engerman, 1974:159, 144, 153, 215, Volume 1)。②

---

①　效率无疑是可取的这一观点,是美国历史上进步时代(19世纪90年代—20世纪20年代)的产物。历史学家塞缪尔·哈伯(Samuel Haber)写道:"与美国历史上任何时期相比,'有效率'和'好'这两个词在这些年几乎是同样的意思。"(Haber, 1964:ix)西奥多·罗斯福(Theodore Roosevelt)总统在给国会传达的信息中也帮助巩固这一观点:"在世界历史的这个阶段,无畏、公正、高效是国民生活的三大要求。"(1909)新古典经济学家也常常认为效率是竞争性资本主义经济中企业主追求利润的结果。

②　福格尔后来承认,他对道德问题并没有深思熟虑,"因为这些问题看起来似乎太过明显",而且《苦难的时代》中对奴隶制道德问题的零星观察"并没有充分说明问题"(Fogel in Fogel et al., 1989—1992:391—393, Primary Volume 1)。福格尔的《未经同意或未订契约:美国奴隶制的兴衰》一书在主卷的后记中详细考虑了这个问题。

　　如果像福格尔和恩格尔曼所坚持的那样,奴隶比自由劳动者更有效率,那么真正的含义应该是让人类像自由劳动者一样以损失产出为代价发挥自己的作用,并且必须在非经济原则上为其辩护(Wright,1978)。

　　与其他问题一样,在奴隶制的效率问题上,福格尔和恩格尔曼的批评者们几乎质疑他们所用方法的每一个要素——他们对效率的定义,他们对产出和劳动投入的测量、对农田的评估、对生产函数估计的计量经济学表达,以及许多测量和推断的技巧细节。①尽管未能达成普遍共识,但进行多轮交流还是值得考虑的,因为这说明计量史学研究中存在受众问题。《苦难的时代》第一卷中的散文将"效率"的意义留给读者中可能形成的某种共识。然而,效率本身却有几种共同的含义。如果一个农场能以最小化浪费生产一定数量的棉花,那这个农场是有效率的。这个概念可以被称为"技术效率"。②当一个工人以一种组织良好且称职的方式去完成一项任务的时候,他或她从个人层面来看是高效。如果生产过程能够避免对某一种特定资源(如能源)的浪费,那生产过程也是有效的。这就是"资源效率性"。计算这些概念中的任何一个都不能提供关于其他两个概念的信息。

　　由于福格尔和恩格尔曼并没有为非专业读者澄清他们对效率的定义,这使得他们的论述出现极大的混乱。《苦难的时代》一书中计算出的效率指数与以上三个常识定义并不对应,实际上是第四个概念——"收入效率"。南方农场种植棉花(和玉米),而北方农场并不生产棉花(但生产大量的玉米)。由于这两个地区的产出品种不同,因此无法直接比较它们的物理效率。福格尔和恩格尔曼通过使用全国统一的价格来计算1859年两个地区报告的农产品和牲畜产品的总价值,绕开了"苹果和橙子比较"的困境。他们用"全要素生产率的集合指数"来衡量生产率,该指数的定义是产出价值与劳动力

---

① 针对质疑的回复反反复复经历了许多个来回。加文・赖特简要概述了主要的问题,但他指出,"[关于奴隶制的相对效率]这个问题已经受到广泛的审视,并涉及如此多的维度,因此试图对这场辩论进行详尽的回顾是困难的"(Wright,2006:94—121)。

② 技术效率本质上是一个物理概念。例如,当两家企业生产相同的产品时,用它来比较一家企业相对于另一家企业的表现。比如,都生产铅笔,就以物理方式衡量每天生产的铅笔数量,在每种投入数量都相等的情况下,生产更多铅笔的企业被认为在技术上效率更高。

（奴隶和自由劳动力）、土地和资本投入的加权平均值的比率。通过该指数，他们可以用南北方农场的全要素生产率之比来衡量"相对效率"（Fogel and Engerman，1974：192—193，Volume 1，Fig. 42）。以这种方式定义的"生产率"是对1859年收入水平的衡量标准，这样用产品的定义来计算相对效率就可以得到"收入效率"指标（David and Temin，1974：775—778）。尽管《苦难的时代》的许多读者可能会假设，但是收入效率既不是衡量物理效率的指标，也不能作为评估资源效率的指标，更不能作为衡量工人熟练程度或勤奋程度的衡量标准。

687

此外，在福格尔和恩格尔曼的应用中，收入效率高估了奴隶种植农业的优势。1859年的棉花产量异常高，但与此同时，棉花的价格却保持相对稳定。因此，1859年棉花生产的收入非常不同寻常。北部地区的情况并不罕见。这样，使用1859年的产出在计算中引入一种偏向，即南方农场胜过北方农场。实际上，就福格尔-恩格尔曼版的"效率"而言，"再没有其他年份能使南方处于更好的状态了"（Wright，1976：313—316，1979）。

当他们在1971年首次提出计算相对效率时，福格尔和恩格尔曼推测，南方农场比北方农场的效率更高，这可以用南方农民"卓越的企业家精神和管理能力"来解释（Fogel and Engerman，1971a：364—365）。在《苦难的时代》一书中，他们更进一步，除了种植园主和监督者进行的高级管理外，还加上"黑人劳动力的优越素质"。在书中，这些对所谓奴隶制效率的解释不再是偶然的猜测，而是根据收入生产率（revenue productivity）计算得出的逻辑推论（Fogel and Engerman，1974：209—210，Volume 1）。这种新的解释成为他们从引言到结论一直强调的该书的中心主题。典型的奴隶农场工人要"比他们的白人同辈干活更努力，也更有效率"（p.5）。奴隶是"勤奋和高效的工人"（p.263）。"所有或者几乎所有的[种植园]优势都归因于奴隶劳动的高质量，因为管理的主要目的是提高劳动质量"（p.210）。

这种推断是没有根据的。保罗·戴维和彼得·特明很快指出，生产要素的相对"质量"和替代生产过程的效率在分析上是两个截然不同的概念。即使我们接受这种计算是有效的说法，全要素生产率指数的比较分析也不能揭示在不同环境中工作的管理人员和工人的比较绩效（David and Temin，1974，1979）。福格尔和恩格尔曼后来放弃了他们关于奴隶劳动力质量和勤奋的主张,但他们依旧继续为他们的效率计算作辩护(Fogel and Engerman,1980)。在第一卷中,他们让普通读者相信,收入效率与高盈利能力一样在本质上是一件好事,这在道德上是可接受的,也是美国奴隶制资本主义性质的一个恰当结果。

福格尔和恩格尔曼的批评者们不接受生产率计算的有效性,他们批评的点在于不能仅限于用收入作为衡量产出的标准。他们认为,《苦难的时代》一书低估了奴隶农场的劳动投入(David and Temin,1974;Wright,1979)。为了估算劳动力,福格尔和恩格尔曼使用帕克-高尔曼的样本,该样本最初是用来研究农场自给自足问题的。该数据库中奴隶人口的年龄和性别细节使得福格尔和恩格尔曼对劳动力数量的估算作了一定的调整,而这些调整是用南北方比较中公布的人口普查数据无法做到的(Fogel and Engerman,1974:Volume 2)。直到恩格尔曼和约翰·奥尔森(John Olson)在1992年概述"基本程序"之后,这些调整的全面程度才显现出来(Engerman and Olson,1992)。他们的描述并非完全清晰,但提出了许多问题。奴隶劳动是用"手工评级"的等价物来衡量的(Fogel in Fogel et al.,1989—1992:Primary Volume 73—74,Fig.13;Engerman and Olson,1992:Table 24.1)。这些年龄和性别的调整从来没有透露过。①无论如何,加文·赖特已经表明,对妇女手工评级的等价物极大地低估了她们的劳动贡献,因而夸大了奴隶农场的全要素生产率(Wright,2006)。

批评者们还就福格尔和恩格尔曼对土地的估价提出质疑。最初,他们用总耕地面积(改良的加上未改良的)来衡量土地投入,并没有对地区间自然肥力或土地使用(种植农作物或者牧场)的差异进行调整(Fogel and Engerman,1971a)。在《苦难的时代》一书中对此作了改良,以现金价值来衡量土

---

① 10岁以下的儿童和70岁及以上的奴隶被认为是没有工作的。通过减去少部分从事非农业活动的男性奴隶的数量,等价劳动力数量进一步减少。这种调整可能基于遗嘱认证记录的样本,但是没有明确说明。令人费解的是,没有男性奴隶或者有"性别比异常"情况的农场从样本中剔除了。如果一个农场在粮食生产中不能够自给自足,这个农场也将从样本中消除,同样没有给出任何解释。这两类剔除的样本几乎完全删除了小农场(拥有1—15个奴隶),这可能扭曲了该规模级别所测量的生产率。

地（Fogel and Engerman，1974：Volume 2）。无论如何，这都是一个糟糕的方法，因为该方法并没有考虑改进和未改进面积的不同比例。然而，值得注意的是，北部土地价值可能因为更接近政府补贴的铁路而上升，这显然将降低北部农场效率（Wright，2006；David and Temin，1974）。在对批评者的回应中，福格尔和恩格尔曼尝试用一套修正后的计算方法来修正其对土地租金的地域成分（Fogel and Engerman，1977）。戴维和特明指出，这些修正"从生产函数中完全消除了土地投入要素"（David and Temin，1979：216）。福格尔和恩格尔曼回应说，是戴维和特明要求的纠正导致土地要素消失了（Fogel and Engerman，1980）。实际上，戴维和特明并没有提出这样的修正要求。相反，他们重申了自己最初的论点，"［福格尔和恩格尔曼所使用的］概念性工具不适用于确定自由农业和奴隶农业的相对技术效率"（David and Temin，1979：216）。到目前为止，辩论已经陷入目的矛盾的困境中，即如何适当地使用一个概念性工具来衡量投入，然而双方都不同意该工具是合适的。正如托马斯·哈斯凯尔（Thomas Haskell）所强调的那样，应该保留的信息是福格尔和恩格尔曼在这种交流的过程中摒弃了的全书的主题，即他们声称，效率的计算证明了被奴役的黑人劳动力在农作物生产中的勤奋和合作能力（Haskell，1979）。① 689

规模经济和帮派劳动

尽管他们已经放弃奴隶劳动力在相对质量和勤奋程度上存在优势的主张，但福格尔和恩格尔曼仍然坚持认为奴隶制的生产力优势是真的，他们对收入效率的衡量是一种对此优势有意义的衡量标准。接着，他们声称，奴隶农场的相对效率是奴隶农业规模经济的结果，这一优势在北方自由家庭经营农场中无法达到，以及少于16人的奴隶农场中亦不可能实现。他们使用

① 13年后发表的一篇令人困惑的反驳文章中，福格尔和恩格尔曼仅仅反驳了哈斯凯尔而没有解决戴维和特明提出的基本观点，即劳动质量不能从全要素生产率的计算中推断出来。

帕克-高尔曼的样本,以拥有的奴隶数量作为规模的衡量标准计算不同规模农场的收入效率(1974:Volume 1,Fig.43)。

加文·赖特再次指出,福格尔和恩格尔曼的收入效率"在很大程度上衡量了在 19 世纪最不寻常的棉花年谁恰好种植了棉花"。值得注意的是,赖特的计算显示"保持种植混合作物不变,奴隶就没有生产力优势,奴隶种植园也没有规模经济"(Wright,1976:317)。然而,福格尔继续强调规模的生产力优势,他进一步声称,当农场规模超过 15 个奴隶(或 5 个主要男性劳动力)时,就会发生变化,这表明收益的来源是帮派制度在田间作业中的运用(Fogel in Fogel et al.,1989—1992,Primary Volume:26—29;Fogel,2003:29—31)。

福格尔和恩格尔曼在《苦难的时代》一书中首次提出一个观点,即帮派制度在大种植园中很常见,甚至很普通。他们将此描述为这样一个系统,在该系统中,根据奴隶们的体能将他们分成几个帮派。然后,这些人被一个领队带领着进入田间劳作。福格尔和恩格尔曼这样描述在耕种过程中的帮派制度:

> 田间劳动力被分为两组:锄头组和犁组。锄头组负责清除棉花植株周围的杂草以及棉花植株过多的新芽。犁组紧随其后,搅动棉花植株附近的土壤,再把它抛回棉花植株周围。因此锄头组和犁组都需要对对方施加流水线生产式的压力。锄头组需要及时完成锄地以便犁组能够完成他们的工作。与此同时,由于锄地过程所需劳力比犁地要轻,这便为犁组设定了一个步伐频率。司机和监工在这两组劳动帮派中来回走动,催促他们跟上对方的步伐,并检查其工作质量。(Fogel and Engerman,1974:204,Volume 1)

690 他们充分自由地发挥想象力,对这幅生动的野外工作场景进行描绘,但这并非基于当下的证据。然而,福格尔和恩格尔曼继续提到,将奴隶分配到"具有高度纪律性、相互依赖且能够保持稳定和高强度工作节奏的团队中",是"提高大规模运作中取得卓越效率的关键"(Fogel and Engerman,1974:204,Volume 1)。

在帮派制度中,农场通常会雇用 16 个或更多奴隶,但这种说法仅仅是一种猜测。福格尔和恩格尔曼并没有提供证据表明在美国内战前的末期,帮派制度被广泛利用着。在上文关于帮派制度描述的段落之后,他们立即引用并转述了弗雷德里克·劳·奥尔姆斯特德(Frederick Law Olmsted)对"驱使奴隶工作"的若干当代描述,给人的印象是他们所引用的是刚刚描述的帮派制度,但是奥尔姆斯特德的观察中并没有涉及驱使帮派劳作的内容。在这些段落中,奥尔姆斯特德说明了殴打或者用鞭子威胁来迫使奴隶们努力工作的必要性。他的线人没有一个在帮派中与奴隶共事过(Olmsted,1856:84,205—206,372—373)。[①]后来在关于种植园组织形式和对奴隶监督的研究中,他只零星地提及黑帮制度(Metzer,1975)。加文·赖特警告说,超过一定规模门槛的种植园不能与任何一种特定的组织形式相关联。他还构建了一个案例说明帮派制度在 1840 年之前就已经失效(Wright,2006:95—96)。艾伦·奥姆斯特德(Alan Olmstead)和保罗·罗得(Paul Rhode)报告称,他们"在任何棉花生产活动中,几乎没有看到奴隶时代的证据颂扬(以任何名义)帮派制度的生产力优势"(Olmstead and Rhode,2008b:1152)。他们还报告说,几乎没有证据支持生产中面临"流水线"式压力的情形或存在"田间工厂"的暗喻(Olmstead and Rhode,2015)。

尽管有关相对效率、规模经济和帮派制度的争论在《苦难的时代》一书中留下了零星的原始解释,但到目前为止,关于大规模奴隶种植园相对于小型奴隶农场、南方自由农场或北方农场的技术效率问题,还没有形成广泛的共识。有许多文献试图利用各种统计技术(柯布-道格拉斯函数、超对数、随机边界和超对数射线边界生产模型)来解决这个问题,但结论广泛且零星混乱(Schaefer and Schmitz,1979;Fogel and Engerman,1980;Field,1988;Grabowski and Pasurka,1989,1991;Hofler and Folland,1991;Field-Hendry,1995;Toman,2005)。考虑到人口普查数据的局限性,我倾向于得出

---

①　福格尔和恩格尔曼引用奥尔姆斯特德关于工作在密西西比种植园中锄头帮派的描述,作为论述"奴隶的团队合作、相互协调以及劳动强度"的证据(Fogel and Engerman,1974:205,Volume 1)。但是,他们没有提到奥尔姆斯特德本意是用其描述说明鞭子威胁的必要性(显然,鞭子经常性地被使用)而不是大型种植园中典型的工作组织方式(Olmsted,1860:81—82;Gutman and Sutch,1976a)。

691 这样的结论:就小型奴隶农场与大型奴隶种植园的相对效率得出令人满意的结论所作出的努力已经达到一个回报率大幅下降的点。从根本上说,这个问题从一开始就没有足够有说服力的框架。该框架过于狭隘地关注技术效率,即便可以,对这一概念的衡量也相当困难。

从更广泛的角度来看,奴隶制肯定是低效的。美国的奴隶劳累过度且目不识丁,这剥夺了他们发挥作为人的本身全部潜能的机会。有充分证据表明,对扫盲和教育的投资以及人力资本的获取都具有高回报率(Goldin,2016)。

束缚意味着奴隶不能自由地分配他们的天赋和劳动时间以发挥他们的最佳优势,这使得他们不能为艺术和科学作出贡献,不能在民主社会中发挥领导作用。如此肆无忌惮地滥用人力资源的任何经济体系都不可能被称为有效。

从更广泛的角度来看,《苦难的时代》的批评者们占据上风,因为他们能够表明第二卷中的计量史学结果并不支持第一卷的解释,即使计量史学结果是按表面价值解读的。在对奴隶制辩论的"回顾性思考"中,福格尔最终承认,他和恩格尔曼所采用的效率计算并不能证明种植园主的管理更高级,黑人劳动力更优质。他否认了自己曾经持有的"技术效率本质上是好的"这一观点,也否定了《苦难的时代》部分读者所接受的观点,即"生产力必然是好的"。经济力量不会"自动选择道德解决方案"(Fogel,2003:46—47,69)。计量史学家可以从关于效率的争论中得出一个有把握的结论,即通过牺牲被奴役生产者的教育、智力发展、雄心勃勃的抱负以及个人安全,让世界获得廉价的棉花。

黑人家庭的稳定性

福格尔和恩格尔曼对奴隶制效率的坚持误导了他们,从而大肆宣扬奴隶劳动力的优越品质。他们对黑人工人个人效率的强调使得他们认为被奴役的人是生产主要农作物的自愿合作者。他们认为,如果人们意识到黑人家庭是奴隶制下社会组织的基本单位,奴隶被假定为对自己的地位感到满足就是合理的。家庭生活的安全性与稳定性对于获得奴隶的顺从至关重要。这一系列的推论使福格尔和恩格尔曼宣称,他们主要的修正之一就是推翻了对女性奴隶的性虐待毁掉黑人家庭的看法（Fogel and Engerman，1974：Volume 1）。

福格尔和恩格尔曼否认性虐待现象是普遍的。首先，他们在没有证据的692情况下宣称蓄奴是"神话"，[1]然后否认白人奴隶主和监工"经常玷污黑人女性"，并以"那些渴望非正当性行为的白人男性对白人女性才有强烈的偏好"为他们的断言辩护。唯一支持这一普遍观点的事实（实际上也是支持整个理论体系的唯一证据）是"纳什维尔的妓院没有雇用女性奴隶"（Fogel and Engerman，1974:133—135，Volumn 1）。这种措辞令人遗憾。正如玛莎·霍夫曼（Martha Hoffman）在《苦难的时代》一书所提出的关于道德问题的讨论中指出，"未能"这个词向一些读者暗示女奴本应该成为妓女（Hoffman，1992:600）。但可以肯定的是，撇开这一点不谈，南方白人男性在这些问题上的偏好将保护黑人女性的结论是极端幼稚无知的。[2]

福格尔和恩格尔曼在这一系列推论中最先被推翻的结论是，所谓的"事实"是被奴役的黑人女性并没有被迫卖淫。然而，他们的资料来源者，戴维·卡瑟（David Kaser）清楚地指出，1860 年的人口普查中并没有记录奴隶的职业（Kaser，1964）。即使纳什维尔有数百人，他们也不会出现在人口普查的统计中。在《苦难的时代》开篇，福格尔和恩格尔曼就为他们所报告的发现及事实可靠性进行了辩护，他们说，"当不断反驳这些意外发现的努力失败时"，他们被迫接受对"美国奴隶制进行彻底的重新解释"（Fogel and Engerman，1974:8，Volume 1）。在纳什维尔的妓女案中，审查是不可能持续

---

[1] 福格尔和恩格尔曼忽略我已提出的证据，我将在本章其他地方讨论（Sutch，1975a）。他们提出两种推测来论证奴隶繁殖：(1)干预对人口增长率几乎没有影响；(2)奴隶繁殖的高成本会侵蚀这项生意所带来的利润。古特曼（Gutman）和我反对这些假设，我们指出第一个假设建立在这样一个事实之上，即奴隶人口的生育率已经接近生物学上的最高值。但这高水平可能是通过繁殖产生的。他们应该问一下，如果停止繁殖，生育率会下降多少。除了在生产过程中失去奴隶的合作意愿外，没有证据支持第二个论点。（Gutman and Sutch，1976b）

[2] 福格尔和恩格尔曼声称，人口普查数据中 10 岁以下的儿童被记录为混血儿的比例（斯特克尔估计 1860 年为 10.1%）并不能作为女性奴隶经常被白人奴役的证据（Fogel and Engerman，1974:131—133，Volume 1）。但是，第二卷提供的证据在这一点上完全没有科学可信性（Gutman and Sutch，1976b）。参见斯特克尔（Steckel，1980）和马隆（Malone，1992）对异族通婚的拓展讨论。

的,甚至是缺乏关注的。

争议之后

复现是科学方法的正常组成部分。如果其他人无法证实报告的发现,新的结果就会被宣告未经证实,产生这些结果的研究也被认为是失败的。但是,如果我们只关注福格尔和恩格尔曼对证据的粗心处理,以及他们傲慢声称拥有普通历史学家无法获得的精确而有力的方法论,就会错过一个重要的教训。《苦难的时代》是一个系统的产物,该产物通过给予极大的关注度来奖励那些强有力的发现,这些发现似乎要么对公众认为满意的结论给予彻底拒绝,要么给予强烈支持。在渴望引起轰动中,福格尔和恩格尔曼的热情压倒了他们的谨慎。然而,运用计量史学方法并不能使研究者免于遵从科学给出的约束和规范。另一方面,需要强调的是,斯坦利·恩格尔曼和罗伯特·福格尔慷慨地回答了批评者的问题,为他们提供原始数据,也欢迎他们交流结果和解释(Fogel et al.,*Technical Papers*,Volume 1,1989:xvi)。这种对批评的开放态度以及他们愿意参与辩论的意愿和热情如今已经成为一流计量史学家的标志。

虽然考虑到《苦难的时代》在论述上是失败的,但我也不想忽视福格尔和恩格尔曼所作出的一些积极贡献。其中一项是有价值的档案研究,即从遗嘱认证记录中收集有关年龄、性别和地点划分的奴隶价值的数据。图1.4展示了路易斯安那州奴隶的年龄价值分布,并将其与劳伦斯·克特里考夫(Laurence Kotlikoff)在分析新奥尔良奴隶市场的奴隶售卖价格时所估计的男性奴隶价值情况进行比较。①

---

① 福格尔和恩格尔曼(Fogel and Engerman,1974:72—78,Volume 1,Figures 15,16,and 18;1974:24,79—82,Volume 2)绘制的数据由斯坦利·恩格尔曼提供,在恩格尔曼等人(Engerman et al.,2006:373,Volume 2,Tables Bb209—214 and Bb215—218)的研究中再现。新奥尔良 1850—1859 年奴隶售卖价格的年龄分布基于劳伦斯·克特里考夫的报告中六次多项式的系数(Laurence Kotlikoff,1979:Table 4)。

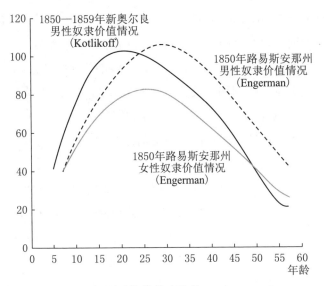

注：以 18—30 岁男性奴隶的平均价值为基数 100。

资料来源：1850 年路易斯安那州男性奴隶和女性奴隶价值情况的资料来自 Engerman, Sutch and Wright, 2006：Series Bb217—218。1850—1860 年新奥尔良男性奴隶价值情况的资料来自 Kotlikoff, 1979：Table 4。

图 1.4　19 世纪 50 年代路易斯安那州按性别划分的奴隶价值的年龄分布

更为重要的贡献是，福格尔和恩格尔曼对他们的主题采取了跨学科研究方法。这在当时是相当新颖的，他们的例子激励了其他人追求机会以推进前沿领域的研究。这种对其他学科观点的开放，对就多种议题进行计量史学方法的调研产生了深远的影响，在随后几年，这些议题范畴超越了由奴隶制引起的相关议题。奴隶制经济学联合两个学科的例子说明了这种重新定位的重要性。理查德·斯特克尔（Richard Steckel）使用人口统计学工具研究女性奴隶的生育能力（Steckel, 1977）。他对这个问题的探索使得他收集了许多青少年女性奴隶的身高以确定初潮年龄的数据（Trussell and Steckel, 1978；Steckel, 1979, 1986a）。从生物学上讲，这一统计数据与判断女性在初潮时距离她出生时的年龄——青春期过后的多长时间——有关。最后，这一研究路线激发了计量史学研究的人体测量革命。斯特克尔和其他许多学者收集了有关人类身高和体重的比较数据，以评估整个历史上不同人群的健康状况（有关评论详见 Komlos and Alecke, 1996；Craig, 2016）。

694

肯尼思·基普(Kenneth Kiple)和弗吉尼亚·基普(Virginia Kiple)对奴隶儿童死亡率的研究,以及我对《苦难的时代》中奴隶饮食分析的批评,引导我们去探索营养科学的基础(Kiple and Kiple, 1977；Sutch, 1975b)。现今有一种拓展文献是关于奴隶制期间及其后时期黑人人口的生物学和生物医学史的(Kiple and King, 1981；Steckel, 1986 a, b；Troesken, 2004)。与此同时,关于其他许多人口的营养学和医学历史的多学科研究已经将这些方法应用到各式各样的环境之中(Steckel and Floud, 1997)。

《苦难的时代》将奴隶制的讨论范围扩展到制度的可行性及其对经济增长的影响之外的主题上,从而进一步推动人们对奴隶制的一般性讨论。福格尔和恩格尔曼利用计量史学的证据和方法评估食物、住所和衣物的供应情况,奴隶的家庭生活,其所受惩罚、所获奖励以及被奴隶主征用的情况。他们在这些问题上的煽动性观点,即使被推翻,也加快了经济学、社会学和奴隶制人口学研究的总体步伐。正如福格尔所说,公众辩论是"一场没有输家的辩论"(Fogel, 2003：32)。福格尔和恩格尔曼的批评者和辩护者进行的新研究和收集的新数据,极大地增强了经济学家对计量史学的信任度和接受度。然而,这同时也产生了一个不幸的结果。

这些大量涌现的新作品对历史学家关于奴隶制的讨论没有明显的影响。艾伦·奥姆斯特德(Alan Olmstead)和保罗·罗德注意到这种脱节：

> 在过去,历史学家和经济学家(有时候作为一个团体一起工作)共同推进对奴隶制、南方发展以及资本主义的理解。他们之间存在过令人振奋的对话交流。但这种智力交流出现恶化的部分原因是,一些经济学家所做的技术工作越来越多,有时候超出了历史学家的理解范围。一些经济学家过分炫耀他们的发现和方法,这大大激怒了部分历史学家。(Olmstead and Rhode, 2018：14)

695　显然,关于《苦难的时代》的辩论相当激烈,书中有太多的事实错误,第二卷中华丽且不精确的形式主义问题,导致一些历史学家干脆忽略了计量史学文献的全部内容。最近,两名美国奴隶制史学家史文·贝克特(Sven Beckert)和塞斯·洛克曼(Seth Rockman)用一句话就驳斥了这种忽视。"奴隶制的经济历史一直挣扎在《苦难的时代》争论性解释的阴影之下"(Beckert and Rock-man，2006:10)。据推测，这使得他们免于批评计量史学文献，并使他们能够为奴隶制和美国经济发展的另类经济史作出贡献并为此庆祝。他们的损失（以及我们的损失）在计量史学家关于历史学家所谓的"资本主义和奴隶制新历史"的最近讨论中已经显而易见(Murray et al.，2015；Olmstead and Rhode，2018)。

　　1989 年，罗伯特·福格尔对有关《苦难的时代》的批评以及辩论中"劈啪作响的氛围"进行了回应。这一努力体现在将四卷书合称为《未经同意或未订契约：美国奴隶制的兴衰》(Fogel et al.，1989—1992)过程中。仅由福格尔撰写的第一卷最开始就对辩论中讨论的若干选定问题进行了回顾。与1974 年的著作相比，他的语调不那么具有争议性，内容也不那么大胆。修改后的内容对奴隶制体系的描述更加细微，更加复杂，有些微妙但是也少了一些争议（一些回顾，参见 Clark Nardinelli，1994)。尾注附在其后。第一卷还展示了美国以外的奴隶社会的有关证据，并将其注意力扩展到意识形态、宗教、道德和政治等方面问题上。在 1992 年出版的三卷书，既提供了简短的研究备忘录，也有技术性论文，其中许多论文几年前已经在杂志上发表。①根据引文判断，在配套卷中关于美国内战前奴隶制的新材料没有一个引起批评家们的反驳或者其他人的注意。②

　　1989 年，福格尔宣布他在《未经同意或未订契约：美国奴隶制的兴衰》中最后陈诉了对奴隶制问题的看法(Fogel et al.，1989:13)。这几乎结束了关于《苦难的时代》的争论。大多数争论的参与者，如福格尔，将注意力转移到

---

① 有关组织"松散结构"研究项目的见解同时产生了《苦难的时代》和《未经同意或未订契约：美国奴隶制的兴衰》两部著作，详见福格尔和恩格尔曼"技术性论文"部分的一般性介绍(Fogel et al.，1992：Volume 1)。

② 在《未经同意或未订契约：美国奴隶制的兴衰》第一卷中，福格尔继续报告了全要素生产率的计算——正如在《苦难的时代》中一样，但他重新定义了结论，声称"大种植园的优越效率不仅源于帮派制度的固有优势，而且由于这些农场所有权集中的能力高于一般水平"(Fogel in Fogel et al.，1989—1992；Primary Volume，Figure 14)。加文·赖特回应说"所有权的能力在人口普查数据中并不比帮派劳动制度本身更能直接观察到"(Wright，2006:96)。

其他话题上。①不幸的是,这种最终结局使辩论的解决有些含混,尤其是在关于福格尔和恩格尔曼的共同观点上。②这可能会阻止有关计量史学的进一步研究。除了已经提到的人类学和生物统计学证据的持续性工作外,在接下来的四分之一个世纪里,计量史学对美国奴隶制研究的贡献寥寥无几。然而,在缺乏新研究的情况下,有两个例外,我很快将谈到。除了这些研究贡献外,计量史学家对奴隶制的学术兴趣也从美国内战前的晚期转到大西洋奴隶贸易、殖民地奴隶制、加勒比海奴隶制、巴西和非洲的奴隶制等话题上。目前还不清楚为何会这样。也许,实践计量史学家已经筋疲力尽,如果疲倦不是针对这个主题本身的话。也许年轻一代的计量史学者已经了解到,由于这个话题在历史上引起过相当激烈的争论,因此最好避免涉及这一敏感问题。

奴隶市场上的团体销售与价格折扣

在争论平息之后,又出现一个新的问题,那就是在新奥尔良市场上出售完整奴隶家庭时奇怪地出现了价格折扣现象。根据路易斯安那州的法律,被奴役的黑人类似房地产,契约记录确保这种形式的财产所有权。福格尔和恩格尔曼的贡献之一就是将新奥尔良买卖记录的大样本数字化[Fogel and Engerman, 1974: Volume 2, Table B.1(data set 9)]。1804—1862年,共录得超过5 700张发票(少于档案内发票总数的5%)。劳伦斯·克特里考夫对销售价格结构的分析表明,存在一个运作良好的("理性")市场。克特里考夫指出,年龄-价格曲线呈现驼峰形状(见图1.4),为男性支付的价格溢价以

---

① 经济史学家们一直致力于开展工作,提供定量数据,这些定量数据可能会为短暂的赔偿运动提供信息,以解决奴隶制的不公正现象(America, 1990)。

② 《未经同意或未订契约:美国奴隶制的兴衰》的第一卷由福格尔单独撰写,恩格尔曼与肯尼思·索科洛夫(Kenneth Sokoloff)共同撰写文章的领域似乎已经从《苦难的时代》退出,并接受了这样一种观点,即在美国内战之前的几年中,"在形成一套有助于广泛参与商业经济的政治体制方面……南方落后于北方"(Engerman and Sokoloff, 2002:61)。

及为良好行为的担保，"都指向高度发达的人类市场中的谨慎、精于算计的交易者"。他还注意到，"谨慎"和"精于计算"的潜在买家对男女奴隶进行了有辱人格的体格检查，这一点不应该被轻易忽略。奴隶们被剥去所有的衣服，并接受严密的检查，以便潜在买家评估他们的肌肉发育情况，发现他们身体上的缺陷，如鞭打遗留的疤痕(Kotlikoff，1979)。

然而，令人惊讶的是，销售记录还显示很少有家族团体被售出。在5 785起销售记录中，只有40起是夫妻共同被销售的(其中22起是夫妻带着孩子一起被售卖的)。另有94名母亲带着孩子一起被售卖。其中有77％的比例是奴隶被单独出售(Kotlikoff，1979：513)。显然几乎没有人明显地考虑保护奴隶家庭的完整性。更令人惊讶的是，除了22对夫妻子女组合外，如果被单独出售，家庭组中的奴隶会获得比其价值更大的折扣。这表明，要么新奥尔良的买主并不看重在态度和顺从方面的行为益处——这在福格尔和恩格尔曼看来有助于保护家庭单位，要么被折价出售的家庭(主要是母亲和孩子组对的情况)在到达新月城时状况不佳。

697

乔纳森·普里切特(Jonathan Pritchett)和几位同事重新研究了新奥尔良的销售数据，以解开谜题。他和赫尔曼·弗罗伊登伯格(Herman Freuden-berger)一起指出，由于价值高，新奥尔良出售的奴隶是被商人选中而运送过来的。因为他们更能承受船只运输的成本。这些奴隶不仅大多处于黄金年龄(10—30岁)，而且身体状况良好，明显比其主人运来的其他奴隶要高。据推测，他们比一般人更强壮且更健康。这种选择偏差在儿童和青少年中尤为明显(Pritchett and Freudenberger，1992)。普里切特和理查德·张伯伦(Richard Chamberlain)通过比较房地产销售中的奴隶价格(包括高价奴隶和其他奴隶)与新奥尔良销售记录中的价格，证实了这一结果。他们发现没有证据表明逆向选择会把缺陷被隐藏的奴隶放到新奥尔良的市场上(Pritchett and Chamberlain，1993)。查尔斯·凯罗米里斯(Charles Calomiris)和普里切特分析了母亲和孩子一同被售卖时的巨大折扣。他们注意到这种交易相对罕见(贸易商运送的4—13岁儿童中有74％是无人陪伴的)，于是探讨了典型案例中母亲和孩子捆绑售卖时身体状况不佳的可能性。普里切特和弗罗伊登伯格早些时候发现，被送到新奥尔良的孩子要比其他同龄同性别的孩子高，但是他们并没有区分同母亲一起被带走的孩子和无人陪伴的孩子。

当凯罗米里斯和普利切特把目光转回船舶清单并确定可能的母亲和孩子组对时，他们发现有陪伴的孩子比没有陪伴的孩子矮 1.5 英寸（对于 10 岁以下的孩子而言），这证实了折扣确实反映质量差异的假设（Calomiris and Pritchett，2009：Table 4）。在新奥尔良，一些观察结果是，如果孩子随着母亲一起被售卖，可能的情况是孩子明显营养不良或其身体健康状况欠佳。新奥尔良的数据并不支持奴隶主重视并尊重家庭是人类情感的纽带和相互的责任这一假设。当涉及金钱时，很多奴隶主似乎是愿意拆散家庭的。[1]

698

生物创新与南方农业的发展

关于战前南北方经济增长率的争论已经确定，南部地区案例的一个重要因素是人口从大西洋南部各州向东南中部各州的迁徙（表 1.3 通过比较得出）。[2]西部各州的优势来源于天然的高肥力土壤：阿拉巴马州的黑带土壤以及密西西比盆地的冲击土壤。在一篇重要的讨论战后的稿件中，艾伦·奥姆斯特德和保罗·罗德坚称，这篇文章的总结忽视了生物创新在南方农业发展中发挥的作用。随着向西部未开发土地的迁徙，种植者需要使棉花的种植适应当地的条件。为此，他们对不同的棉花品种进行试验以选出最优的品种，最终获得产量增加、纤维品质提升、植株增高的品种——该品种开花时离地远、结铃大。由于手工采摘的劳动力需求是限制单个奴隶生产率的主要因素，因而更高、更多产的品种显著增加了工人一天可以采摘的棉花重量。在优良品种被完善后，它们便向东西南北扩散，从而提高了整个南方的生产力（Olmstead and Rhode，2008a，b，2011）。

奥姆斯特德和罗德通过搜集棉花采摘的每日记录来量化生产力的进步。

---

[1] 法律史学家托马斯·罗素（Thomas Russell）搜集了一些令人信服的证据，这些证据表明美国南方人相信奴隶被单独出售的价格会更高。南方法院裁定，遗产执行人有受托责任去拆散奴隶家庭以最大化销售收入（Russell，1996）。他对南卡罗来纳州的研究表明，在法院监督下的奴隶买卖占该州所有奴隶买卖的一半（Russell，1993）。

[2] 另外一个因素是加文·赖特（Wright，1975）所强调的对棉花需求的异常增长。

种植园的监工会记录每位劳动者的采摘重量以评估每位奴隶的绩效,对努力工作的予以奖励并惩罚偷懒松懈者。[①]他们共收集 704 800 份每日报告,涵盖在 142 个种植园工作的 6 200 名奴隶。对这些数据进行绘制和平均后,其揭示出 1811—1860 年,西部各州的生产率提高了三倍,而大西洋沿岸各州的生产率提高了一倍。时间趋势图如图 1.5 所示。[②]区域数据的统计分析揭示,生物创新与向冲击土壤迁移的西部运动的相互作用推动了南方的动态发展。

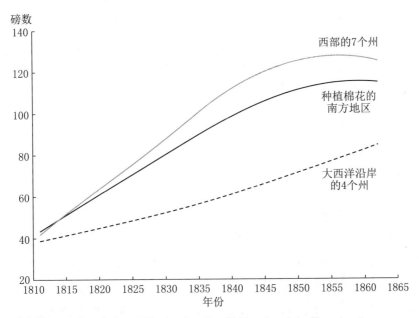

资料来源:Olmstead and Rhode, 2008b;Tables 2 and 4, Equation 1。

图 1.5　1811—1862 年每日棉花采摘率(每位工人平均每天收获的磅数)

　　大多数新的棉花品种是在西部发明的,它们无疑最适合它们最初被改良时所在的地区,这增加了西部地区的比较优势。在广泛的地理气候

---

① “惩罚”在这里可能是委婉的说法,奴隶经常因为表现不符合标准而遭受鞭打(Olmstead and Rhode, 2008b:1143)。

② 大西洋沿岸的四个州分别是佐治亚州、北卡罗来纳州、南卡罗来纳州和弗吉尼亚州。西部的七个州分别是阿拉巴马州、阿肯色州、佛罗里达州、路易斯安那州、密西西比州、田纳西州和得克萨斯州。

条件下,新品种逐渐取代老品种被采用,但新技术特别适合更肥沃的土地。西部的大片种植区本来就有更好的土壤,但从某种意义上说,又是生物创新使这些土壤变得更好。(Olmstead and Rhode,2008b:1156—1157)

699

　　奥姆斯特德和罗德查阅了大量的一手资料以支持他们的统计发现,并为其发现提供背景信息。报纸报道、农业期刊、农场主和监工的通信以及关于植物生物学和科学农业的论文都表明,生物技术的进步是拥有奴隶的农场主们的杰作,他们需要根据当地的地理气候条件、土壤类型和纺织制造商不断变化的要求来塑造棉花植株。早期对奴隶主的刻画是"缺乏创造力",这一刻画基于种植园主在机械发明实验上的失败。但一种关于发明更广泛的观点对这种看法提出挑战。

评　估

　　美国的奴隶制是一种残忍且高度剥削的制度。这也是种族主义制度。没有白人是奴隶,并假定每个黑人都是奴隶。这些事实令人不安。这使我们不可能把美国历史看作一段完美无瑕的自由、平等和民主社会的历史。在经过经济学家和计量史学家对奴隶制经济学长达60年的调查后,我们也无法否认基于私有财产的不可侵犯性、严格的合同执行以及不受监管的劳动力市场的美国经济体系,在推动并维持奴隶制度这一方面是共谋。

　　南方的种植园主是资本家——资本所有者,在利润动机和持续竞争压力的引导下,决定买卖奴隶并雇用奴隶从事不同的工作。计量史学对奴隶制经济史的主要贡献是将种植园主视为资本家。只有以最有效的方式雇用奴隶的奴隶主才能获得足够的回报来证明他们的价格是合理的。为了达到高产出,要求工人在不断受到体罚的威胁下连续数小时从事高强度的艰苦工作。(正如 Fogel in Fogel et al.,1989—1992:34,Primary Volume,所承认的)每个奴隶主必须在自己的土地上这么做才能继续经营。如果维持一个盈利的企业需要不尊重婚姻状况和家庭关系,那么的确很少有种植园主付

700

出更多的同理心。不愿容忍这一体制下不人道行为的人将离开这个行业，将其交给那些能够忍受的人。对于那些成为并且一直是奴隶主的人来说，对种族劣等的盲目信仰成为辩解和正当化对待的借口。南方缺乏反对的声音，使得种族主义进一步恶化和加剧。种族主义毒害了美国内战前的社会，正如我们所熟知的那样，时至今日，它仍在毒害美国文化。奴隶制的真正负担是难以量化的。

参考文献

Aitken, H. G. J. (ed) (1971) *Did Slavery Pay? Readings in the Economics of Black Slavery in the United States*. Houghton Mifflin, Boston.

America, R. F. (ed) (1990) *The Wealth of Races: The Present Value of Benefits from Past Injustices*. Greenwood Press, New York.

Anderson, R. V., Gallman, R. E. (1977) "Slaves as Fixed Capital: Slave Labor and Southern Economic Developen", J Am Hist 64(1):24—46.

Atack, J., Bateman, F. (1987) *To Their Own Soil: Agriculture in the Antebellum North*. Iowa State University Press, Ames.

Bancroft, F. (1931) *Slave-trading in the Old South*. J. H. Furst.

Bateman, F., Weiss, T. (1976) *Manufacturing in the Antebellum South*. Res Econ Hist, 1:1—44.

Bateman, F., Weiss, T. (1981) *A Deplorable Scarcity: The Failure of Industrialization in the Slave Economy*. University of North Carolina Press, Chapel Hill.

Bateman, F., Foust, J., Weiss, T. (1974) "The Participation of Planters in Manufacturing in the Antebellum South", Agric Hist 48(2): 277—297.

Battalio, R. C., Kagel, J. (1970) "The Structure of Antebellum Southern Agriculture: South Carolina, a Case Study", Agric Hist 44(1):25—37.

Beckert, S., Rockman, S. (2016) *Slavery's Capitalism: A New History of American Economic Development*. University of Pennsylvania Press, Philadelphia.

Bodenhorn, H. (2015) The Color Factor: The Economics of African-American Well-being in the Nineteenth-century South. Oxford University Press, Oxford.

Calomiris, C. W., Pritchett, J. B. (2009) "Preserving Slave Families for Profit: Traders' Incentives and Ricing in the New Orleans Slave Market", J., Econ Hist 69(4):986—1011.

Calomiris, C. W., Pritchett, J. B. (2016) "Betting on Secession: Quantifying Political Events Surrounding Slavery and the Civil War", Am Econ Rev 106(1):1—23.

Carter, S. B., Gartner, S. S., Haines, M. R., Olmstead, A. L., Sutch, R., Wright, G. (eds) (2006) *Historical Statistics of the United States: Earliest Times to the Present*, Millennial Edition, Five Volumes. Cambridge University Press, New York.

Clayton, R. (2002) *Cash for Blood: The Baltimore to New Orleans Domestic Slave Trade*. Heritage Books, Bowie.

Conrad, A. H., Meyer, J. R. (1958) "*The Economics of Slavery in the Antebellum South*", J Polit Econ. 66(2):95—130. Reprinted in Their Book, *The Economics of Slavery and Other Studies in Econometric History*, Aldine, 1964:43—92.

Conrad, A. H., Dowd, D., Engerman, S., Ginzberg, E., Kels, C., Meyer, J. R., Scheiber, H. N., Sutch, R. (1967) "Slavery as an Obstacle to Economic Growth in the United

States: A Panel Discussion", *J Econ Hist* 27(4):518—560.

Craig, L. A. (2016) "Nutrition, the Biological Standard of Living, and Cliometrics" In: Diebolt, C., Haupert, M. (eds) *Handbook of Cliometrics. Springer*, pp.113—130.

Crawford, S. (1992) "The Slave Family: A View from the Slave Narratives" In: Goldin, C., Rockoff, H. (eds), *Strategic Factors in Nineteenth Century American Economic History: A Volume to Honor Robert W. Fogel*. University of Chicago Press, Chicago, pp.331—350.

David, P. A., Temin, P. (1974) "Slavery: The Progressive Institution?", *J Econ Hist* 34(3):729—783. Reprinted with Changes in David et al. [1976:165—230].

David, P. A., Temin, P. (1979) "Explaining the Relative Efficiency of Slave Agriculture in the Antebellum South: Comment", *Am Econ Rev* 69(1):213—218.

David, P. A., Gutman, H. G., Sutch, R., Temin, P., Wright, G. (1976) *Reckoning with Slavery: A Critical Study in the Quantitative History of American Negro Slavery*. Oxford University Press, New York, pp.134—164.

Diebolt, C., Haupert, M. (2016) "An Introduction to the Handbook of Cliometrics" In: Diebolt, C., Haupert, M. (eds) *Handbook of cliometrics*. Springer, Berlin, pp.v—xiv.

Dowd, D. F. (1958) "The Economics of Slavery in the Ante Bellum South: A Comment", *J Polit Econ* 66(5):440—442.

Easterlin, R. A. (1961) "Regional Income Trends, 1840—1950" In: Harris SE(ed) *American Economic History*. McGraw-Hill, New York, pp.525—547.

Easterlin, R. A. (1974) "Farm Production and Incomes in Old and New Areas at Mid-century" In: Klingaman, D. C., Vedder, R. K. (eds) *Essays in Nineteenth Century Economic History: the Old North West*. Ohio University Press, Athens, pp.77—117.

Engerman, S. L. (1967) "The Effects of Slavery upon the Southern Economy: A Review of the Recent Debate", *Explor Entrep Hist Second Series*, 4(2):71—97. Winter 1967.

Engerman, S. L. (1971) "Some Economic Factors in Southern Backwardness in the Nineteenth Century" In: Kain, J. F., Meyer, J. R. (eds) *Essays in Regional Economics*. Harvard University Press, pp.279—306.

Engerman, S. L. (1975) "Comments on the Study of Race and Slavery" In: Engerman, S. L., Genovese, E. D. (eds) *Race and Slavery in the Western Hemisphere: Quantitative Studies*. Princeton University Press, Princeton, pp.495—530.

Engerman, S. L., Olson, J. F. (1992) "Basic Procedures for the Computation of Outputs and Inputs from the Parker-Gallman Sample, Including a Procedure for the Elimination of Defective Observations" In: Fogel, R. W., Galantine, R. A., Manning, R. L. (eds) *Without consent of contract: evidence and methods*, W. W., Norton, pp.205—209.

Engerman, S. L., Sokoloff, K. L. (2002) "Factor Endowments, Inequality, and Paths of Development among New World Economies", *Economía* 3(1):41—109. Fall 2002.

Engerman, S. L., Sutch, R., Wright, G. (2006) "Slavery" Chapter, B. b. in Carter et al., *Historical Statistics of the United States, Vol.2*. Cambridge University Press, pp. 369—386.

Evans, R. Jr. (1962) *The Economics of American Negro Slavery, 1830—1860, Aspects of Labor Economics*. Princeton University Press, Princeton, pp.221—227.

Field, E. (1988) "The Relative Efficiency of Slavery Revisited: A Translog Production Function Approach", *Am Econ Rev*, 78(3):543—549.

Field-Hendry, E. (1995) "Application of a Stochastic Production Frontier to Slave Agriculture: An Extension", *Appl Econ*, 27(4):363—368.

Fishlow, A. (1964) "Antebellum Interregional Trade Reconsidered", *Am Econ Rev*, 54(3):352—364.

Fogel, R. W. (1964) "Discussion [A Provisional View of the 'New Economic History']", *Am Econ Rev*, 54(3):377—389.

Fogel, R. W. (1990) "Interview Conducted by Samuel, H. Williamson and John, S. Lyons", *Newsl Cliometric Soc*, 5(3):20—29. July 1990:3—8, Reprinted with Changes in John, S. Lyons, Louis, P. Cain, and Samuel, H. Williamson, editors. *Reflections on the Cliometric Revolution: Con-versations with Economic Historians*, Routledge, 2008:332—353.

Fogel, R. W. (2003) *The Slavery Debates, 1952—1990: A Retrospective*. Louisiana State University Press, Baton Rouge.

Fogel, R. W., Engerman, S. L. (1971a) "The Relative Efficiency of Slavery: A Comparison of Northern and Southern Agriculture in 1860", *Explor Econ Hist*, 8(3): 353—367. Spring 1971.

Fogel, R. W., Engerman, S. L. (1971b) "The Economics of Slavery" In: Fogel, R. W., Engerman, S. L. (eds) *The Reinterpretation of American Economic History*. Harper & Row, pp.311—341.

Fogel, R. W., Engerman, S. L. (1974) *Time on the Cross*, Volume 1, *The Economics of American Negro Slavery*; Volume 2, Evidence and Methods: A Supplement. Little, Brown.

Fogel, R. W., Engerman, S. L. (1977) "Explaining the Relative Efficiency of Slave Agriculture in the Antebellum South", *Am Econ Rev*, 67(3):275—296.

Fogel, R. W., Engerman, S. L. (1980) "Explaining the Relative Efficiency of Slave Agriculture in the Antebellum South: Reply", *Am Econ Rev*, 70(4):672—690.

Fogel, R. W., Engerman, S. L. (1992a) "Reply to Haskel" In: Fogel, R. W., Engerman, S. L. (eds) *Without Consent or Contract: Technical Papers*, Vol.1. *Markets and Production*, W. W., Norton, p.293.

Fogel, R. W., Engerman, S. L. (1992b) "The Slave Breeding Thesis" In: Fogel, R. W., Engerman, S. L. (eds) *Without Consent or Contract: Technical Papers*, Volume 2, Condi-tions of Slave Life and the Transition to Freedom. Norton, W. W., pp.455—472.

Fogel, R. W., et al. (1989—1992) *Without Consent or Contract: The Rise and Fall of American Slavery, Four Volumes*: Robert, W. Fogel, [Primary Volume] 1989; Robert, W. Fogel, Ralph, A. Galantine and Richard, L. Manning, Editors, *Evidence and Methods*, 1992; and Robert William Fogel and Stanley L. Engerman, Editors, *Markets and Production, Technical Papers, Volume 1*, 1992, and *Conditions of Slave Life and the Transition to Freedom, Technical Papers, Volume 2*; Norton, W. W., 1992.

Foust, J. D., Swan, D. E. (1970) "Productivity and Profitability of Antebellum Slave Labor: A Micro-Approach", *Agric Hist*, 44(1):39—62.

Gallman, R. E. (1966) "Gross National Product in the United States, 1834—1909" In: Brady D(ed) *Output, Employment, and Productivity in the United States after 1800*. Columbia University Press, pp.3—90. Gallman, R. E. (1970) "Self-sufficiency in the Cotton Economy of the Antebellum South", *Agric Hist*, 44(1):5—23.

Goldin, C. D. (1975) "A Model to Explain the Relative Decline of Urban Slavery: Empirical Results" In: Engerman, S. L., Genovese, E. D. (eds) *Race and Slavery in the Western Hemisphere: Quantitative Studies*. Princeton University Press, pp.427—450.

Goldin, C. D. (1976) *Urban Slavery in the American South. 1820—1860: A Quantitative History*. University of Chicago Press, Chicago.

Goldin, C. D. (2016) "Human capital" In: Diebolt, C., Haupert, M. (eds) *Handbook of Cliometrics*, Springer, pp.55—86.

Govan, T. P. (1942) "Was Plantation Slavery Profitable?" J., South Hist, 8(4): 515—536.

Grabowski, R., Pasurka, C. (1989) "The Relative Efficiency of Slave Agriculture: An Application of a Stochastic Frontier", *Appl Econ*, 21(5):587—595.

Grabowski, R., Pasurka, C. (1991) "The Relative Efficiency of Slave Agriculture: A Reply", *Appl Econ*, 23(5):869—870.

Gray, L. C. (1933) *History of Agriculture in the Southern United States to 1860*, *Two Volumes*. Carnegie Institution of Washington.

Gutman, H. G. (1975) "The World Two Cliometricians Made: A Review Essay of F + E = T/C", *J Negro Hist*, 60 (1): 53—227. Reprinted as *Slavery and the Numbers Game: A Critique of Time on the Cross*, University of Illinois Press.

Gutman, H., Sutch, R. (1976a) "Sambo Makes Good, Por were Slaves Imbued with the Protestant Workethic?" In: David, P. A. et al. (eds) *Reckoning with Slavery*, Norton, W. W., pp.55—93.

Gutman, H., Sutch, R. (1976b) "Victorians All? The Sexual Mores and Conduct of Slaves and Their Masters" In: David, P. A. et al. (eds) *Reckoning with Slavery*, Norton, W. W., pp.134—162.

Haber, S. (1964) *Efficiency and Uplift: Scientific Management in the Progressive Era, 1890—1920*. University of Chicago Press, Chicago.

Haskell, T. L. (1979) "Explaining the Relative Efficiency of Slave Agriculture in the Antebellum South: A Reply to Fogel and Engerman", *Am Econ Rev*, 69(1):206—207.

Hoffman, M. K. (1992) "Thoughts on the Treatment of Moral Issues in Time on the Cross" In: Fogel, R. W., Galantine, R. A., Manning, R. L. (eds) *Without Consent or Contract: Evidence and Methods*, Norton, W. W., pp.599—603.

Hofler, R., Folland, S. (1991) "The Relative Efficiency of Slave Agriculture: A Comment", *Appl Econ* 23(5):861—868.

Johnson, W. (1999) *Soul by Soul: Life Inside the Antebellum Slave Market*. Harvard University Press, Cambridge, MA.

Kaser, D. (1964) "Nashville's Women of Pleasure in 1860", *Tenn Hist Q*, 23(4):379—382.

Kiple, K. F., King, V. H. (1981) *Another Dimension to the Black Diaspora: Diet, Disease, and Racism*. Cambridge University Press, Cambridge, UK.

Kiple, K. F., Kiple, V. (1977) "Slave Child Mortality: Some Nutritional Answers to a Perennial Puzzle", *J Soc Hist*, 10(3): 284—309. Spring 1977.

Komlos, J., Alecke, B. (1996) "The Economics of Antebellum Slave Heights Reconsidered", *J Interdiscip Hist*, 26 (3): 437—457. Winter 1996.

Kotlikoff, L. J. (1979) "The Structure of Slave Prices in New Orleans, 1804 to 1862", *Econ Inq*, 17(4):496—517.

Kravis, I. B. (1972) "The Role of Exports in Nineteenth-century United States Growth", *Econ Dev Cult Chang*, 20(3):387—405.

Lindert, P. H., Williamson, J. G. (2016) *Unequal Gains: American Growth and Inequality Since 1700*. Princeton University Press, Princeton.

Lindstrom, D. (1970) "Southern Dependence upon Interregional Grain Supplies: A Review of the Trade Flows, 1840—1860", *Agric Hist* 44(1):101—113.

Malone, A. P. (1992) *Sweet Chariot: Slave Family and Household Structure in Nineteenth-century Louisiana*. University of North Carolina Press, Carolina.

McClelland, P. D. (1997) *Sowing Modernity: America's First Agricultural Revolution*. Cornell University Press, Ithaca.

McCloskey, D., [Deirdre], N. (1985) "The Problem of Audience in Historical Economics: Rhetorical Thoughts on a Text by Robert Fogel", *Hist Theory*, 24(1):1—22. Reprinted with Revisions as "The Problem of Audience in Historical Economics: Robert Fogel as Rhetor" in McCloskey, *The Rhetoric of Economics*, University of Wisconsin Press, pp.113—137.

McCloskey, D., [Deirdre], N., Hersh, G. K. Jr. (1990) *A Bibliography of Historical Economics to 1980*. Cambridge University Press, Cambridge, UK.

Metzer, J. (1975) "Rational Management,

Modern Business Practices, and Economies of Scale in the Antebellum Southern Plantations", *Explor Econ Hist*, 2(2):123—150.

Meyer, J. R., Conrad, A. H. (1957) "Economic Theory, Statistical Inference, and Economic History", *J Econ Hist*, 17(4):524—544.

Modigliani, F. (1961) "Long-run Implications of Alternative Fiscal Policies and the Burden of the National Debt", *Econ J*, 71(284): 730—755.

Modigliani, F. (1966) "The Life Cycle Hypothesis of Savings, the Demand for Wealth and the Supply of Capital", *Soc Res*, 33(2):160—217.

Murray, J. E., Olmstead, A. L., Logan, T. D., Pritchett, J. B., Rousseau, P. L. (2015) "Roundtable of Reviews Forthe Half has Never been Told: Slavery and the Making of American Capitalism"[by Edward E. Baptist], *J Econ Hist*, 75(3):919—931.

Nardinelli, C. (1994) "Fogel's Farewell to Slavery: A Review Essay", *Hist Methods*, 27(3):133—139.

North, D. C. (1961) *The Economic Growth of the United States, 1790—1860*, Prentice-Hall, Englewood Cliffs.

North, D. C. (1963) "Quantitative Research in American Economic History", *Am Econ Rev*, 53(1): 128—130. Part 1 March 1963.

Olmstead, A. L., Rhode, P. W. (2008a) *Creating Abundance: Biological Innovation and American Agricultural Development*. Cambridge University Press, New York.

Olmstead, A. L., Rhode, P. W. (2008b) "Biological Innovation and Productivity Growth in the Antebellum Cotton Economy", *J Econ Hist*, 68(4):1123—1171.

Olmstead, A. L., Rhode, P. W. (2011) "Productivity Growth and the Regional Dynamics of Antebellum Southern Development" In: Rhode, P. W., Rosenbloom, J. L., Weiman, D. F. (eds) *Economic Evolution and Revolution in Historical Time*. Stanford University Press, Stanford, pp.180—213.

Olmstead, A. L., Rhode, P. W. (2015) "Were Antebellum Cotton Plantations Factories in the Field?" In: Collins, W. J., Margo, R. A. (eds) *Enterprising America: Businesses, Banks, and Credit Markets in Historical Perspective*. University of Chicago Press, pp.245—276.

Olmstead, A. L., Rhode, P. W. (2018) "Cotton, Slavery, and the New History of Capitalism", *Explor Econ Hist*, 67(1):1—17.

Olmsted, F. L. (1856) *A Journey in the Seaboard Slave States; with Remarks on Their Economy*. Dix and Edwards, New York.

Olmsted, F. L. (1860) *A Journey in the Back Country. Mason Brothers*, New York.

Parker, W. N. (1970a) "Introduction: The Cotton Economy of the Antebellum South" In: Parker WN (ed) *The Structure of the Cotton Economy of the Antebellum South. Agricultural History Society*, Washington, DC, pp.1—4.

Parker, W. N. (1970b) "Slavery and Southern Economic Development: An Hypothesis and Some Evidence", *Agric Hist*, 44(1):115—125.

Parker, W. N., Klein, J. L. V. (1966) "Productivity Growth in Grain Production in the United States, 1840—1860 and 1900—1910", In: Brady DS (ed) *Output, Employment, and Productivity in the United States after 1800*. Columbia University Press, New York, pp.523—580.

Phillips, U. B. (1905) "The Economic Cost of Slave Holding in the Cotton Belt", *Political Sci Q*, 20(2):257—275.

Phillips, U. B. (1918) *American Negro Slavery: A Survey of the Supply, Employment and Control of Negro Labor as Determined by the Plantation Regime*. Appleton, New York.

Phillips, U. B. (1929) *Life and Labor in the Old South*. Little, Brown.

Pritchett, J. B. (2001) "Quantitative Estimates of the United States Interregional Slave Trade, 1820—1860", *J Econ Hist*, 61(2): 467—475.

Pritchett, J. B., Chamberlain, R. M. (1993) "Selection in the Market for Slaves: New Orleans, 1830—1860", *Q J Econ*, 108 (2):461—473.

Pritchett, J. B., Freudenberger, H. (1992) "A Peculiar Sample: The Selection of Slaves for the New Orleans Market", *J Econ Hist*, 52 (1):109—127.

Pritchett, J., Hayes, J. (2016) "The Occupations of Slaves Sold in New Orleans: Missing Values, Cheap Talk, or Informative Advertising?", *Cliometrica*, 10(2):181—195.

Ramsdell, C. W. (1929) "The Natural Limits of Slavery Expansion", *Miss Val Hist Rev*, 16(2):151—171.

Ransom, R. L., Sutch, R. (1977) One Kind of Freedom: The Economic Consequences of Emancipation. Cambridge University Press, New York. First Edition 1977, Second Edition 2001.

Ransom, R. L., Sutch, R. (1988) "Capitalists without Capital: The Burden of Slavery and the Impact of Emancipation", *Agric Hist*, 62(3):133—160. Summer 1988.

Ransom, R. L., Sutch, R. (2001) "Conflicting Visions: The American Civil War as a Revolutionary Event", *Res Econ Hist*, 20: 249—301.

Rhode, P. W., Sutch, R. (2006) "Estimates of National Product before 1929" In: Carter S et al. (eds) *Historical Statistics of the United States: Earliest Times to the Present*. Millennial Edition, vol. 3. Cambridge University Press, pp.12—20.

Roosevelt, T. (1909) "*Special Message to the Senate and House of Representatives*", January 22, 1909. Online at Gerhard Peters and John T. Woolley. The American Presidency Project. http://www.presidency.ucsb.edu/ws/?pid=69658.

Russell, T. D. (1993) "South Carolina's Largest Slave Auctioneering Firm", *Chicago-Kent Law Rev*, 68(3):1241—1282.

Russell, T. D. (1996) "Articles Sell Best Singly: The Disruption of Slave Families at Court Sales", *Utah Law Rev*, 1996(4):1161—1209.

Saraydar, E. (1964) "A Note on the Profitability of Ante Bellum Slavery", *South Econ J*, 30(4):325—332.

Saraydar, E. (1965) "The Profitability of Ante Bellum Slavery—A Reply [to Sutch]", *South Econ J*, 31(4):377—383.

Schaefer, D. F., Schmitz, M. D. (1979) "The Relative Efficiency of Slave Agriculture: A Comment", *Am Econ Rev*, 69(1):208—212.

Schmidt, L. B. (1939) "Internal Commerce and the Development of National Economy before 1860", *J Polit Econ*, 47(6):798—822.

Stampp, K. M. (1956) *The Peculiar Institution: Slavery in the Ante-Bellum South*. Vintage Books, New York.

Stampp, K. M. (1976) "A Humanistic Perspective" In: David PA et al. (ed) *Reckoning with Slavery: A Critical Study in the Quantitative History of American Negro Slavery*. Oxford University Press, pp.1—30.

Steckel, R. H. (1977 [1985]) *The Economics of U. S. Slave and Southern White Fertility*, PhD Dissertation. University of Chicago 1977, published by Garland Publishing, 1985.

Steckel, R. H. (1979) "Slave Height Profiles from Coastwise Manifests" *Explor Econ Hist*, 16:363—380.

Steckel, R. H. (1980) "Miscegenation and the American Slave Schedules", *J Interdiscip Hist*, 11(2):251—263. Autumn 1980.

Steckel, R. H. (1986a) "A Peculiar Population: The Nutrition, Health, and Mortality of American Slaves from Childhood to Maturity", *J Econ Hist*, 46(3):721—741.

Steckel, R. H. (1986b) "A Dreadful Childhood: The Excess Mortality of American Slaves", *Soc Sci His*, 10(4):427—465. Winter 1986.

Steckel, R. H., Floud, R. (eds) (1997) *Health and Welfare during Industrialization*. University of Chicago Press, Chicago.

Sublette, N., Sublette, C. (2016) *The*

American Slave Coast: A History of the Slave-breeding Industry. Lawrence Hill Books, Chicago.

Sutch, R. (1965) "The Profitability of Ante Bellum Slavery—Revisited", *South Econ J*, 31(4):365—377.

Sutch, R. (1975a) "The Breeding of Slaves for Sale and the Westward Expansion of Slavery, 1850—1860" In: Engerman, S. L., Genovese, E. D. (eds) *Race and Slavery in the Western Hemisphere: Quantitative Studies.* Princeton University Press, pp.173—210.

Sutch, R. (1975b) "The Treatment Received by American Slaves: A Critical Review of the Evidence Presented in Time on the Cross", *Explor Econ Hist*, 12:335—435.

Tadman, M. (1989) *Speculators and Slaves: Masters, Traders, and Slaves in the Old South.* University of Wisconsin Press, Madison.

Temin, P. (1967) "The Causes of Cotton-price Fluctuations in the 1830's", *Rev Econ Stat*, 49(4):463—470.

Temin, P. (1999 [2008]) "Interview Conducted by John Brown", *Newsl Cliometric Soc*, 14(3):3—6, 41—45. Reprinted with Changes in John, S. Lyons, Louis, P. Cain and Samuel, H. Williamson, Editors. *Reflections on the Cliometric Revolution: Conversations with Economic Historians*, Routledge 2008:421—435.

Toman, J. T. (2005) "The Gang System and Comparative Advantage", *Explor Econ Hist*, 42(2):310—323.

Troesken, W. (2004) *Water, Race, and Disease.* MIT Press, Cambridge, MA.

Trussell, J., Steckel, R. H. (1978) "The Age of Slaves at Menarche and Their First Birth", *J Interdiscip Hist*, 8(3):477—505. Winter 1978.

Wanamaker, M. H. (2014) "Fertility and the Price of Children: Evidence from Slavery and Slave Emancipation", *J Econ Hist*, 74(4):1045—1071.

Whaples, R. (1991) "A Quantitative History of the Journal of Economic History and the Cliometric Revolution", *J Econ Hist*, 51(2):289—301.

Williams, H. A. (2003) *Self-taught: African American Education in Slavery and Freedom.* University of North Carolina Press, Chapel Hill.

Woodman, H. D. (1963) "The Profitability of Slavery: A Historical Perennial", *J South Hist*, 29, (3):303—325.

Wright, G. (1970): " 'Economic Democracy' and the Concentration of Wealth in the Cotton South, 1850—1860 ", *Agric Hist*, 44(1):63—99.

Wright, G. (1975) "Slavery and the Cotton Boom", *Explor Econ Hist*, 12(4):439—452.

Wright, G. (1976) "Prosperity, Progress, and American Slavery" In: David PA et al (eds) *Reckoning with Slavery.* Norton, W. W., pp.302—336.

Wright, G. (1978) *The Political Economy of the Cotton South: Households, Markets, and Wealth in the Nineteenth Century.* Norton, W. W., New York.

Wright, G. (1979) "The Efficiency of Slavery: Another Interpretation", *Am Econ Rev*, 69(1):219—226.

Wright, G. (1986) *Old South, New South: Revolutions in the Southern Economy Since the Civil War.* Basic Books, New York.

Wright, G. (2006) *Slavery and American Economic Development.* Louisiana State University Press, Baton Rouge.

Wright, G. (2013) *Sharing the Prize: The Economics of the Civil Rights Revolution in the American South.* Harvard University Press, Cambridge, MA.

Yasuba, Y. (1961) "The Profitability and Viability of Plantation Slavery in the United States", *Econ Stud Q*, 12(1):60—67.

第二章

制　度

菲利普·T.霍夫曼

摘要

制度显然在经济增长和政治发展中发挥重要作用。尽管如此,我们还需要做更多的工作来验证和阐明其作用,并证明它们是因果关系而不是其他因素的结果。必要的工作将涉及仔细的历史研究、大数据收集,以及谨慎的计量经济学和形式建模。此外,还应该吸纳其他社会科学家们一起合作,从实验经济学到人类学和政治学。

关键词

制度 经济增长 政治 产权 政治学 文化 光荣革命 道格拉斯·诺思 政治经济学

引　言

　　制度对经济结果至关重要，而且关系重大。如果社会科学家现在一致认同制度会对经济成果产生重大影响，那也是他们对制度的影响进行长时间的辩论之后才能达成的共识。这场辩论始于经济史，道格拉斯·诺思是主张制度重要性的传道者。随着他的思想在经济学、政治学和其他社会科学领域传播，它最终使学者们相信，制度决定经济增长、收入分配和政治发展。诺思的思想反过来引起人们对经济史的极大关注，这无疑也是他的出版物被广泛引用的原因。事实上，引用诺思的著作要比引用罗伯特·福格尔（他与诺思共同获得诺贝尔奖）的著作更频繁，甚至比引用最有影响力的诺贝尔经济学奖得主之一肯尼思·阿罗（Kenneth Arrow）的著作更频繁。①

　　有关制度的争论需要更仔细的审视，因为它会影响未来的研究。这一争论开启了衡量制度的经济效应的问题，这是一项艰巨的任务，因为制度本身是内生的。它还涉及一个尚未解决的问题，即制度是如何变化的。我们将着眼于这场辩论，从制度如何被定义开始，并密切关注那些认为制度的作用被夸大的批评者。当他们的批评切中要害时，他们就正好揭示了未来的研究需要做什么。最近在经济史以外的领域对制度的研究也是如此，如行为和实验经济学、演化人类学以及政治学。未来的研究是我们要讨论的最后一个话题。

---

①　诺思被引用最多的（根据 2018 年 4 月 12 日谷歌学术的查询结果）是他 1991 年的一篇关于制度的文章（North, 1991），被引用 54 008 次。福格尔被引用最多的著作是他与恩格尔曼合著的关于奴隶制的书——《苦难的时代》（Fogel and Engerman, 1995），被引用 1 806 次。至于阿罗，他被引用最多的著作是他关于不可能定理（impossibility theorem）的书（Arrow, 2012），被引用 17 983 次。这里的引用次数包括《苦难的时代》和阿罗的书的早期版本。

什么是制度？

在社会科学中对于制度的讨论不胜枚举，但制度的含义往往并不清晰明确。在社会学中，制度通常是一种可自我复制的"复杂的社会形式"，例如，"政府、家庭……商业公司和法律体系"（Miller，2014）。这个定义包括家庭、政府或公司等团体或组织，以及构成法律体系的法律和法院。诺思对制度的定义更狭义也更精确：

> 制度是人为设计的约束，构成政治结构、经济和社会互动。它们包括非正式的约束（制裁、禁忌、习俗、传统和行为准则）和正式的规则（宪法、法律、产权）。（North，1991：97）

因此，在诺思看来，制度是对人类的约束，它不同于政府或家庭这样的组织。与社会学一样，诺思定义的制度变化缓慢。在他看来，人类设计制度是为了"建立秩序和减少交易中的不确定性"，但制度的影响不一定是有益的，因为它们可以将经济变革推向"增长、停滞或衰退"（North，1991：97）。

诺思通过他与别人合著的两本革新之作中的研究而得出这一定义。一本是关于制度在美国经济史上的作用（Davis et al.，1971），另一本是关于制度在中世纪和近代早期欧洲所扮演的角色（North and Thomas，1973）。这两部著作都认为，经济理论无法解释经济增长，而解释经济增长必须涉及"制度安排"。这两本书还指出新的制度安排如何能够促进效率提高或在市场失灵时提供援助。例如，创建一种新的合作形式（即公司），将使公司实现规模经济。同样，保险公司的建立将帮助个人在市场不完善时应对风险（North and Thomas，1973；Davis and North，1971）。

从20世纪70年代初开始，这项工作中一个不言而喻的假设就是，当经济理论的第一福利定理不适用时，个人创建制度来促进经济增长或使经济走向帕累托（Pareto）最优结果。社会学家批评了这一假设（Granovetter，1992），经济史学家也是如此（Ogilvie，2007）。但诺思对制度的最终定义——人类设计的约束——明确地放弃了任何这样的前提(North，1991)。对诺思来说，制度很容易损害经济，随后对经济史的研究已经非常清楚地表明不良制度可能造成的损害。①诺思的定义也符合社会结构分析，社会学家 710 相信经济学家忽略了这一点。在诺思看来，社会结构由公司、家庭、政治联盟或社会团体等组织组成。反过来，可以使用政治经济学、家庭经济学或网络经济学的工具来研究它们。

诺思的定义存在的实际问题并不是假设制度在任何意义上都是最优的或提高福利的。相反，这有一种风险，即忽略了人为设计的约束该如何被实施这一问题。诺思本人也认识到执行规则的重要性，他也承认执行可能是无效的(North，1991)。但是他的简略定义忽略了对强制执行的明确提及。

在阿夫纳·格雷夫(Avner Greif)关于制度的著作中，特别是在他2006年出版的书中(Greif，1989，1993，2006a)，强制执行的问题尤为突出。对格雷夫来说，关键问题是解释人们为什么要遵守规则。法律可能禁止盗窃，但人们为什么要遵守它？以惩罚威胁人们服从是不够的，有什么能确保警察会抓住小偷、法院会监禁他们？毕竟，至少在某些地方——即使是秩序井然的民主国家，例如，在20世纪50年代的美国，也有明显的例子表明小偷逍遥法外(Hoffman，2006)。为了解释这种结果，格雷夫认为，一个令人满意的制度定义必须将信仰、规范、组织与规则结合起来。例如，如果一个人已经内化反偷窃的规范，或者认为他可能会被抓到并被关进监狱，他就不会偷窃。这种信念可能又取决于组织(警察和法院)的效力，或者取决于其他规范和信念的运作(例如，预期法官和警察不会接受贿赂)。因此，对格雷夫来说，制度最终是一个由规则、信仰、规范和组织组成的系统，它产生规律的社会行为(Greif，2006a)。在实践中，人们也

---

① 中世纪和近代早期欧洲的行会提供了一个引人注目的例子，来说明机构通过实施垄断和限制熟练工人的供应可能造成的损害。这是谢拉格·奥吉尔维(Sheilagh Ogilvie)的论点(Ogilvie，2004)，它回应了早先的说法，即公会帮助积累人力资本(Epstein，1998)。人们可以用类似的例子来说明决定美国医疗保险发展制度的影响，包括允许使用附加福利来规避战时工资控制和继续为雇主提供医疗保健免税的法律(Thomasson，2003)。与其他发达经济体相比，它们导致医疗保健方面的支出更高，而医疗保健的效果往往更差。

许可以将他的定义简化为具有强制执行手段的规则(例如 Hoffman et al.,
2000),但是明确人们为什么遵守规则是至关重要的,而答案将涉及信仰、
规范或组织。

制度的作用

在诺思关于制度的早期研究(Davis et al.,1971;North and Thomas,
1973)和格雷夫的书(Greif,2006a)中,有大量有说服力的定性证据表明制度
很重要。但是对制度的作用进行持怀疑态度的批判需要定量证据。

这样的证据是存在的,而且也是有说服力的,特别是关于经济的一部分
或一个特定地区的微观经济证据。也许最有说服力的证据来自让-洛朗-罗
森塔尔(Jean-Laurent Rosenthal)对法国排水和灌溉的研究(Rosenthal,1990,
1992)。在法国大革命之前,法国南部有许多灌溉项目从未实施过,尽管这
些项目可以提高农业生产率,并获得比其他投资更高的回报。法国北部的
排水项目的情况也是如此。问题不在于缺乏潜在的企业家、信贷市场的失
效或技术障碍,因为技术(本质上是用镐和铲的非熟练劳动力,加上测量员、
泥瓦匠和木匠的一些熟练工作)是众所周知的。更确切地说,问题在于制
度。一方面产权是重叠的,另一方面法院系统缺乏一个明确的中央权力机
构,而这个机构应该作出最终的法律决定。因此财产所有者有动机通过诉
讼来拖延水利控制项目,以获得赎金。

因此,在法国大革命和拿破仑彻底改革法院系统和产权之前,有利可图
的水利控制项目要么失败了,要么从未启动。这些改革终止了围绕水利工
程无休止的诉讼模式,并将最终决定权留给拥有土地征用权的中央政府。
其结果是1820年以后法国灌溉和排水系统的爆发性发展,尽管这些项目本
身的利润要比1789年革命爆发前低。

阻碍灌溉和排水项目发展的障碍是制度性的,特别是产权重叠、无效的
法律体系以及缺乏有效的土地征用权。问题的根源在于缺乏一个主权立法
或司法机构,该机构能够掌握有效的土地征用权,或者解决产权重叠的问
题,或者从一开始就避免这些问题的出现。在大革命前的法国,这种制度在

政治上是不可能的,即使在所谓的绝对君主制下也不可能。它们会违反国王和精英之间的基本政治平衡,这种平衡建立在财政、法律和政治权力的分裂之上。即使以有利于排水工程的方式改变证据规则(rule of evidence)也是不可能的,因为这有减少国王税收收入的风险。

制度的失败给法国经济造成了多大的损失?在本应受益的地区,影响是巨大的:例如,在法国南部,18世纪的灌溉项目将农业的全要素生产率提高了30％—40％(Rosenthal, 1992)。排水系统可能也有类似的效果。当然,这只是农业的,但类似的问题可能会阻止私营企业家修建收费公路和运输运河,这些公路和运输运河在18世纪的英国激增并帮助其经济实现工业化(Bogart, 2005a, 2005b, 2011; Bogart and Richardson, 2011)。同样的问题困扰着大多数西欧国家(Epstein, 2002)。只有英国逃离了这个困境,原因在于它早期的政治集权。

制度的失败也给19世纪的巴西和墨西哥的纺织业造成沉重打击。该行业虽然没有规模经济,但它主要集中在墨西哥和巴西。原因是墨西哥和巴西的资本市场准入受到限制。在墨西哥,法律障碍使银行无法成立,并且限制仅向与政治领导人有关系的公司出售股权。类似的障碍同样阻止了资本进入巴西资本市场,尽管持续时间不那么长。所以,只有那些能够挖掘家庭财富或利用政治关系的企业主才可以成立纺织公司。与资本市场开放而纺织企业规模小的美国相反,巴西和墨西哥纺织企业的数量少,其产业也因此而更集中(Haber, 1991)。

即使在美国这样富裕民主的国家,制度也会带来成本。以美国的土地产权为例,它们是根据两种不同的测量制度定义的。一种是矩形测量制度(rectangular system),其基于标准化的矩形网格,由1785年的《联邦土地法》强加给新成立的州。在此之前,大多数州普遍采用的是另一种制度——自然界标制度(metes and bounds system),它基于对地块进行特质性描述。俄亥俄州最终同时采用这两种制度,因为在俄亥俄州于1803年成为一个州之前,俄亥俄州的部分地区已经出于外部原因使用自然界标制度。对采用这两种制度的相邻区域进行仔细分析后发现,矩形测量制度将房地产价值提高了20％—30％。同样,推行矩形测量制度的地区的产权冲突也远没有那么常见。长期的后果是巨大的:根据测量制度的不同,在其他方面相似的地

712

区,人口密度和土地使用模式最终会完全不同(Libecap and Lueck,2011)。换句话说,这些差异似乎是由定义产权的制度造成的。

制度影响经济增长

在这三个例子中,制度显然是有影响的,但只是对部分经济有影响。例如,法国农业所在的地区本可以受益于排水或灌溉系统。这对整体经济或经济增长有什么影响?

诺思和巴里·温格斯特(Barry Weingast)的一篇开创性文章以英国1688年光荣革命为例,阐述了制度如何影响整个经济体的经济增长(North and Weingast,1989)。通过迫使君主的行动必须得到议会同意,光荣革命限制了英国君主的行为。新的约束(即一种新的制度)使得君主偿还贷款的承诺变得可信,结果是,政府借款跨越一个数量级。但新制度的影响远远超出政府债券市场。它也刺激了私人资本市场,并通过确保所有的产权而不仅仅是政府债务人的产权,为英国工业革命铺平道路。

尽管诺思和温格斯特将最后一个论断的证据留给其他研究人员,但制度刺激了经济增长是显而易见的。对一个强大统治者的约束使得所有的产权都得到保障。阿西莫格鲁等人(Acemoglu et al.,2001,2002)的两篇有影响力的文章随后提供了支持这种主张的更广泛的计量经济学证据(远超17世纪英国的证据)。他们调查了曾经是欧洲殖民地的国家,这些国家的范围从今天的富裕国家(如美国)到贫困国家(如海地)。通过利用城市化率和人口密度的证据作为过去实际人均收入的代理指标,他们将今天的收入差异归结为这些国家在殖民地时期建立的制度。在本地人口少、初始收入低的地方,欧洲人大量定居,并建立鼓励投资的制度。在当地人数量较多、初始收入高的地方,欧洲人建立起旨在榨取租金而非鼓励投资的制度。鼓励投资的制度的关键特征是,它们通过约束统治者来保护产权,这些制度解释了为什么像美国这样曾经贫穷的殖民地最终会变得如今这般富裕——即使考虑到初始收入低和其他影响经济增长的因素。

另一个具有开创性的论点将制度上的重要差异追溯至另一个最终原因,

713

即殖民地时期的要素禀赋（Engerman and Sokoloff，1997；Engerman et al.，2012）。像阿西莫格鲁、约翰逊（Johnson）和罗宾逊（Robinson）一样，恩格尔曼和索科洛夫也对殖民地进行了研究，但这次仅考察美洲。在一些美洲殖民地，要素禀赋造成极度的不平等。例如，在西属美洲的部分地区，当地人可能被迫在银矿或汞矿工作；在海地，奴隶可能被进口来种植糖；在加拿大和现在的美国东北部等其他曾经的殖民地则无法种植糖，因为当地人口太少，不足以用强迫劳动的方式加以剥削。在欧洲人迅速占据绝大多数人口的地方，不平等现象相对较小。

在极度不平等的地方，欧洲殖民者建立了有利于富裕精英并限制穷人的政治影响力和经济机会的制度。例如，精英阶层可能会要求选民具有文化素养，然后限制公共教育资金。如果不平等程度很高，穷人将无法贷款以资助其子女的教育，因此他们将被剥夺公民权。此外，教育水平会降低，经济增长也会受到影响。

制度对整体经济影响的最后一个例子来自内森·纳恩（Nathan Nunn）关于非洲奴隶贸易后果的研究（Nathan Nunn，2008）。即使在控制影响人均收入的其他因素的情况下，过去有大量奴隶被俘获的国家如今明显更加贫穷。一个看似合理的工具变量表明这种关系是因果关系，历史证据表明奴隶贸易以两种方式损害了经济。第一，它摧毁了非洲的新生国家。第二，它加剧了种族分裂，阻碍了更广泛的种族群体的形成。其结果是，在奴隶被俘获的地区，普遍存在对其他种族群体的不信任，现代的调查研究也支持这一诊断（Nunn and Wantchekon，2011）。不信任的常态是一种不利于长距离贸易的制度。它也阻碍了国家的形成，正如早期非洲国家的毁灭一样。因此，奴隶被掳走的地区最终会成为无力对贸易或产权进行保护或者解决跨种族纠纷的弱国，它们最终将变得更加贫穷。

对有关制度主张的批评

714

关于制度影响的研究被广泛引用，但也受到批评，特别是当它涉及对整体经济的影响时。对特定地区或经济部门的研究很难受到攻击，例如，一旦法国大革命改变了制度,成功的灌溉和排水项目就会激增,尽管回报率下降了。这样的证据很难辩驳。

然而,关于整个经济或长期经济增长的断言更容易受到批评,有一些批评是一针见血的,然而其他的却并未击中要害。

让我们从失败的批评开始,他们中的一些人把矛头指向诺思和温格斯特关于光荣革命的主张。例如,格雷格·克拉克(Greg Clark,1996)反驳了他们关于光荣革命使私人资本市场变得安全的观点。他的证据来自土地回报率和以房地产作为抵押的贷款。在政治动荡时期,回报率没有上升,而如果产权缺乏保障,回报率可能会上升。尽管英国的回报率在下降,但光荣革命后回报率并没有加速下降,而如果诺思和温格斯特的主张是正确的,则回报率会加速下降。对克拉克来说,这意味着产权并不是由光荣革命保障的,事实上它们早就是安全的。

然而,在仔细检查之后,克拉克的证据就不成立了。他的证据来自最安全的资本市场,即房地产所支持的土地和贷款市场。该市场与诺思和温格斯特所关注的政府债券市场和私人公司投资市场几乎没有关系。更重要的是,在克拉克的资本市场中,相关合同(租赁和抵押合同)的强制执行问题在中世纪就已经得到解决。这是律师和普通法院的问题,而不是君主的问题,君主没有干预的动机(Cox,2016)。简而言之,克拉克的证据与光荣革命完全无关。

然而,有证据表明私人回报率是难以被忽视的,也有证据表明1688年资本市场的产权并不是一夜之间得到保障的(Quinn,2001;Sussman and Yafeh,2006;Stasavage,2003,2007;Pincus and Robinson,2011;Murphy,2013)。保护资本市场的产权需要债权人的游说和议会中强大的辉格党(Whig Party),所有这些都需要时间才能实现。加里·考克斯(Gary Cox,2016)对光荣革命的政治经济分析提供了一个深入的解读。就像诺思和温格斯特一样,问题在于使得主权承诺变得可信。要做到这一点,就需要赋予议会对这些承诺的最高权力。这需要建立议会的专有权来决定谁可以安排售出这些承诺,并限制大臣和其他王室官员的权力,以至于他们不能干涉议会或逃避议会的控制。这些变化需要时间,但它们极大地提高了英国的税收(Dincecco,2009,2011),并对英国通过长期债务借款的能力产生了类似的影响。

光荣革命提高了英国的税收收入(即使是在控制英国经济的其他特征的 715
情况下),这也让人对罗伯特·艾伦(Robert Allen)关于诺思和温格斯特的批
评产生了怀疑(Allen,2009)。在收集从中世纪晚期到19世纪的欧洲经济
数据后,艾伦估计了一个由四个线性方程组成的系统,用来解释城市化、实
际工资、农业生产率和农村工业总量。在他的解释变量中有一个指标变量,
当特定经济体(通常是君主)的行政权力受到代议制(representative
institution)的约束时(如光荣革命后的英国),该变量取值为1。当艾伦使用
回归系数来衡量代议制的影响时,他发现它对城市化和实际工资的影响微
乎其微。城市化和实际工资都是人均GDP的合理代用指标,在艾伦对工业
革命的解释中发挥着重要作用。

这项测试的一个问题是,一个指标变量在某个日期之后突然取值为1
(如英国在1688年之后),并不能捕获使主权承诺可信的所有变化,至少从
我们对光荣革命的了解来看是这样的。考克斯的研究(Cox,2016)表明,这
一过程在欧洲其他地方也不是立即发生的。艾伦的测试还有另一个严重问
题,人均洲际贸易是对城市化和实际工资产生重大影响的变量之一。但由
于取得了军事胜利,尤其是对法国的胜利,英国在18世纪赢得了洲际贸易
的最大份额。英国赢得了那些战争,因为它可以征收比法国重得多的税,甚
至比GDP的一部分还多。由于政治变革赋予议会最终权力,它可以征收如
此沉重的税收。代议制明显提高了各州的税收能力(Hoffman and Norberg,
2002;Dincecco,2009,2011;Hoffman,2015)。洲际贸易和艾伦回归中的
其他解释变量都是内生的,并且显然受到制度的影响。因此,制度是英国高
薪和大规模城市化背后的最终原因之一,也是艾伦对英国工业革命作出的
解释的一部分。

这些都是对关于制度的主张的不成功批评。那么那些成功的呢?一些
成功的批评只是进行简单的案例研究。例如,诺思和温格斯特主张公共债
务市场和一般资本市场之间存在联系。如果君主的还款承诺是可信的,那
么私人资本市场投资者的权利将得到保障,私人资本市场也将繁荣起来。
然而在18世纪,尽管法国的君主政体一再违约,但其仍然拥有一个繁荣的
私人债务市场(Hoffman et al.,2000)。19世纪的巴西君主立宪制在国内外

广泛举债且没有违约，然而巴西的私人资本市场未能蓬勃发展（Summerhill，2015）。这两个反例对诺思和温格斯特强调的联系提出了质疑。简而言之，主权国家是一个可靠的借款者，对于私人资本市场的繁荣而言既不是必要条件，也不是充分条件。

716 　　我们也有理由批评其他关于制度的研究。一个问题是，人们倾向于从有限的数据中草率地作出概括。关于所谓的欧洲婚姻模式在刺激经济增长中的因果作用的指控就是一个明显的例子。在工业革命之前的西欧部分地区，家庭是核心式的，独身率很高，女性结婚较晚。这些人口模式被称为欧洲婚姻模式，用以解释为什么欧洲很早就实现工业化。①该论点的优点在于它符合经济增长和人口变化的一个重要模型——统一增长理论（Galor and Weil，1999；Galor，2005）。然而，尽管该模型很好，但用来将其与欧洲工业化联系起来的证据却经不起推敲（Dennison and Ogilvie，2014）。丹尼森（Dennison）和奥格尔维（Ogilvie）对 39 个欧洲国家的数据分析表明，欧洲婚姻模式最明显的例子实际上与经济停滞相关，而非与经济增长相关。简而言之，经济史学家从极少数案例中作出归纳，这一错误使他们误入歧途。

　　另一个反复出现的问题是：将过去的制度原因与如今的经济结果联系起来的证据存在空白。将制度与现代结果联系起来的研究通常依赖于回归，其中一个解释变量是在遥远的过去测量的变量。它可能是过去制度的一个特征，也可能是一个变量——其过去的价值决定最终在一个国家出现的制度类型。例如，在阿西莫格鲁等人（Acemoglu et al.，2002）的研究中，殖民地时期当地人口密度低会使欧洲人更容易在新的殖民地定居，定居者会为保护他们产权的制度进行游说。更高的本地人口密度使其更容易接管现有本地州的税收系统或迫使本地居民工作。然后，殖民者会设计一些制度来榨取

---

① 这里的相关论文请参考沃伊特兰德和沃斯（Voigtländer and Voth，2006，2013）、德莫尔和范赞登（De Moor and van Zanden，2010）、福尔曼-佩克（Foreman-Peck，2011）。丹尼森和奥格尔维都批评他们把论点建立在一个经不起推敲的概括之上。丹尼森和奥格尔维也对格雷夫（Greif，2006b）以及格雷夫和塔贝里尼（Greif and Tabellini，2010）的研究感到担忧，因为他们也提到核心家庭。但格雷夫（Greif，2006b）将核心家族与公司联系起来，这是一个更有限且更有说服力的主张。格雷夫和塔贝里尼（Greif and Tabellini，2010）提出一个不同的话题——在中国（通过家族）和欧洲（通过城市）实现合作的截然不同的方式。

殖民地的资源,而不是保护产权。因此,由于过去的人口密度对制度发展的影响,将当前人均收入与经济增长和过去人口密度的相关因素进行回归,应该会得出过去人口密度的负系数。

　　问题在于缺乏长期跟踪制度的数据。[①]没有这些数据,就无法判断哪些是因人口密度高而建立起来的不良制度,其是否会持续到殖民政权结束继而一直持续到该地走向独立,尽管新独立的殖民地通常会接受效仿富裕民主国家宪法的新宪法。并且前殖民地的制度在独立后确实发生了变化,这在某种程度上可能与另一种观点一致,即人力资本的增加导致了经济增长和制度改善(Glaeser et al.,2004)。

717

　　这里的批评并不局限于 2002 年阿西莫格鲁等人发表的有影响力的论文。其他关于制度的研究也容易受到类似的攻击。举一个重要的例子,考虑一下戴尔那篇令人印象深刻的文章(Dell,2010),内容是关于拉丁美洲殖民地强制性劳动力制度的影响。她旨在展示一个糟糕的制度——殖民地强制劳动要求——对现代社会的结果产生了什么影响,并解释这种影响为何持续存在。为此,她对比了玻利维亚和秘鲁的一个必须为银矿和汞矿提供劳动力的地区与一个免于征收劳动力的相邻地区的结果。通过使用断点回归设计和殖民地的证据,她证明这两个地区在实行强制劳动要求制度之前是相似的,并分离出强制劳动要求这项制度的影响,该影响很大:它使家庭消费降低 25%。

　　至于为什么在 1812 年强制劳动力要求制度被废除后这种影响仍然存在,戴尔指出一项殖民政策限制了在有强制劳动要求的地区建立大庄园(使用强制劳动力的大型农村庄园)。该政策旨在最大限度地减少与为矿场寻找当地强制劳动力的当局的竞争。在免除劳动力要求的地区,精英们建立自己的庄园,并获得安全的产权,他们还为道路等公共产品进行游说。相比之下,在那些必须提供采矿劳动力的地区,没有人为修建道路而游说。而普遍的产权是传统的公共土地所有制,其随着劳动力需求的结束而被废除。

---

① 无论是对于这个特殊的例子,还是对于其他将过去的制度与现代的结果联系起来的文章,都存在其他担忧。首先,这些数据(通常是城市化或人口密度)在欧洲以外的地区经常受到质疑。其次,回归通常涉及工具变量,因为制度是内生的。但是这些工具变量也可能是有问题的(例如参见 Albouy,2012)。

因此，产权没有保障。结果是，拥有大庄园和富裕精英的地区最终将获得更高的收入——这与恩格尔曼和索科洛夫的观点形成鲜明对比。

戴尔文章的优点在于，它确实为不良制度的持续存在提供了解释。但是定量数据仍然存在空白，特别是在1812年强制劳动要求结束后到现代这段时间。在1812年之前搬家是有惩罚措施的，但是1812年惩罚措施消失以后，为什么人们还不抛弃这个没有道路、产权不安全的地区呢？当非连续性遵循地理边界时，个体的移动将会成为断点回归设计的困扰。如果只有穷人或未受过教育的人留在有劳动要求的地区，那么我们如今可能会对其现在的低收入有一个完全不同的解释。只有更多的历史数据才能确保并决定她的论点是否成立。

当前结果和过去起因之间存在数据空白的另一个例子来自关于法律起源的有影响力的文献（La Porta et al.，1997，1998）。正如拉波尔塔（La Porta）和他的合著者所证明的那样，当今金融市场的规模与一个国家所使用的法律体系类型相关，即使在控制人均收入和其他变量之后，这种相关性仍然存在。以英国普通法为基础的法律体系在英国和前英国殖民地（如美国）盛行，它有利于金融市场的发展，显然是因为它们在保护投资者方面做得更多。另一大法律体系是在欧洲大陆、欧洲大陆列强的前殖民地和日本等国家使用的民法，它在保护投资者方面没有那么有效，导致金融市场规模缩小。这些法律体系是在过去（例如，在殖民地时期）就已经确定的，但它们的影响在今天仍然存在。

这里隐含的假设是法律体系的影响持续存在，因此，如果民法削弱了对投资者的保护，那么它在过去和如今都应该如此。但阿尔多·穆萨基奥（Aldo Musacchio，2008，2009）对一个民法系国家（巴西）仔细的历史研究表明，事实并非如此。他收集了过去有关投资者保护的数据，以填补当前结果和过去起因之间的空白，并发现巴西在19世纪末和20世纪初确实保护了投资者，这与法律起源文献的假设相反。巴西债权人拥有强大的法律权利，并且巴西债券市场在不断发展。巴西股东最终也受到公司章程的保护，巴西股市也蓬勃发展。正如穆萨基奥、拉詹和津加莱斯（Musacchio，Rajan and Zingales，2003）所表明的那样，巴西并不是一个例外。其他民法系国家在1900年也有繁荣的金融市场，这至少表明必须有其他原因介入以解释为什么民法的保护在 1900 年之后以失败告终。

这里需要的是更好的历史研究来填补过去起因和当前结果之间的空白，例如，关于独立后的殖民地的制度变迁和政治经济方面的更多研究。一些课题的研究已经在进行中，例如，与法律制度和经济发展相联系的商业组织的研究。有人认为，作为一种制度，公司是经济发展的高级商业组织形式，普通法主张设立公司。蒂莫西·吉南（Timothy Guinnane）和他的合著者（Guinnane et al.，2007）证明历史现实更加复杂。公司确实有优点，但也有缺点，而另一种类型的组织（私营有限责任公司）通常对中小企业更好。但他们的证据表明，普通法实际上不利于创建私营有限责任公司。

我们还需要更好的模型来解释政治制度如何促进经济增长。诺思和温格斯特（North and Weingast，1989）以及阿西莫格鲁等人（Acemoglu et al.，2001，2002）都论证了制度促进经济增长，但仍需详细说明发生方式，通过更多的历史研究和能够解释制度如何保护产权或促进经济增长的模型来佐证——理想情况下模型是可以通用的。

考克斯（Cox，2016）模拟了英国光荣革命之后发生的事情，正如他的历史研究所证明的那样，他的模型确实可以推广到西欧其他国家。诺思等人（North et al.，2009）提出一个更一般的概念框架来理解政治和经济发展。在他们的框架中，1800 年以前的根本问题是控制暴力，这个问题的解决方法在大多数社会都是一样的。它包括由精英阶层组成的强大联盟控制暴力，这些精英享有经济特权，如果联盟成员分裂并开始相互争斗，那么他们将会丢失这种特权。经济发展需要政治转型和经济转型，而政治转型是根本。当精英阶层同时面对政治竞争和经济竞争时，这种情况就会发生。他们的框架当然可以形式化，并用定量数据进行测试。

阿西莫格鲁等人（Acemoglu et al.，2005）就政治和经济发展提出类似的论点。对他们来说，经济增长的根本原因是政治制度和资源的分配。政治制度决定法律上的政治权力（法律和宪法规定的政治权力）；资源的分配决定事实上的政治权力（富人不成文的权力）。这两种形式的权力共同造就当今的经济制度和未来的政治制度。然后经济制度决定如今的经济表现和未来的资源分配。他们用案例研究和文献来说明这个言语框架（verbal framework），这些研究支持他们的主张或详细阐述他们的主张。他们的框架可以

719

被形式化,他们引用的研究表明了这一点,阿西莫格鲁和罗宾逊的研究(Acemoglu and Robinson,2005)就是一个特别好的例子。

为了提高我们对制度如何促进经济增长的理解,研究人员也应该超越对产权保护的执着,因为增长可能要求的不仅仅是个人财产和投资的安全。个人安全也很重要,获得可预测且公正的解决争端的方法也很重要。为了确保所有这些事情,国家必须有足够的能力来解决争端,并保护生命和财产;当产权重叠时(例如,用于基础设施的建设),它还应该能够通过使用征用权来进行干预。所有这些权力都需要一个强大到足以征税的国家,但是这个国家必须在不威胁财产或人民的情况下行使所有这些权力,并且必须以一种鼓励合作的方式使用其权力。到目前为止,唯一一项开始详细解释这一切如何发生的研究是考克斯(Cox,2016)对光荣革命的研究。

制度变迁的解释

这些批评中有一个共同的问题,那就是如何解释制度变迁。如果过去糟糕的制度导致今天的贫困或专制,那么是什么阻止了这些制度的改变?如果出现了好的制度,然后产生了财富和民主,那么首先产生好的制度的原因是什么?简而言之,是什么让制度发生了变化,又是什么让制度固守不变,即使它们让人们的境况变得更糟?

对于阿夫纳·格雷夫(Avner Greif,2006a)来说,回答这些问题所需的工具是博弈论和详细的历史分析。这两者都是必要的。博弈论之所以必要是因为制度涉及个人之间的相互作用,在这种情况下信念和行为规律很重要。详细的历史研究之所以必要是因为制度在特定的社会中产生、变化和生存;在这些社会中,历史细节具有巨大的力量。历史的重要性使得对制度变迁进行概括很困难。只有详细的历史研究才能解释制度为什么会诞生或持续存在,即使后果很糟糕。但格雷夫认为,一些制度会自我强化,因为更多的个人会发现自己处在想要按照与制度相关的常规方式行事的情况下(Greif,2006a)。这种制度将持续存在;类似地,其他制度实际上可能会自我破坏并消失。

720

　　格雷夫自己分析了制度如何产生、持续或衰落的具体例子,例如中世纪
欧洲常见的社区债务责任制度(Greif,2006a)。社区责任是指整个团体为单
个成员的坏账负责,尤其是涉及长途贸易时。例如,如果一位佛兰德商人在
没有向债权人偿清债务的情况下离开英国,则所有佛兰德商人可能都要承
担责任。类似的规则甚至适用于同一国家的其他城镇的商人。但是,由于
促进了越来越多社区之间的互动,社区责任制度失去了它的效力。验证商
人是否真的是已知社区的成员变得更加困难,伪造社区从属关系也变得更
加容易。该制度自掘坟墓,并在13世纪末消失。

　　另一个例子来自18世纪和19世纪初期的法国,那里的抵押贷款所支付
的利率都是5%。18世纪和19世纪的法国有一个繁荣的抵押贷款市场
(Hoffman et al.,2019)。1740年,它允许三分之一的法国家庭借贷,并且在
1840年,它调动了与20世纪50年代美国银行系统一样多的抵押贷款(相对
于GDP来说)。但在过去两个世纪的大部分时间里,市场并不是靠价格来结
算的。5%的利率适用于所有的抵押贷款。

　　这种行为的规律性是一种制度,它始于17世纪60年代,彼时政府将当
时最常见的抵押贷款(即永久年金)的最高法定利率从6.3%下调至5%。由
于法定上限为6.3%,年金利率在5%—6.3%的范围内浮动。一旦5%的最
高利率生效,利率波动就会消失。原因有两个。显然其中一个原因是5%的
最高税率,另一个是严重的信息不对称问题。贷款人不一定知道抵押品的
价值,也不知道借款人是否会偿还贷款。在这样的市场中,价格竞争可能会
消失,信贷将根据信誉和抵押品的价值进行配给。拥有良好抵押品并似乎
有可能还款的借款人将获得5%的贷款;那些没有达到标准的人则不会获得
贷款。在法国,有一些抵押贷款经纪人,他们掌握有关抵押品和信誉的信
息,他们通过将贷款人与可靠的借款人匹配(通常是将可靠的借款人介绍给
另一位经纪人)来解决信息问题。这使得所有的贷款成为可能。而且,他们
没有动机偏离5%的均衡利率,因为这将引发人们对借款人及其推荐人的可
靠性的质疑。

　　简而言之,这种制度是自我强化的,直到19世纪末它才因为几个原因而
消失,而所有原因都是外生的。首先,政府创建一家抵押贷款银行,授予它
在抵押贷款支持证券发行方面的垄断地位,并给予这些证券隐性的政府支

持。抵押贷款银行可以利用有关抵押品和过去抵押贷款的公开信息,这些信息在 19 世纪变得更加充足,因此它可以在没有抵押贷款经纪人信息的情况下,抽走最好的借款人,然后通过政府支持的证券筹集资金,并以低于 5% 的利率向他们提供贷款。其次,19 世纪 80 年代的农业萧条降低了抵押贷款在农村的需求,增强了城市最佳借款人的实力,他们可以从抵押贷款经纪人那里要求 5% 以下的利率。再次,到 1899 年,流动性政府债券的回报率已降至 3.5%。政府债券的低利率使得风险较高的 5% 贷款对信誉较差的借款人来说是有吸引力的投资。最后,在 20 世纪初,政府开始直接干预抵押贷款市场,向选定的借款人提供低于 5% 的补贴抵押贷款。所有这四个外生因素使利率为 5% 的均衡瓦解了,制度也就消失了。

宗教也可以通过建立组织、规则和行为规范以及关于他人将如何行动的信念来产生制度。最近关于伊斯兰世界的研究提供了两个例子。蒂穆尔·库兰(Timur Kuran, 2012)认为,伊斯兰商业法阻碍了大型股份公司的建立,使得穆斯林难以利用规模经济的优势。法律不能被简单地改变,因为这是《古兰经》中明确规定的继承规则的偶然结果。贾里德·鲁宾(Jared Rubin, 2017)指出西欧和伊斯兰世界之间不同的制度对比。在他看来,伊斯兰统治者往往比基督教统治者更依赖宗教权威来确立其合法性。同样,这些原因在很大程度上是偶然的,从一开始,基督教就将世俗权力和宗教权力区分开来,宗教改革最终削弱了基督教神职人员的独立政治权力——即使在天主教国家也是如此。鲁宾认为,这样做的后果是巨大的,因为宗教权威通常是保守的,他们禁止威胁其权威的新思想或新技术。例如,他们禁止在伊斯兰世界印刷。在西方,他们阻碍创新的能力更弱。

新的方向

还有大量关于制度的研究有待完成。其中的紧迫任务之一是回应那些对制度主张进行批判的言论。这将需要对制度的长期影响进行分析,通过形式化建模来解释它们为何持续或发生变化,并从事认真的历史研究来填补过去建立的制度与当前结果之间的空白。这两种类型的研究对于衡量制度的真正因果作用以及理解为什么制度的影响不会被其他力量冲淡都是必要的。为什么糟糕的殖民制度在该地区独立后依然存在,这显然是一个值得研究的话题。另一个值得研究的话题是,为什么结果不佳的制度依然存在,例如美国的医疗体系。

　　第三个有前景的研究途径是研究文化问题。乔尔·莫基尔(Joel Mokyr)和阿夫纳·格雷夫等经济史学家长期以来一直主张文化在改变制度或将制度锁定方面发挥着作用(Mokyr,2017;Greif,2006a;Greif and Tabellini,2010)。文化也可以揭示制度运作的一个基本原理:搞清楚当纯粹的利己主义似乎排除了合作这种行为时,为什么人们还会合作。例如,当逃避似乎是主要策略时,人们可能会为公共利益作出贡献,他们可能不仅在实验室的实验中这样做,而且在现实世界中,当他们的生命受到威胁时也这样做。对公共利益的贡献可能会反过来建立关于行为的规范或信仰——这就是一种制度。①一个明显的例子来自多拉·科斯塔(Dora Costa)和马修·卡恩(Matthew Kahn)对美国内战期间的逃兵进行的富有启发性的分析:尽管逃兵的死亡率很高且惩罚很轻,但许多联邦军队士兵没有逃跑。即使其他人会逃跑,但他们仍冒着生命危险的原因与一个单位的社会同质性有关。这种同质性创造了一种光荣服役的规范和对羞耻的恐惧,这有助于士兵光荣地服役(Costa and Kahn 2003a,b,2010)。

　　行为经济学和实验经济学中的文化研究为理解这种行为提供了工具,文化人类学方面的平行研究也是如此(Bowles and Gintis,2011;Boyd and Richerson,1988;Henrich et al.,2001;Camerer,2011)。霍夫曼(Hoffman,2015)通过使用这些文献和实验经济学中的相关研究,解释了罗马帝国崩溃后战士领袖是如何统治西欧的,以及这些领袖如何在没有永久税收制度的情况下发动战争,换句话说,"封建主义"制度是如何产生的。与此不同的是,马可·卡萨里(Marco Casari)运用他自己在实验经济学方面的研究(Casari and Plott,2003)和自己的详细历史研究(Casari,2007;Casari and Tagliapietra,2018),揭示出几个世纪以来管理意大利北部社区森林和牧场

①　关于这种行为的历史例子和现代例子,以及实验经济学和行为经济学与文化人类学的相关文献的讨论,请参见霍夫曼(Hoffman,2015)。

公共产权的分散制度(decentralized institutions)的起源和运作。有权利的用户可以自费举报对公共资源的侵权行为,如果侵权行为是不正当的,则对侵权者处以罚款。这些制度的运作要求集体决策,而当小组人数保持在略低于 200 人的水平时,小组工作效率最高。当小组人数过多时,它们倾向于分裂以推动未来的决策。

除了文化和行为经济学外,计量经济学家还可以通过与政治学的研究人员合作来获益。相关的政治学家接受了经济学方面的培训,并使用计量经济学和经济学模型。他们也做原始的历史研究,其中一些研究涉及大量的原始数据集。考克斯(Cox,2016)是一位将模型与详细的历史研究相结合的模范。其他例子包括戴维·斯塔萨维奇的出色研究(David Stasavage,2011),该研究是关于国家规模如何影响代议制的发展以及国家发行主权债务的能力的研究。

关于政治学家利用大量历史数据集进行的相关工作,斯塔萨维奇也进行了重要的研究,说明累进税制是如何从大规模动员战争中产生的(Scheve and Stasavage,2010),而非来自选举权扩大到低收入选民(中间选民模型会强调制度变革)。史蒂夫·哈伯(Steve Haber)将政治和经济发展与自然禀赋联系起来的研究(详见 Elis et al.,2017)是一个更令人兴奋的运用了大量历史数据集的政治学项目。他们的研究表明,这种联系贯穿各种制度,但它并不是决定性的。有利于民主和经济增长的制度的发展更有可能是恰当时间(约 1800 年)出现的恰当禀赋(一种能够产生大量可储存农作物盈余而没有大规模洪水或干旱的气候、平坦的地形和便利的水运交通)。民主和高收入就更有可能实现,但并非必然发生。这种关系是复杂的和概率性的。

结　论

尽管存在各种批评,但制度显然在经济增长和政治发展中发挥重要作用。但是,还需要做更多的研究来验证和阐明它们的作用,并证明它们是因果关系,而不是其他因素的结果。必要的工作包括仔细的历史研究、大数据收集以及周密的计量经济学工具和形式建模。此外,也应该吸纳其他领域的社会科学家一起合作——从实验经济学到人类学和政治学。

参考文献

Acemoglu, D., Robinson, J. A. (2005) *Economic Origins of Dictatorship and Democracy*. Cambridge University Press, Cambridge.

Acemoglu, D., Johnson, S., Robinson, J. A. (2001) "The Colonial Origins of Comparative Development: An Empirical Investigation", *Am Econ Rev*, 91(5):1369—1401.

Acemoglu, D., Johnson, S., Robinson, J. A. (2002) "Reversal of Fortune: Geography and Institutions in the Making of the Modern World Income Distribution", *Q J Econ*, 117(4):1231—1294.

Acemoglu, D., Johnson, S., Robinson, J. A. (2005) "Institutions as a Fundamental Cause of Long-rungrowth", In: Aghion P, Durlauf SN(eds) *Handbook of Economic Growth*, *vol.1. Elsevier*, Amsterdam/New York, pp.385—472.

Albouy, D. Y. (2012) "The Colonial Origins of Comparative Development: an Empirical Investigation: Comment", *Am Econ Rev*, 102(6):3059—3076.

Allen, R. C. (2009) *The British Industrial Revolution in Global Perspective*, *vol.1*. Cambridge University Press, Cambridge.

Arrow, K. J. (2012) *Social Choice and Individual Values*, *vol.12*. Yale University Press, New Haven.

Bogart, D. (2005a) "Turnpike Trusts and the Transportation Revolution in 18th Century England", *Explor Econ Hist*, 42(4):479—508.

Bogart, D. (2005b) "Did Turnpike Trusts Increase Transportation Investment in Eighteenth-century England?", *J Econ Hist*, 65(2):439—468.

Bogart, D. (2011) "Did the Glorious Revolution Contribute to the Transport Revolution? Evidence from Investment in Roads and Rivers", *Econ Hist Rev*, 64(4):1073—1112.

Bogart, D., Richardson, G. (2011) "Property Rights and Parliament in Industrializing Britain", *J Law Econ*, 54(2):241—274.

Bowles, S., Gintis, H. (2011) *A Cooperative Species: Human Reciprocity and Its Evolution*. Princeton University Press, Princeton.

Boyd, R., Richerson, P. J. (1988) *Culture and the Evolutionary Process*. University of Chicago Press, Chicago.

Camerer, C. F. (2011) *Behavioral Game Theory: Experiments in Strategic Interaction*. Princeton University Press, Princeton.

Casari, M. (2007) "Emergence of Endogenous Legal Institutions: Property Rights and Community Governance in the Italian Alps", *J Econ Hist*, 67(1):191—226.

Casari, M., Plott, C. R. (2003) "Decentralized Management of Common Property Resources: Experiments with a Centuries-old Institution", *J Econ Behav Organ*, 51(2):217—247.

Casari, M., Tagliapietra, C. (2018) *Group Size in Social-ecological Systems*. Proc Natl Acad Sci. February 22:201713496. https://doi.org/10.1073/pnas.1713496115. Consulted 28 Apr 2018.

Clark, G. (1996) "The Political Foundations of Modern Economic Growth: England, 1540—1800", *J Interdiscip Hist*, 26(4):563—588.

Costa, D. L., Kahn, M. E. (2003a) "Cowards and Heroes: Group Loyalty in the American Civil War", *Q J Econ*, 118(2):519—548.

Costa, D. L., Kahn, M. E. (2003b) *Civic Engagement and Community Heterogeneity: An Economist's Perspective. Perspect Polit*, 1(1):103—111.

Costa, D. L., Kahn, M. E. (2010) *Heroes and Cowards: The Social Face of War*. Princeton University Press, Princeton.

Cox, G. W. (2016) *Marketing Sovereign Promises: Monopoly Brokerage and the Growth of the English State*. Cambridge University Press, New York.

Davis, L. E., North, D. C., Smorodin, C. (1971) *Institutional Change and American Economic Growth*. Cambridge University Press, Cambridge.

De Moor, T., Van Zanden, J. L. (2010) "Girl Power: the European Marriage Pattern and Labour Markets in the North Sea Region in the Late Medieval and Early Modern Period", *Econ Hist Rev*, 63(1):1—33.

Dell, M. (2010) "The Persistent Effects of Peru's Mining Mita", *Econometrica*, 78(6): 1863—1903.

Dennison, T., Ogilvie, S. (2014) "Does the European Marriage Pattern Explain Economic Growth?", *J Econ Hist*, 74(3):651—693.

Dincecco, M. (2009) "Fiscal Centralization, Limited Government, and Public Revenues in Europe, 1650—1913", *J Econ Hist*, 69(1):48—103.

Dincecco, M. (2011) *Political Transformations and Public Finances: Europe, 1650—1913*. Cambridge University Press, Cambridge.

Elis, R., Haber, S., Horrillo, J. (2017) "Climate, Geography, and the Evolution of Economic and Political Systems" In: Paper Delivered at Barnard College.

Engerman, S. L., Sokoloff, K. L. (1997) "Factor Endowments, Institutions, and Differential Paths of Growth among New World Economies" In: Haber, S. (ed) *How Latin America Fell Behind*. Stanford University Press, Palo Alto, pp.260—304.

Engerman, S. L., Sokoloff, K. L., et al. (2012) *Economic Development in the Americas since 1500*. Cambridge University Press, Cambridge.

Epstein, S. R. (1998) "Craft Guilds, Apprenticeship, and Technological Change in Preindustrial Europe", *J Econ Hist*, 58(3):684—713.

Epstein, S. R. (2002) *Freedom and Growth: the Rise of States and Markets in Europe, 1300—1750, vol.17*. Routledge, Abingdon.

Fogel, R. W.; Engerman, S. L. (1995) *Time on the Cross: The Economics of American Negro Slavery, vol.1*. Norton, W. W. & Company, New York.

Foreman-Peck, J. (2011) "The Western European Marriage Pattern and Economic Development", *Explor Econ Hist*, 48(2):292—309.

Galor, O. (2005) "From Stagnation to Growth: Unified Growth Theory" In: Aghion, P., Durlauf, S. N. (eds) *Handbook of Economic Growth, vol.1*. Elsevier, Amsterdam/New York, pp.171—293.

Galor, O., Weil, D. N. (1999) "From Malthusian Stagnation to Modern Growth", *Am Econ Rev*, 89(2):150—154.

Glaeser, E. L., La Porta, R., Lopez-de-Silanes, F., Shleifer, A. (2004) "Do Institutions Cause Growth?", *J Econ Growth*, 9(3): 271—303.

Granovetter, M. (1992) "Economic Institutions as Social Constructions: A Framework for Analysis", *Acta Sociol*, 35(1):3—11.

Greif, A. (1989) "Reputation and Coalitions in Medieval Trade: Evidence on the Maghribi Traders", *J Econ Hist*, 49(4):857—882.

Greif, A. (1993) "Contract Enforceability and Economic Institutions in Early Trade: The Maghribitraders' Coalition", *Am Econ Rev*, 83:525—548.

Greif, A. (2006a) *Institutions and the Path to the Modern Economy: Lessons from Medieval Trade*. Cambridge University Press, New York.

Greif, A. (2006b) "Family Structure, Institutions, and Growth: The Origins and Implications of Western Corporations", *Am Econ Rev*, 6(2):308—312.

Greif, A., Tabellini, G. (2010) "Cultural and Institutional Bifurcation: China and Europe Compared", *Am Econ Rev*, 100(2):135—140.

Guinnane, T., Harris, R., Lamoreaux, N. R., Rosenthal, J. L. (2007) "Putting the Corporation in its Place", *Enterp Soc*, 8(3): 687—729.

Haber, S. H. (1991) "Industrial Concentration and the Capital Markets: A Comparative Study of Brazil, Mexico, and the United States, 1830—1930", *J Econ Hist*, 51(3):559—580.

Henrich, J., Boyd, R., Bowles, S., Camererm, C., Fehr, E., Gintis, H., McElreath, R. (2001) "In Search of Homo Economicus: Behavioral Experiments in 15 Small-scale Societies", *Am Econ Rev*, 91(2):73—78.

Hoffman, P. T. (2006) *Institutions and the Path to the Modern Economy: Lessons from Medieval Trade: Review of Avner Greif*. Institutions and the Path to the Modern Economy. EH. net(August). Consulted 14 April 2018.

Hoffman, P. T. (2015) *Why did Europe Conquer the World?*. Princeton University Press, Princeton.

Hoffman, P. T., Norberg, K. (2002) *Fiscal Crises, Liberty, and Representative Government, 1450—1789*. Stanford University Press, Palo Alto.

Hoffman, P. T., Postel-Vinay, G., Rosenthal, J. L. (2000) *Priceless Markets: The Political Economy of Credit in Paris, 1660—1870*. University of Chicago Press, Chicago.

Hoffman, P. T., Postel-Vinay, G., Rosenthal, J. L. (2019) *Dark Matter Credit: The Development of Peer-to-peer Lending and Banking in France*. Princeton University Press, Princeton.

Kuran, T. (2012) *The Long Divergence: How Islamic Law Held back the Middle East*. Princeton University Press, Princeton.

La Porta, R., Lopez-de-Silanes, F., Shleifer, A., Vishny, R. W. (1997) "Legal Determinants of External Finance", *J Financ*, 52(3): 1131—1150.

La Porta, R. L., Lopez-de-Silanes, F., Shleifer, A., Vishny, R. W. (1998) "Law and finance", *J Polit Econ*, 106(6):1113—1155.

Libecap, G. D., Lueck, D. (2011) "The Demarcation of Land and the Role of Coordinating Property Institutions", *J Polit Econ*, 119(3):426—467.

Miller, S. (2014) "Social Institutions" In: Zalta EN(ed) The Stanford Encyclopedia of Philosophy, (Winter 2014 end). https://plato. stanford. edu/archives/win-2014/entries/social-institutions/. Consulted 13 Apr, 2018.

Mokyr, J. (2017) *A Culture of Growth: The Origins of the Modern Economy*. Princeton University Press, Princeton.

Murphy, A. L. (2013) "Demanding 'Credible Commitment': Public Reactions to the Failures of the Early Financial Revolution", *Econ Hist Rev*, 66(1):178—197.

Musacchio, A. (2008) "Can Civil Law Countries Get Good Institutions? Lessons from the History of Creditor Rights and Bond Markets in Brazil", *J Econ Hist*, 68(1):80—108.

Musacchio, A. (2009) *Experiments in Financial Democracy: Corporate Governance and Financial Development in Brazil, 1882—1950*. Cambridge University Press, Cambridge.

North, D. C. (1991) "Institutions", *J Econ Perspect*, 5(1):97—112.

North, D. C., Thomas, R. P. (1973) *The Rise of the Western World: A New Economic History*. Cambridge University Press, New York.

North, D. C., Weingast, B. R. (1989) "Constitutions and Commitment: The Evolution of Institutions Governing Public Choice in Seventeenth-century England", *J Econ Hist*, 49 (4):803—832.

North, D. C., Wallis, J. J., Weingast, B. R. (2009) *Violence and Social Orders: A Conceptual Framework for Interpreting Recorded Human History*. Cambridge University Press, New York.

Nunn, N. (2008) "The Long-term Effects of Africa's Slave trades", *Q J Econ*, 123(1): 139—176.

Nunn, N., Wantchekon, L. (2011) "The

Slave Trade and the Origins of Mistrust in Africa", *Am Econ Rev*, 101(7):3221—3252.

Ogilvie, S. (2004) "Guilds, Efficiency, and Social Capital: Evidence from German Proto-industry", *Econ Hist Rev*, 57(2):286—333.

Ogilvie, S. (2007) " 'Whatever Is, Is Right'? Economic Institutions in Pre-industrial Europe", *Econ Hist Rev*, 60(4):649—684.

Pincus, S. C., Robinson, J. A. (2011) *What Really Happened During the Glorious Revolution?*, Working Paper w17206. National Bureau of Economic Research.

Quinn, S. (2001) "The Glorious Revolution's Effect on English Private Finance: A Microhistory, 1680—1705", *J Econ Hist*, 61(3): 593—615.

Rajan, R. G., Zingales, L. (2003) "The Great Reversals: the Politics of Financial Development in the Twentieth Century", *J Financ Econ*, 69(1):5—50.

Rosenthal, J. L. (1990) "The Development of Irrigation in Provence, 1700—1860: The French Revolution and economic growth", *J Econ Hist*, 50(3):615—638.

Rosenthal, J. L. (1992) *The Fruits of Revolution: Property Rights, Litigation and French Agriculture, 1700—1860*. Cambridge University Press, Cambridge.

Rubin, J. (2017) *Rulers, Religion, and Riches: Why the West Got Rich and the Middle East did Not*. Cambridge University Press, New York.

Scheve, K., Stasavage, D. (2010) "The Conscription of Wealth: Mass Warfare and the Demand for Progressive Taxation", *Int Organ*, 64(4):529—561.

Stasavage, D. (2003) *Public Debt and the Birth of the Democratic State: France and Great Britain 1688—1789*. Cambridge University Press, Cambridge.

Stasavage, D. (2007) "Partisan Politics and Public Debt: The Importance of the 'Whig Supremacy' for Britain's Financial Revolution", *Eur Rev Econ, Hist*, 11(1):123—153.

Stasavage, D. (2011) *States of Credit: Size, Power and the Development of European Polities*. Princeton University Press, Princeton.

Summerhill, W. R. (2015) *Inglorious Revolution: Political Institutions, Sovereign Debt, and Financial Underdevelopment in Imperial Brazil*. Yale University Press, New Haven.

Sussman, N., Yafeh, Y. (2006) "Institutional Reforms, Financial Development and Sovereign Debt: Britain 1690—1790", *J Econ Hist*, 66(4):906—935.

Thomasson, M. A. (2003) "The Importance of Group Coverage: How Tax Policy Shaped US Health Insurance", *Am Econ Rev*, 93(4):1373—1384.

Voigtländer, N., Voth, H. J. (2006) "Why England? Demographic Factors, Structural Change and Physical Capital Accumulation during the Industrial Revolution", *J Econ Growth*, 11(4):319—361.

Voigtländer, N., Voth, H. J. (2013) "How the West 'Invented' Fertility Restriction", *Am Econ Rev*, 103(6):2227—2264.

第三章

政治经济学

马克·小山

摘要

本章考察了经济史中有关政治经济学的研究,讨论了公共选择/政治经济学方法与经济史的融合,并围绕国家起源、不同的政权类型、强制劳动、战争、宗教和国家能力等一系列主题展开了专题调查。本章还详细说明了经济史学家如何研究特定的历史事件,如光荣革命、法国大革命、欧洲帝国的影响和民主的兴起。

关键词

政治经济学　公共选择　国家能力　冲突

引　言

　　经济史学家一直都对政治经济学感兴趣。但在很长一段时间内，政治经济学都对计量史学的方法有所抵制。在弗雷德里克·莱恩（Frederick Lane，1958）和约翰·希克斯（John Hicks，1969）的著作中，经济理论是一种隐喻，用来阐明诸如冲突、战争和国家发展等主题。这种方法虽然极具洞察力，但却没有实现计量史学的目标：从可以用历史证据检验的理论中得出预测。

　　为了总结莱恩和希克斯之后的研究进展，我首先探究计量史学和政治经济学之间的关系，然后对计量史学如何促进我们对于国家的形成、战争、公共债务、国家以及宗教等议题的理解进行专题调研。本章的最后一部分加入几个案例研究，包括光荣革命、法国大革命、帝国的政治经济，以及民主的兴起。

　　早期计量史学的研究聚焦在利用新古典主义经济学来理解历史问题上，包括美国南部奴隶经济的生产效率或美国 19 世纪后期经济增长的贡献来源，这项工作在为罗伯特·福格尔和道格拉斯·诺思获得诺贝尔奖的研究中已有很好的体现。[①]

　　与此同时，随着经济史学因计量史学而发生革命性变化，政治经济学领域在芝加哥、罗切斯特和弗吉尼亚的公共选择学派手中得到新生。总的来说，这部著作是抽象的、理论性的、非史学的，例如经典著作《同意的计算》（*The Calculus of Consent*，Buchanan and Tullock，1962）、《政治联盟理论》（*The Theory of Political Coalitions*，Riker，1962）、《集体行动的逻辑》（*The Logic of Collective Action*，Olson，1965）和《经济管制理论》（*The Theory of Economic Regulation*，Stigler，1971）。随后而来的是受布坎南（Buchanan）、塔洛克（Tullock）、赖克（Riker）、奥尔森（Olson）和斯蒂格勒（Stigler）启发的实

---

①　诺贝尔奖被授予福格尔和诺思，以表彰他们在计量史学上的创举，具体来说，"（他们的）研究是将经济理论、定量方法、假设检验、反事实分析方法和经济史学的传统技术相融合，来解释经济增长和衰退"（*The Prize in Economics 1993-Press Release*，1993）。

证研究,但实证研究最初的关注点集中在选举、投票系统和制度方面,从某种程度来说,它被排除在大多数经济史学家关注的问题之外。

以马斯格雷夫(Musgrave,1959)为例,公共选择与传统公共财政形成鲜明对比。战后公共财政的先驱们明确将其与早期"在历史和制度背景下进行的"旧研究区分开来(Musgrave,1959:v)。公共财政一开始就假设最优政策可以由社会规划者实施。这种学说是规范的,而非实证的。它侧重于讨论应该采取什么政策来最大限度地发挥社会福利的功能。

公共财政并未明确将政府主体模拟成理性行为者。这种去机制化的分析方法并未在历史上发挥多少作用。与之相反,公共选择强加了行为对称性。它的预测建立在政客、官员和选民的利己行为基础之上。在 20 世纪80 年代和 90 年代,这种公共选择方法融入主流政治学和经济学,并获得"政治经济学"的标签。①

将政治经济学引入计量史学

诺思以及新制度经济学的影响,对政治经济学融入经济史至关重要。②无论是在他自己的研究中,还是在其担任《经济史杂志》(*Journal of Economic History*)编辑期间,诺思都致力帮助将计量史学的方法引入经济史。之后,从 20 世纪 60 年代末和 70 年代初开始,诺思开始关注制度经济学。最初,他的研究都基于制度有效的假设(North and Thomas,1973)。当他认识到并不一定都是这种情况时,他的注意力就转向了政治经济学(详见North,1981)。

凭借其作为一名重要的计量史学家的地位,诺思在历史著作、公共选择和政治经济学学术领域之间架起桥梁。他的影响并非源自他的著作尤为重视计量方法,而他的著作也并非如此。诺思以一种对更加计量导向型的学

---

① 政治经济学的标签尤其与佩尔森和塔贝里尼(Persson and Tabellini,2000)、阿尔贝托·阿莱西纳(Alberto Alesina)和丹尼·罗德里克(Dani Rodrik)的研究相关。

② 参见迪耶博和豪珀特(Diebolt and Haupert,2018)关于福格尔和诺思对经济史影响的讨论。

者有吸引力的方式构建了自己的观点,并提出可供检验的方法。诺思的研究激发了其他学者在其论点的基础上进行研究,或者对其论点进行挑战。

紧随诺思的脚步,经济史学家对政治经济学议题的兴趣空前高涨。许多研究既实施了诺思学派所强调的"游戏规则",也考虑了政客、精英、选民和官员的利己行为。恩格尔曼和索科洛夫(Engerman and Sokoloff,1944,2000)追踪美洲地区的要素禀赋、制度和不同经济发展之间的联系。史蒂芬·哈伯(Stephen Haber)与其合作者将制度论点应用到拉丁美洲复杂的政治经济环境之中(Haber,1997;Haber et al.,2003)。诺思本人在其整个职业生涯中修订自己的制度框架,最终迭代的版本是诺思等人(North et al.,2009)提出的由自然国家走向权力开放的框架。

第一代研究基于理论与分析叙事的结合(Bates and Lien,1985;Levi,1988;North and Weingast,1989;Greif et al.,1994;Bates et al.,1998)。自对测量殖民制度的影响进行开创性尝试(Acemoglu et al.,2001)以来,这种研究思路就融合了实证研究,以试图识别制度的影响。[1]

工具变量(instrumental variables,IV)和断点回归设计(regression discontinuity design,RDD)这两种研究设计方法已经变得特别有影响力。部分原因是经济史学家很少进行实验,而且常常缺乏双重差分方法(difference-in-differences,DID)所需要的面板数据。

梅丽莎·戴尔(Melissa Dell,2010)对于秘鲁米塔(Peruvian Mita)制度的长期影响的重要研究,普及了断点回归设计方法的使用。近期应用了工具变量方法的论文包括迪派尔(Dippel,2014),他利用历史采矿热潮的数据,构建了美国原住民社区被强制融合的工具变量。

并非所有政治经济学的主题都适合运用因果推断方法。政治中很少有真正外生性的东西,很难获取满足外生性限制的工具变量。政治边界往往

---

[1] 该领域当前的状况受到阿西莫格鲁等人(Acemoglu et al.,2001,2005a)的影响,他们采用诺思的论点,并用创新的实证方法加以计量检验。继阿西莫格鲁等人(Acemoglu et al.,2001)的成功之后,这一方法在增长经济学、发展经济学以及政治经济学相关领域广泛使用。阿西莫格鲁、罗宾逊和他们的合作者还有其他一些重要的出版物,包括阿西莫格鲁等人(Acemoglu et al.,2005b)、阿西莫格鲁(Acemoglu,2006)的著作。

730

是内生的,使断点回归设计变得具有挑战性。因此,研究政治经济学的经济史学家需要采用混合研究方法。形式模型(如分析性叙事传统)、定性证据和描述性计量史学对提高我们对政治和经济的相互作用的理解很有帮助。或许与其他领域相比,在政治经济学中,理解历史背景和数据的生成过程仍然至关重要。

霍夫曼在为经济史协会(Economic History Association)发表主席演讲时,提出"我们仍然不知道是什么决定了各国采用的法律、规定和政策,以及它们提供什么产品和服务……更糟糕的是,我们甚至不理解国家一开始是如何产生的,也不知道它们如何具有了征税的能力"(Hoffman,2015:305)。我将提出一个不同的观点,证明在理解国家诞生和现代福利国家的发展方面已经取得进展。为了证实这一点,下一节就计量史学对政治经济学的主要贡献作专题概述。

731

专题概述

国家的起源

与仁慈的社会规划者最大化社会福利函数的假设相反,政治经济学首先要考虑的是国家的实际情况,也就是说,组织是由构成私人公司的相同个体组成的。政治经济学与以经济作为出发点(将经济视为社会的一个自主部分,可以独立于政治进行分析)的方法不同,它更关注国家与经济之间的相互作用。一个自然的起点是探讨国家的起源。

关于国家兴起的猜测可以追溯到几千年前。尽管有可能始于亚里士多德(Aristotle)或霍布斯(Hobbes),但现代社会科学分析能够追溯到奥本海姆(Oppenheim,1922)和卡内罗(Carneiro,1970)。在经济学中,布伦南和布坎南(Brennan and Buchanan,1980)提出了一个关于收入最大化的利维坦政府的简单模型。这些想法在曼瑟·奥尔森(Mancur Olson,1993)的坐寇(stationary bandit)模型中得到结合。对奥尔森来说,有组织的国家源于暴力和无序。由于每个军阀在抢劫时都不会考虑他所造成的破坏,因此竞争性军阀或流寇（roving bandit）的存在会导致贫困。但是，如果单个盗寇建立了对暴力的垄断地位，那么这样一个坐寇将对他现在"统治"的社会有更全面的兴趣。奥尔森的故事既是一则寓言，又是一个可供预测的模型。

坐寇模型的核心问题是不能强迫流动人口缴税。他们可以搬迁以避免财政压榨。艾伦（Allen，1997）运用这些想法对埃及进行分析。埃及之所以发展成为一个稳定而持久的国家，是因为它的地理位置使统治者很容易把纳税人围拢起来。此区域产生地理界线可能比其他地方更早，这是因为农业先是沿着肥沃的尼罗河谷发展起来的，而包围这片郁郁葱葱农田的是荒凉的沙漠。早期建国带来了稳定，但也可能使普通埃及人的生活变得更糟，因为农业创造的剩余价值可能被政治精英所榨取。

对奥尔森和卡内罗来说，农业是建国的前提条件，因为农业产生了可储存的食物盈余。然而，梅沙尔等人（Mayshar et al.，2017）指出，单靠生产力的缓慢增长不可能产生盈余，因为在马尔萨斯环境中，人口规模会调整从而防止产生如此盈余。只有在产出透明且可存储的条件下，国家才会诞生。梅沙尔等人（Mayshar et al.，2017）比较了埃及和古代美索不达米亚的国家发展模式。尼罗河的农业依赖于洪水，尼罗河的泛滥程度是公开信息，对法老来说它是透明的。因此埃及可以榨取所有盈余。埃及农民是承租的农奴，精英们也依赖于法老。但是，在美索不达米亚，农业生产力尽管对当地精英来说是透明的，但对中央集权国家而言却并不透明；因此，权力往往在城市层级就形成了。与此预测一致，美索不达米亚的国家不如埃及稳定。

城邦和共和国

我们所知道的最早的大型国家是专制政体。魏特夫（Wittfogel，1957）将亚洲大部分地区专制制度的盛行和韧性归因于对灌溉农业的需求。他认为这样的灌溉系统需要强有力的中央集权国家控制。在农业高度依赖河水而非雨水灌溉的地方，可能会出现强大的中央集权政体，譬如埃及、亚述、巴比伦、波斯帝国。魏特夫的最初假设一直遭到广泛批评。最近的实证研究则显示对其的一些支持。本特森等人（Bentzen et al.，2017）发现，灌溉农业更可能与专制统治相关。伊利斯等人（Elis et al.，2018）认为存在有利于参与式民主形成的最佳气候条件。

另外一种专制政治组织是城邦。最著名的城邦是古希腊的城邦（Poleis）。与古代帝国相比，这些城邦是平等的。它们允许各阶层人民实行自治，无论是寡头政治中的富有地主，还是民主国家中的自由男性。

为了理解民主制度是如何在古希腊出现的，弗莱克和汉森（Fleck and Hanssen，2006）建立了一个基于时间不一致问题的模型。根据他们的说法，民主在为民众提供生产性投资机会的时间和地点出现。[①]民主权利确保这些投资不会被统治者或精英剥夺。为何在古希腊出现民主的另一个假设是，生态条件产生了相对平均的收入分配和大量的小农个体。重装步兵军事组织的发展也赋予这些小农权力，并使他们的政治代表权成为必然。在雅典，海军的崛起对于巩固民众的力量至关重要（Kyriazis and Zouboulakis，2004）。

古希腊城邦见证了经济、文化和知识的繁荣（Ober，2015）。但是它们的规模和范围受到限制，无法融入外界，并始终处于敌对状态。城邦间的冲突导致灾难性的伯罗奔尼撒战争（Peloponnesian War）。罗马的崛起导致一个君主制国家的建立，而君主制是随后欧洲国家组织起来进入现代时期的主要方式。

中世纪时期见证了城邦的复兴，尤其是在意大利和低地国家（Pirenne，1925）。像格雷夫（Grief，1998，2006）在热那亚案例中分析的那样，这些城邦逐步发展出旨在限制社会冲突的制度。但是，像古代城邦一样，大多数中世纪城邦的规模也受到限制。

中世纪的城邦通常被视为经济上成功的事例（Cipolla，1976）。它们的制度确实有利于最初的经济增长，但正如斯塔萨维奇（Stasavage，2014）所记载的那样，中世纪城邦的宪法随着时间的推移会变得更加寡头化。当这种情况发生时，城邦享有的增长优势就下降了。斯塔萨维奇使用城市人口作为经济发展的替代指标，发现自治城邦的增长速度并不比其他城市的增长速度更快。独立不到 200 年的城邦发展得更快；然后，在独立 200 年之后，

733

---

① 弗莱克和汉森（Fleck and Hanssen，2013）讨论了集权制度——稳定的集权统治——如何帮助铺平民主化道路。

它们比其他城市增长得更慢。

斯塔萨维奇用阿西莫格鲁(Acemoglu，2008)提出的寡头政治模型解释这一点。在这种模型下，寡头社会代表生产者的利益，因此它们必然会保护产权并收取低税。但是，它们也设置进入壁垒，从长远来看可能导致增长缓慢。相比之下，民主国家征收更高的税，重新分配得更多，但也倾向于允许自由进入市场。因此，寡头社会往往会经历最初的快速增长，然后停滞不前。

威尼斯是经历这个过程的一个例子，威尼斯的贸易繁荣使商人在政治上变得强大。他们在 1032 年结束了世袭的总督统治，成立选举政府，并在1172 年成立大议会以进一步限制行政权力。普加和特雷弗勒(Puga and Trefler，2014)对议会成员的姓氏进行追踪，结果表明进出议会的人员的流动性很大，这表明政治精英的成员是流动的。但是，这种流动性对资深商人的利润构成威胁。这导致一段被称为"塞拉塔"(Serrata，意为"闭关锁国")的时期，在这段时期，资深商人利用其在议会中的权力通过法律条例来关闭市场入口。1297 年的一项法律限制了新成员加入议会，而 1323 年的一项法律则限制了对长途贸易领域的进入。这与总体趋势相吻合：城邦与令人印象深刻但转瞬即逝的繁荣联系在一起。

中世纪国家与封建制度

除了大型帝国或城邦，还有领土国家。胡宁和沃尔(Huning and Wahl，2016)认为，更多可观察到的农业产出与更大领土国家的出现有关。他们使用神圣罗马帝国的例子测试该模型，发现可观测性越高，领土国家就更大且持续时间更长。

在中世纪的欧洲出现的较大领土国家都是封建制的。封建制度在经济史学家中声誉不佳。它代表强制力量的扩散，以至于某些历史学家否认封建政体是"国家"(Strayer，1965)。布莱兹和沙内(Blaydes and Chaney，2013)发现，封建制度使西欧政治更加稳定。在封建制度下，统治者依靠强大的贵族提供军事支持，作为回报，他们给予这些贵族特权和政治权力。这些协议帮助巩固西欧新生的政体。布莱兹和沙内(Blaydes and Chaney，2013)发现，基督教统治者和穆斯林统治者的统治时期在公元 900 年之后存

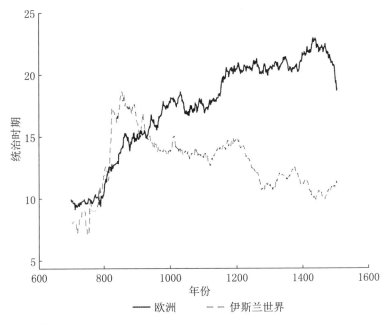

资料来源：Blaydes and Chaney，2013。

图 3.1　欧洲和伊斯兰世界的统治者统治时间的 100 年移动平均值

在分流，而前者的统治时间更长（图 3.1）。

随着欧洲君主制的逐渐稳定，更多的经济机遇和对行政部门的限制出现了。这种更加稳定的环境促进了城市化和商业革命。封建制度确保君主的权力滥用具有有限性。政治精英们拥有强大的军事力量，可以对抗专横的君主（Blaydes and Chaney，2013）。也许最著名的例子是英国贵族有能力强迫约翰王签署《大宪章》（Koyama，2016）。

索尔特和扬（Salter and Young，2018）认为中世纪的政体之所以成功，是因为它们将拥有土地的精英阶层的动机统一起来了。中世纪社会的政治权利与产权捆绑在一起。根据这种观点，中世纪的领主们被激励去追求有利于发展的政策，因为他们拥有自己的经济财产权。与中央集权帝国的总督或被任命的州长不同，他们有权与他们的君主讨价还价并追究其责任。

对于布莱兹和沙内（Blaydes and Chaney，2013）而言，封建主义的兴起对欧洲与中东之间的分流产生了影响。与西欧相反，伊斯兰国家开始依赖奴隶士兵，地主则疏远了政治权力。因此，在这两个地区的人均收入出现差异

734

之前,政治稳定水平已经出现数百年的差异(Blaydes,2017)。

阿查里雅和李(Acharya and Lee,2018)指出经济发展在欧洲国家体系形成中的作用。他们认为,当贸易和商业不发达时,治理的价值就低,领土国家就没有出现的动机。在这种世界将会有零星的国家权威体,但没有领土国家。当存在重叠的市场保护时,领土国家才会出现。

强制劳动

封建社会依靠强制劳动。诺思和托马斯(North and Thomas,1971)假设农奴制的兴起是对中世纪早期特征性频繁的冲突和入侵的一种半自主的制度反应。多马尔(Domar,1970)认为农奴制出现在劳动力稀缺的地方和时期。这一预测可以帮助解释农奴制在中世纪早期的欧洲和1600年后的东欧出现。布伦纳(Brenner,1976)指出,纯粹的人口统计学模型不足以解释黑死病之后西欧农奴制的衰落。这种现象需要研究政治权力和阶级关系。用马克思主义术语来说,劳动力短缺提高了劳动者讨价还价的能力,从而导致了过剩开采的危机。

这些解释是可以调和的。沃利茨基和阿西莫格鲁(Wolitzky and Acemoglu,2011)建立了一个委托代理模型来研究劳动力稀缺性、外部选择权和劳动强制性之间的关系。在这种框架下,强制和努力是互补的。因此,在劳动力稀缺的情况下,有更大的动机来实行强制手段。但是,劳动力稀缺也改善了工人的外部选择,这降低了使用强制手段的动机。

强制劳动的经济后果是什么?克莱因和奥格尔维(Klein and Ogilvie,2016)研究了早期现代的波希米亚,用以说明强制性劳动力市场制度是如何形成经济激励的。特别是在农奴制下,地主压制了他们无法从中获取租金的活动。在靠近市中心的地方,地主更有可能对劳动力实行强制性限制。这些发现表明,地主强迫中欧和东欧劳动力的力量有助于解释在工业革命之前的几个世纪中,与西欧相比,这些地区的经济相对落后。

农奴制在东欧一直持续到19世纪。即使在工业革命时期的英国,主仆法仍被用来维持低工资(Naidu and Yuchtman,2013)。阿什拉夫等人(Ashraf et al.,2017)从土地所有者面临的经济激励方面解释了19世纪初普鲁士农奴制的衰落。他们假设,随着熟练劳动力在生产过程中变得越来越重要,精英阶层有动机解放农奴以鼓励他们投资于基础广泛的人力资本。他们使用有关 19 世纪普鲁士郡县级解放的数据为这一假设找到实证支持。

冲突与共识

政治涉及对资源的竞争。经济学将效率视为其核心关注点。资源分配是由价格机制根据其最高价值的用途来决定的。政治经济学关注在没有价格和政治权力存在的情况下的资源分配。奥格尔维(Ogilvie,2007)讨论了对政治权力的关注如何削弱无论存在任何制度都是有效的这一结论。制度源于资源的社会政治冲突,而政治上科斯定理(Coase theorem)的缺失意味着冲突常常导致效率低下(Acemoglu,2003)。现有制度不一定是高效的。[①]

由拥有政治权力的人塑造的制度可能不利于经济增长。政治权力的重要性可以解释经济史学家对于理解限制统治者权力并代表非精英利益的制度的关注。在欧洲历史上,这类制度中最重要的是出现于 12 世纪和 13 世纪的议会。

德隆和施莱费尔(De Long and Shleifer,1993)提供的证据表明,代议制的出现与中世纪欧洲的经济增长有关。范赞登(Van Zanden et al.,2012)衡量了整个欧洲议会或议会举行会议的频率。他们记录了议会的兴起和传播,以及 1500 年之后议会在英格兰和荷兰以外地区的衰落。其基本论点是议会使商人和资本所有者能够限制统治者或地主精英的掠夺。

尽管议会包含统治者,但最近的研究强调,议会从统治者所称的理事会中脱颖而出(Congleton,2010)。统治者认识到,议会可以提高其增加税收和使其统治合法化的能力。布科亚尼斯(Boucoyannis,2015)讨论了英国国王——如爱德华一世,是如何用权力强制(代表们)出席议会来确保它是一个代议机构的。这种观点表明,议会既能推动也能限制前现代国家。

---

① 关于制度的相反观点,请参见道格·艾伦(Doug Allen,2011)或彼得·利森(Peter Leeson,2017)。我对他们的论点的理解是,现有的权力关系应被视为约束集。因此,相对于适当定义的约束集,现有制度可以被认为是有效的。

利昂（Leon，2018）提供了一个补充假设，他认为中世纪英格兰精英阶层的逐渐扩展有助于为和平过渡到民主奠定条件。他开发了一种模型，国王在这种模型中扩大了精英阶层的规模，以获得相较于贵族更多的支持。一旦这些精英的数量达到一定规模，国王用权利补偿他们而非直接支付的成本就变得更低，这种方式使得代议制度崛起并得到自我强化。

代议制必然对经济发展有利的观点受到挑战。以波兰和符腾堡为例，奥格尔维和卡勒斯（Ogilvie and Carus，2014）认为，仅代表土地利益的议会常常以牺牲基础广泛的经济增长为代价授予精英合法垄断权。他们认为，由于既定商业利益的根深蒂固，荷兰共和国也在1670年以后停滞不前。

那么，议会在什么情况下可能会产生有利于发展经济的条件呢？阿西莫格鲁等人（Acemoglu et al.，2005b）研究了大西洋贸易的兴起如何与西北欧的制度发展相互影响。根据这一论点，1500年以后开放的贸易和商业机会加强了英格兰和荷兰共和国等不太强大的国家中新生的商人阶级，当然也加强了西班牙和葡萄牙的专制君主的地位。[1]

考克斯（Cox，2017b）提出另一个视角，他认为独立的城邦和国民议会共同提供经济自由，从而在前现代时期释放出更快的城市增长。在1100年之前，城市间的增长率是不相关的，但是在1100年之后，西欧（而不是其他地区）的城市间增长率开始出现同步增长。换句话说，经济自由促进了增长集群。考克斯认为，政治分裂可能导致竞争压力，这可能迫使统治者对商业和贸易征收较低的税率。他指出，在代表商人的议会存在的情况下，政治分裂的影响是最大的。但是，是什么因素导致商人在议会中有代表权呢？又是什么保证商人不利用他们的权力来设置准入障碍呢？

战事

军事竞争在确保制度创新和开放方面发挥了重要作用。像波兰和符腾堡这样的国家为经济发展设置了障碍，并且没有投资于国家建设事业，最终被其竞争对手所取代。

---

[1]　经济史学家正确地批评了关于西班牙和法国由权力过大的专制君主统治的刻画和描绘已经过时。但这项研究展示了历史数据的许多可能性。

欣策(Hintze，1906)和蒂利(Tilly，1975，1990)强调战争在国家形成中的作用。经济史学家已经表明，频繁的战争导致对国家能力的投资以及对军事技术的改进。霍夫曼(Hoffman，2011，2015)记录了1500年之后技术创新如何降低西欧枪支和大炮的单位成本。在工业革命之前的时期，军事部门是欧洲经济中最具创新力的部门之一。特别是手枪变得更加有效和便宜，这降低了使用暴力的成本。

需要从理论视角理解为什么战争在某些情况下会促进国家发展而在另一些情况下会导致国家崩溃。真纳约利和沃斯(Gennaioli and Voth，2015)建立了一个模型，该模型整合了军事革命文献中的见解(Parker，1976，1988)。在他们的模型中，对财政能力进行投资的动机取决于一个国家击败其对手的可能性。军事竞争的加剧促使一些(最初更加同质化的)国家对其财政系统标准化进行投资的动机，以便投资于资本更密集的战争手段。但是其他国家(最初可能更多样化，因此集权成本更高)可能不认为这样做是值得的，因此可能会在这场激烈的军事竞争中以失败告终。这种模型与以下观察一致：军事竞争的压力导致最先进和中央集权的欧洲国家在国家能力方面投资更多，同时也导致其他国家的毁灭。

在欧洲最发达的国家中，战争与国家建设是同时进行的。激烈的军事竞争在解释欧洲经济发展模式方面扮演了什么角色？丁塞科和普拉多(Dincecco and Prado，2012)估计了财政能力对现代发展的影响。用前现代战争中的伤亡作为衡量财政能力的工具，他们认为这种关系反映了前现代财政创新对当前财政制度的影响，而这些当前制度对经济增长产生了积极影响。

另一个可能的渠道是城市化。丁塞科和奥诺拉托(Dincecco and Onorato，2016)认为，中世纪和早期现代欧洲的频繁战争导致城市化和经济发展。城市充当冲突中的避风港角色。一个世纪以来，冲突暴露与6%—11%的城市人口增长有关。丁塞科和奥诺拉托(Dincecco and Onorato，2017)认为这种影响一直存在，并解释了当今欧洲经济发展的区域水平的差异。

但是，其他作者则抵制这种好战的假设。其一，频繁的战争并没有促进世界其他地区的城市化和经济发展，也没有促进世界其他地区更具包容性的制度的兴起(Centeno,1997)。其二,当人口密度低时,战争可能会促进奴隶袭击,而不是建立国家(Herbst,2000)。仅仅用战争来解释似乎是不够的。

政治分裂和政治集中化的模式

军事集约化导致欧洲对财政能力进行投资的原因之一是竞争性欧洲国家体系(图3.2)。那么,如何解释这个竞争性国家体系呢?①

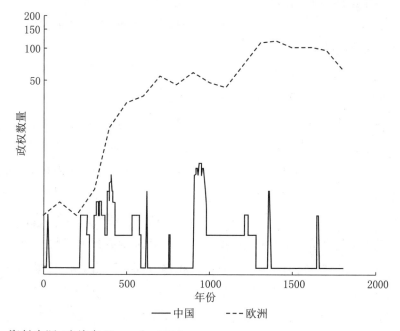

资料来源:改编自 Ko et al.,2018。

图 3.2 公元 0—1800 年中国和欧洲的政权数

地理是一个重要因素。戴蒙德(Diamond,1997)提供了地理假设说明为什么欧洲在政治上倾向于分裂,而中国倾向于统一。欧洲的山脉和断裂的海岸线加剧其碎片化。霍夫曼(Hoffman,2015)批评了这一假设,理由是中国比西欧有更多而不是更少的山。最近的研究确实表明,欧洲的地理环境

---

① 一篇可以追溯到孟德斯鸠(Montesquieu)和休谟(Hume)的文献认为,欧洲的政治分裂是其最终崛起和现代经济增长的关键(Baechler,1975;Jones,1981;Hall,1985;Rosenberg and Birdzell,1986)。

有助于解释其政治分裂（Fernandez-Villaverde et al.，2019）。

当然，地理因素与政治经济的考量交织在一起。高超禹等人（Ko et al.，2018）的研究建立在中亚历史学家和国家规模理论模型的研究基础之上（如Alesina and Spolaore，1997）。他们认为，与中国相比，欧洲面临来自多个方向的入侵威胁，阻碍了欧洲范围内单一霸权的发展。相反，中国面临来自游牧草原的单一威胁。结果是，纵观中国历史，一个强大的政权往往出现在中国北方，而这个政权往往足够强大以至于统治整个中国。高超禹等人（Ko et al.，2018）结合历史证据和游牧民族入侵对中国政治集权影响的时间序列分析来检验他们的模型。

政治分裂的后果如何？卡拉亚尔辛（Karayalcin，2008）引入一个模型，该模型预测了分裂会导致欧洲税收降低。然而，这不是我们观察到的。中世纪晚期和早期现代欧洲的税收要高于奥斯曼帝国或中国。高超禹等人（Ko et al.，2018）表明，为了降低叛乱的可能性，征收相对较低的税收可能会更符合大帝国统治者的利益，但在竞争性国家体系中，这种动机是不存在的或者说弱得多。

研究发现，政治分裂并不是欧洲经济发展的一个明确的积极因素。它施加了静态成本，并导致贸易壁垒的增加，以及对军事力量的过度投资，而军事力量本身就是导致内战的一个原因。在这方面，像中国清朝这样的更加中央集权的帝国为斯密型经济发展（Smithian economic growth）提供了潜在的、更富有成效的环境［如王国斌（Bin Wong，1997）以及罗森塔尔和王国斌（Rosenthal and Wong，2011）所论证的］。但是，政治分裂和竞争也带来重要的动态利益。

国家财政

与战争相关的制度创新的一个例子发生在国家财政领域中。意大利城邦之间几乎一直处于战争状态。威尼斯和佛罗伦萨开创了如公共债务这样制度创新的先河，这使它们能够与更大的国家竞争，并筹集更多的收入来支付自己的雇佣军。佛罗伦萨在 14 世纪的年收入在 25 万—35 万弗罗林 * 之

---

* 英国旧时所使用的一种货币。——译者注

间,但历史学家估计,1375—1378年佛罗伦萨与罗马教皇之间的三年战争所产生的直接损失超过250万弗罗林(Caferro,2008)。为了弥补这一不足,意大利城邦制定了非个人公共债务体系和永久性税收制度(Epstein,2000)。

爱泼斯坦(Epstein,2000)证明,整个中世纪晚期和早期现代时期,城邦和共和国支付的债务利息少于领土君主制国家。斯塔萨维奇(Stasavage,2011,2016)表明,代议制机构使城邦能够更早地以较低的成本进行借款。在城邦,资本持有人在政府中有代表,以确保偿还的承诺是可信的。图3.3摘自斯塔萨维奇(Stasavage,2011),与这一论点是一致的(另见Chilosi,2014)。只有在17世纪,较大的国家——首先是荷兰共和国,然后是英格兰,才发展出一些机构,例如阿姆斯特丹银行和英格兰银行,这些机构复制了较小城邦的成功(参见"光荣革命"一节)。

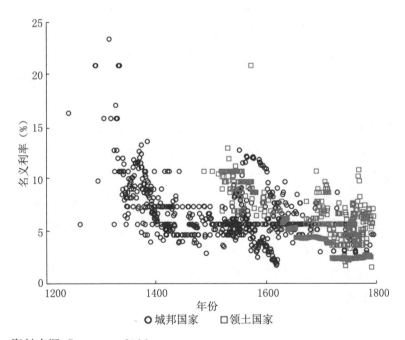

资料来源:Stasavage,2016。

图3.3 城邦国家和领土国家的利率

宗教

尽管宗教在韦伯(Weber,1922,1930)和托尼(Tawney,1926)的研究中

占有重要地位，但一直被计量史学家们所忽视，直到最近才有所改善。有一篇近代文献特别关注宗教与政治经济学的交叉。

库兰（Kuran，2010）提请人们注意伊斯兰教在塑造中东经济机会中所发挥的重要作用。他表明，伊斯兰教为中东国家的法律和政治注入了重要的影响，从而形成独立于国家的长期商业组织和公司机构，比如大学。最近对宗教改革的研究已经从研究宗教变革对经济增长的直接影响转向讨论宗教改革的制度后果（参见 Becker et al.，2016；Cantoni et al.，2018）。

宗教研究与政治经济学最为重叠的领域是教会与国家之间的关系。纵观整个历史，宗教在使政治权威合法化方面发挥了关键作用（Coşgel et al.，2012；Greif and Rubin，2015；Rubin，2017）。例如，科斯格尔和米塞利（Coşgel and Miceli，2009）开发了一个模型，该模型可以说明宗教权威如何降低政治权威的税收成本，其逻辑可以应用于许多场合。

沙内（Chaney，2013）利用中世纪埃及尼罗河的涨落变化来探索宗教和世俗权威之间的关系。他发现尼罗河的冲击 * 提升了宗教领袖的政治权力。尼罗河的冲击会导致巨大的潜在动荡，这提高了宗教权威对世俗领袖的讨价还价能力。忽视宗教就意味着无法理解前现代政治经济学的许多方面。在最近的一篇文章中，科斯格尔等人（Coşgel et al.，2018）汇编了一个可以追溯到公元 1000 年的国家宗教数据集，对于研究这些问题的学者来说这个数据集将被证明是有用的。

鲁宾（Rubin，2017）在这些论点的基础上，发展出对 1500 年以后西北欧和中东之间出现的分歧的新颖描述。宗教使中东政治权威合法化的更大权力限制了制度的发展和对诸如印刷机之类的新技术的采用。然而，欧洲西北部宗教权威的相对薄弱推动了制度的发展，这些发展有助于限制政府并为持续增长提供制度前提。

最后，约翰逊和小山（Johnson and Koyama，2019）考察了从中世纪到20 世纪宗教自由的兴起。鉴于宗教在提供政治合法性和执行制度安排方面的中心地位，他们认为宗教对前现代政体的重要性意味着完全的宗教自由是不可想象的。他们提醒人们注意前现代国家用于处理宗教多样性的各种

---

* 即尼罗河的年度水位显著高于或低于其最优水位。——译者注

制度安排,并指出其经济成本以及由此产生的"有条件的容忍"的脆弱性。总之,在研究前现代国家的政治经济学时,宗教不容忽视。

国家能力

742

国家能力是指国家执行产权、执行政策和提供公共产品的能力(Besley and Persson, 2011；Johnson and Koyama, 2017)。它可以分解为行政能力、法律能力和财政能力。其中一项挑战是如何获得对这些概念的精准测量,目前我们已有一些欧洲国家 1650 年以后的财政数据(Dincecco, 2009；Karaman and Pamuk, 2013),但是我们缺乏测量国家行为其他方面的可比指标。

前工业国家通常规模小,而且在财政上和法律上都是分散的。财政上分散的政权遭受地方税务"搭便车"的困扰。因此,财政集中化使各州能够增加收入,从而常常对市场扩张和劳动分工起到补充作用。这使得负责任的政府更容易遵从稳健的财政政策,从而降低信贷风险。但是,统治者总是有可能将新资金浪费在鲁莽的战争上。因此,只有将对政府自由裁量权的限制与中央财政制度相结合,才能使国家以较低的成本借贷。

财政集权伴随着法律集权。法国旧政权在法律上是零散的:习惯法以及罗马法和教会法的解释因地而异。17—18 世纪,人们努力实现某种法律集中化。约翰逊和小山(Johnson and Koyama, 2014b)的记录显示,法律集中化和对国家能力的投资是如何伴随着巫术审判的减少而来的,在巫术审判中,获得定罪需要背离标准的法律程序。克雷特兹等人(Crettez et al., 2019)在允许每个地区选择自己特有的法律体系与实行法律集中化之间的权衡取舍的情况下,模拟了从法律分权到法律集中的过渡。前者允许一个地区采用更接近其居民偏好的规则,后者则消除区域间的法律差异。他们应用这个模型来解释为什么法国大革命伴随着向法律集中化方向的急剧发展。

在欧洲历史上,中央财政制度的建立相对较晚。大多数欧洲国家在 1800 年以后才实现财政中央集权和有限政府。丁塞科(Dincecco, 2009)将法国和荷兰中央集权税制的建立追溯到法国大革命时期。荷兰直到 1848 年以后,法国直到 1870 年以后,以及西班牙直到 1876 年以后才建立中央集权和有限政府。只有在欧洲国家建立中央集权税制和有限政府之后,公债的收益率才会下降。

这一说法与卡拉曼和帕穆克(Karaman and Pamuk，2013)提供的数据一致，这些数据描述了 1700 年以后英国、法国、荷兰共和国、普鲁士和哈布斯堡奥地利的财政能力显著增长，但奥斯曼帝国、波兰-立陶宛、俄国或瑞典的财政能力却没有相应增长。这种国家能力的增长在很大程度上与国家间冲突的加剧有关。卡拉曼和帕穆克(Karaman and Pamuk，2013)发现，在拥有代议制机构(如议会)的国家，财政能力的增长最为显著。相反，在专制国家中，正式的税收收入较低。奥斯曼帝国和中国清朝就是如此。由于经济增长和对国家能力以及军事技术的投资，到 19 世纪中期，西欧国家与亚洲国家之间出现了巨大的国家实力差距。

为什么亚洲国家不能跟上西欧的步伐？财政中央集权在欧洲是一个渐进的过程。国家税收来源于私人税收农业。税农组织起来是为了约束和限制那些在有收入需要时产生征税动机的君主(Johnson，2006；Johnson and Koyama，2014a)。巴拉和约翰逊(Balla and Johnson，2009)讨论了奥斯曼帝国税农组织的无能如何意味着他们无法约束奥斯曼国家。为了解释为什么中国清朝税率偏低，孙传炜(Sng，2014)认为，严重的委托代理问题意味着征税人可能侵吞税收并勒索纳税人。作为回应，统治者必须保持低税率，以最小化反抗的威胁。马和鲁宾(Ma and Rubin，2019)在这一论点的基础上，强调了专制君主在面对他们自己的税务官时所面临的承诺问题。在危机或战争时期，专制规则无法令人信服地承诺不征收税务官和行政人员的财产。克服此问题的一种方法是向收税人支付极低的正式工资，同时通过不投资监控技术来对征税人的私征行为视而不见。这就导致一个平衡，即中央政府征收的正式税收低而非正式腐败较高。而这阻碍了对行政管理能力的投资。

是什么导致 1800 年以后中国清朝在应对新的政治威胁方面的相对失败？正如马和鲁宾(Ma and Rubin，2019)讨论的那样，国家是否投资于财政能力是一项政治决策。小山等人(Koyama et al.，2017)研究了 1850 年以后东亚国家发展的模式。他们检验了为什么日本在 1850 年以后受到西方列强的地缘政治威胁后开始进行政治集权化和改革，而为什么同时期中国的政治权力分散，现代化努力也失败了。他们指出，地域规模限制了政治行动者的选择。

总而言之,最近的经济史研究极大地提高了我们对前工业化国家政治经济学的理解。这是一系列研究的结果,这些研究借鉴了经济学家、政治学家和历史学家的研究成果,因此我们对政权类型的决定因素和最终结果有了更好的解释。关于政治集权和政治分裂的原因和后果,我们也有了新的理论。我们对前现代时期宗教权威与世俗权威之间关系的理解也有了极大提升。下一节将讨论政治经济学的几个重要研究领域。

案例研究

光荣革命

一个重要的研究案例是工业革命前几个世纪的英国。光荣革命代表了英国制度史上一个被广泛研究的关键时刻(North and Weingast, 1989; Pincus, 2009; Pincus and Robinson, 2014; Acemoglu and Robinson, 2012)。它使英格兰卷入一场对抗法国的全球战争,并促成 1694 年英格兰银行的成立。通过使英格兰成为君主立宪制国家,它奠定了政党体系和内阁政府的基础(Stasavage, 2002, 2003; Cox, 2016)。

744

这种制度转变的根源可以追溯到英国历史。一个关键时刻是英国内战(1642—1651 年)。基于布伦纳(Brenner, 1993)提出的关于商人在第一次英国革命中所扮演的角色的假设,贾阿(Jha, 2015)使用关于国会议员个人层面的新数据,来探索海外新兴的经济机会如何有助于形成有利于限制王权的联盟。他发现,在海外贸易中拥有经济利益的国会议员更有可能在与王室发生冲突时支持议会。股份使非商人群体(即国会议员)和商人们的利益保持一致,否则前者将缺乏接触利润丰厚的交易的机会,因此会面临海外征收的风险。拥有海外贸易的股权使非商人群体改变了看法,这有助于确保议会对改革者的支持。

财政中央集权也始于光荣革命之前。之前"受统一监督或指导的官僚机构大杂烩"(Brewer, 1988:91)和私人包税制在英国内战期间开始改变。议会提高了包括消费税在内的新税收,为一支新的职业化陆军和海军提供资金支持(O'Brien,2011)。尽管在17世纪60年代,税收和支出下降了,但关于如何使英格兰财政系统现代化的经验教训已被吸取。之后海关的包税和消费税慢慢被废除,财政部也被赋予对收入的监督权(Johnson and Koyama,2014a)。

然而,1688年以后的税收增加很重要。当时英国更多地依赖由专业官僚机构征收的间接税——特别是消费税。关税、消费税和土地税占收入的90%。从1720年起,这些收入使英国政府确保以低利率承担其债务,这是现代国家形成的一个关键发展。

国家管理的其他方面仍然受到庇护和任人唯亲的影响。考克斯(Cox,2017a)强调公费名录在汉诺威王朝政治经济中的重要性。1689年以后,虽然议会控制了税收和军事预算,但公务职位仍由王室控制。这导致承诺问题。由于国会议员对公务部门没有控制权,他们不愿为其提供资金,这阻碍了民政官僚体系的发展。直到1831年,改革才随着《内务开支法案》(Civil List Act)到来,该法案确立了议会对公共预算的完全控制权,并使国家投资于现代官僚体系变得可行。

诺思和温格斯特(North and Weingast,1989)认为,1688年以后,英国君主偿还债务的信誉转化为总体上更安全的产权。尽管这一主张未能经受住随后的审查,但在其他方面,1688年之后的制度质量还是有所改善。为了开发新的投资机会,重新安排财产权变得更加容易。议会成为一个讨论场所,可以将土地重新分配到更有生产力的用途(Bogart and Richardson,2009,2011)。因此,对公路和内河运输的投资大为改善,对随后的经济增长产生了重要影响(Bogart,2011)。在光荣革命之前,遗产法案经常因政治冲突而失败。迪米特鲁克(Dimitruk,2018)发现,1688年以后的政治和宪法变革解决或改变了政府中许多冲突的性质。在国王开始依赖议会之后,议会突然关闭的可能性就降低了。

英国的案例研究之所以具有启发性,是因为它指出做严肃历史研究的重要性,而不像经济学许多领域所常见的一样,依赖制度质量的替代指标。例如,根据标准衡量,1689—1830年,英国的制度质量是稳定的。例如,马登和穆尔廷(Maden and Murtin,2017)声称,制度并没有推动英国的增长,因为在此期间它们没有变化。但是这个结论是毫无根据的,这正是经济史学家发

102

现实际制度绩效显著改善的时期。

利益集团继续推动寻租的立法,并阻止潜在有成效的改进。诺思等人 (North et al.,2009)使用"开放通路"(open access)这一术语来描述现代自由 经济市场,进入这一市场不受政治精英的控制。18世纪的英国尚未成为开 放进入型经济体的一个迹象是政党对基础设施投资产生了影响。博加特 (Bogart,2018)发现辉格党统治时期与生产性基础设施的投资有关,特别是 对河流项目的投资。

随着时间的推移,议会确实减少了寻租活动。18世纪早期的议会以贪 污著称,通过了许多有利于特殊利益的法案,却牺牲了更多公众的利益,其 中最著名的是1721年的《印花布法案》(Calico Acts)。国会议员被认为关注 自己的物质利益,并追求在现代看来像是腐败和唯利是图的东西(Root, 1991)。在18世纪的整个过程中,这种情况发生了变化。莫基尔和奈 (Mokyr and Nye,2007:58)指出:"然而,重新分配的行为开始失去吸引力。 随着18世纪的推移,许多特殊利益集团在立法特权、垄断、排外、限制劳动 力流动、职业选择和技术创新方面都发现自己处于守势。"

考虑一下埃德蒙·伯克(Edmund Burke)担任布里斯托国会议员的立 场。布里斯托曾是一个港口城市,受益于重商主义政策,特别是对爱尔兰商 品的关税保护。然而,在1778年,伯克主张支持与爱尔兰进行自由贸易。 这项议案取得了成功,但伯克遭到其选民的攻击。他不愿被其富裕的选民 收买,而是主张他所相信的有利于整个国家的政策(详见Prior,1878)。

对于这个制度变迁的过程,我们可以通过奥尔森对分散式寻租和集中式 寻租的区分来理解。英国从分散式寻租转向集中式寻租(Ekelund and Tolli-son,1981)。这与议会中大量的租金竞争有关,但同时也消除或简化了当地 的寻租活动。到19世纪,整个英国经济的增长显然是精英们获得物质利益 和保持自身地位的最可靠途径。英国的地主精英并没有被取代,他们从商 业化经济的增长中受益。

一个尚未受到计量史学家关注的重要历史话题是1815年之后财政-军 事国家的紧缩开支。尽管奥布莱恩(O'Brien,2011)、弗里斯(Vries, 2015)和阿什沃思(Ashworth,2017)等作者对英国政府推行的重商主义政 策的经济利益提出了强有力的主张——经济增长最强劲且普通工人的实际

746

工资获得实质性增长的时期,正是皮尔(Peel)和格莱斯顿(Gladstone)废除财政-军事国家的时期,格莱斯顿在减轻国家财政负担方面取得了显著的成功;但这段英国历史还是没有像1815年之前的时期那样受到经济史学家们的关注。

帝国的政治经济学

对帝国经济成本的关注可以追溯到亚当·斯密,他是英帝国主义的尖锐批评者。大量的学术研究探究了殖民帝国的成本和收益。受马克思主义或世界体系理论影响的历史学家在解释欧洲和北美的持续经济增长时,都对帝国主义给予了巨大的解释权重。

但是,这项研究主要基于印象主义的证据,以及霍布森-列宁的理论。毫无疑问,大西洋和殖民贸易促进了城市化和经济增长,特别是在布里斯托、利物浦、波尔多和格拉斯哥等城市。但这些说法很容易忽视国内贸易相较于国际贸易的重要性。与帝国外围的贸易占 GDP 的比例很小(O'Brien,1982)。帝国主义是古老的,持续经济增长并非如此。此外,海外帝国的发展,首先是亚洲,然后是巴西,并没有促进葡萄牙的工业化。西班牙被其帝国鼎盛时期获得的大量白银所"诅咒"(Drelichman,2005)。[①]

然而,以英国为例,奥布莱恩和埃斯科苏拉(O'Brien and Escosura,1998)认为,"以殖民主义和与欧洲以外大陆的贸易为主导的重商主义政策和重商主义环境"对英国长期经济运行的成功是重要的,但不一定是至关重要的。由于这一论点不能依赖于贸易在 GDP 中所占的份额(奥布莱恩本人认为这一份额很小),它取决于海外市场作为英国产品需求来源的重要性,以及与大西洋贸易关系相关的日益增长的回报。例如,艾伦(Allen,2009)指出殖民在提高英国工资方面的作用,特别是在像伦敦这样的贸易中心。如此高的实际工资为节省劳动力的技术变革提供了动力。芬德利和奥罗克(Findlay and O'Rourke,2007)也证明殖民贸易在英国工业革命中起着

747

[①] 例如,注意有关西班牙经济的最新研究指出了这些国内因素,如缺乏一体化的市场或标准化的财政体系(Grafe,2012;Álvarez Nogal and de la Escosura,2013)。麦克洛斯基(McCloskey,2010)巧妙地驳回了许多关于帝国对欧洲增长起源重要性的大胆主张。

至关重要的作用。但是,如果没有模型或明确的理论,几乎不可能量化这些外部利益或联系。因此,这是一个需要进一步研究的课题。

相比之下,殖民制度对殖民地国家的影响是至关重要的。这是因为它不仅改变了殖民地国家的经济,而且也改变了它们的政治经济。在索科洛夫和恩格尔曼(Sokoloff and Engerman,2000)及阿西莫格鲁等人(Acemoglu et al.,2001)的基础上,大量文献发现,榨取式殖民制度可以解释当今发展中国家的持续贫困。阿西莫格鲁等人(Acemoglu et al.,2001,2002)认为殖民地时期见证了经济命运的逆转。美洲和非洲最发达的地区引起欧洲殖民列强的注意,因此,到1900年,它们成为世界上最不发达的地区之一。

纳恩(Nunn,2008)在一项开创性贡献中表明,跨大西洋的奴隶贸易对非洲的经济发展造成了持久的负面影响。奴隶贸易还降低了人口密度,阻碍了国家的形成,并留下了不信任的后果(Nunn and Wantchekon,2011)。其他研究发现刚果殖民地橡胶行业有着长期的负面影响(Lowes and Montero,2018)。在殖民帝国也有一些投资,主要是以铁路的形式进行(见Jedwab and Moradi,2016)。但总的来说,帝国的重担是由被殖民者承担的(见 Huillery,2014)。

殖民统治对非洲社会的影响不应使人们相信,在欧洲人到来之前,非洲是一张白纸。真纳约利和雷纳(Gennaioli and Rainer,2007)以及米哈洛普洛斯和帕帕约安努(Michalopoulos and Papaioannou,2013,2016)指出前殖民地时期非洲国家的重要性。米哈洛普洛斯和帕帕约安努(Michalopoulos and Papaioannou,2013)利用光密度衡量发现,前殖民制度的复杂性与经济发展有关。这证实了政治学家的假设,即历史上的国家地位对于解释当今现状至关重要。[①]

殖民地时期印度的政治经济也受到计量史学的仔细观察。班纳吉和伊耶(Banerjee and Iyer,2005)发现,在英国统治者的统治下,获得土地所有权的地主在后殖民地时期是不平等的,他们在发展和公共产品上的花费更少,

---

① 这让人们不禁疑问,是什么决定了前殖民地时期非洲国家发展的模式。根据芬斯克(Fenske,2014)的研究,前殖民地时期的非洲国家在更加生态多样化的环境中崛起,在这样的环境中,贸易的回报也更大。

并且在贫困的减少上也做得更少。伊耶（Iyer，2010）利用英国的殖民政策，即将没有自然继承人的本土国家统治者的领土并入大英帝国，从而产生印度国家接受直接或间接殖民统治的外生差异。她发现，英国的直接统治与后殖民地时期的公共物品供应减少有关：学校、医疗中心和道路的可用性较低。这转化为更高的贫困水平和婴儿死亡率。同时，英国铁路投资在降低印度殖民地的贸易成本和提高收入方面发挥了至关重要的作用（Donaldson，2018），并减少了饥荒的发生率（Burgess and Donaldson，2017）。

748

在印度，殖民统治的影响与先前存在的国家结构以及政治和社会权力的分配相互影响。乔杜里（Chaudhary，2009）发现，英属印度的初等教育在宗教多样化和种姓差异大的地区特别低。乔杜里和鲁宾（Chaudhary and Rubin，2016）发现，伊斯兰国家的识字率低于印度教国家。他们在一个模型的背景下解释这一发现，在该模型中，当有更大比例的人口是同一宗教信仰者时，统治者有更大的动机提供公共物品。

除了对帝国主义、国家和经济增长的讨论外，欧美帝国政治经济的其他方面也受到计量史学家的仔细观察。米奇纳和魏登米尔（Mitchener and Weidenmier，2005）提供的证据表明，处在拉丁美洲的美利坚隐形帝国，与1904年西奥多·罗斯福（Theodore Roosevelt）提出的"门罗主义推论"相关，其带来了经济利益，这反映在拉丁美洲主权债券的价格上。罗斯福使美国要干预南美的威胁变得可信。他们认为，美国霸权为该地区提供了和平与安全的公共产品。弗格森和舒拉里克（Ferguson and Schularick，2006）同样发现了有关积极的帝国效应的证据，这种效应使处于贫困边缘的国家能够从更廉价的资本中受益。帝国效应背后的机制是制度性的：一个保护了投资者的权利的共同法律框架（Ferguson and Schularick，2006）。正式帝国和非正式帝国降低了违约风险。

纵观1870—1914年的时期，米奇纳和魏登米尔（Mitchener and Weidenmier，2008）发现，与非帝国属地或殖民地的国家相比，帝国属地国家的贸易翻了一番。产生这种影响的重要渠道包括贸易政策和交易成本。帝国都是贸易集团，在这些集团内部，通常有固定的交换和与宗主国的自由贸易。① 另

---

① 这些文章因未考虑帝国的全部成本而受到批评（参见 Coyne and Davies，2007）。

一种方法由阿科米诺特等人（Accominotti et al.，2010）提出。在大英帝国内部，他们注意到，虽然白人属地可以从与大英帝国有关的较低借贷成本中受益，但大英帝国殖民地却不能这样做，因为其财政政策是由伦敦决定的。大英帝国属地的政府债务水平非常低，因此无法像白人属地那样从帝国中受益。

法国大革命的后果

尽管法国大革命是大量历史文献的主题，但经济史学家对它的研究还不够深入。直到最近，研究的焦点仍集中于政府债务在引发 1789 年危机中的重要性、大革命之后的通货膨胀，以及大革命在 19 世纪英法发生的经济分化中所扮演的角色。

最近的学术研究探讨了大革命的政治经济后果。阿西莫格鲁等人（Acemoglu et al.，2011）讨论了入侵的法国军队如何瓦解盛行几个世纪的旧政权制度，废除农奴制和行会，解放犹太人，并取代现有的精英阶层。他们发现，那些恰巧被法国入侵的领土上的城市在接下来的一个世纪里发展得更快。

法国大革命本身的经济后果是什么？罗森塔尔（Rosenthal，1992）认为旧政权的财产权阻碍了对灌溉的投资，而大革命允许重新分配这些权利。法国大革命的另一个特点是对教会财产的大规模重新分配。芬利等人（Finley et al.，2017）利用没收教会财产的广泛空间变化，来研究财产权初始分配对制度改革成功的重要性。教会财产被没收并通过拍卖被重新分配。通过将法国大革命没收教会土地的分类数据与 1841—1929 年的农业调查数据相结合，芬利等人（Finley et al.，2017）发现，在拍卖更多教会土地的地区，19 世纪的土地不平等现象更为严重。到 19 世纪中期，这种财富失衡与更高水平的农业生产力和农业投资有关。19 世纪，随着其他地区逐渐克服与封建财产权重新分配相关的交易成本，法国大革命造成的土地再分配对农业生产力的影响下降了。

政治压制

国家的另一个值得考虑的方面是政治压制。前现代国家经常清除政治敌人，并用宗教或少数族裔作替罪羊（Anderson et al.，2017）。但总的来说，它们缺乏大规模和长期进行政治压制的能力。全社会的镇压和暴力发生了，但局势极其不稳定。约翰逊和小山（Johnson and Koyama，2019）讨论了代价极其高昂的宗教改革带来的破坏，如何导致欧洲国家减少对宗教作为政治合法性来源的依赖。

前现代时期持续政治压制的一个重要例子是西班牙宗教法庭。西班牙宗教法庭并不服从教皇，而是西班牙君主制的工具。维达尔-罗伯特（Vidal-Robert，2013）认为，当王室致力于海外战争时，宗教法庭被用来镇压国内反对派。利用来自加泰罗尼亚的数据，维达尔-罗伯特（Vidal-Robert，2014）发现，宗教审判减少了早期现代时期的人口增长。维达尔-罗伯特发现即使到今天，生活在历史上审讯活动更为频繁的地区的人们更有可能认为新技术会伤害他们。

750 最被广泛研究的现代政治压制事件是纳粹德国（Gregory et al.，2011；Harrison，2013）。纳粹德国为调查政治压制的后果提供了一个重要背景。1933—1934年，有1 000多名学者因为非雅利安血统而失业（Waldinger，2012）。他们中的许多人都处于各自相关领域的顶峰，并将获得诺贝尔奖。杰出科学家的移民既对科学产出有直接的负面影响，也通过合作与伙伴关系产生间接的负面影响，并对博士生产生更糟糕的结果，还存在其他同群效应（peer effects）。

革命、民主和公共产品

在现代之前，除了国防、法律和秩序外，国家提供的服务很少。提供广泛的公共产品和保险服务的国家的崛起，是过去两个世纪的现象。

林德特（Lindert，2004）记录了从18世纪后期开始的公共供给的逐步增加。对公共教育的大规模投资始于普鲁士。1870年以后，法国政府建立了世俗义务教育体系。在英国，对公共教育的投资比欧洲其他地方慢。在美国，教育投资更加分散，但是到了20世纪初，高中改革运动（high school movement）使普通美国人获得世界上最好的、具有广泛基础的教育体系（Katz and Goldin，2008）。

社会保险和养老金同样被普鲁士率先引入，然后传播到其他发达国家。在英国，福利国家的基础是第一次世界大战前由自由政府奠定的。在美国，联邦政府的规模和积极性在大萧条之前一直受到限制，但是州政府在提供地方水平的公共产品方面发挥了重要作用。

这些投资是出于政治考虑。思考这些发展的一个有影响力的方法是通过革命的威胁。在阿西莫格鲁和罗宾逊（Acemoglu and Robinson，2000，2006）的文章中，群众以革命作为威胁来获得重新分配。如果这种威胁是永久性的，那么精英们就有动机延长特许经营权，以使他们关于未来重新分配的承诺变得可信。艾德和弗兰克（Aidt and Franck，2015）发现，在《大改革法案》（Great Reform Act）颁布之前，以斯温暴动（Swing Riots）的形式进行的动员增加了议会中支持改革的政治家的投票份额。①

革命威胁假说并不是向民主过渡的唯一解释。政治学家一直关注精英间的讨价还价以及保守政党所扮演的角色（Dasgupta and Ziblatt，2015；Ziblatt，2017）。加洛尔和莫阿夫（Galor and Moav，2006）讨论了人力资本在经济中日益增长的重要性如何削弱工人推翻资本主义制度的动机。加洛尔等人（Galor et al.，2009）认为，尽管拥有土地的精英人士有反对义务教育的动机，然而工业家实际上可以从中受益，因为在学校学到的基本技能是对工业生产的补充。这有助于解释为什么在19世纪后期出现支持义务教育的政治基础。

在19世纪和20世纪，并非所有社会都经历了向民主的平稳过渡。卡瓦略和迪佩尔（Carvalho and Dippel，2018）研究了加勒比地区从欧洲裔种植园主到其他裔商人的权力过渡。尽管其他裔商人在政治上对公民更加负责，但政治结果并没有像人们期望的那样得到改善。他们识别出三种机制，确定"寡头铁律"即使在选举环境中也仍然存在。正如在"帝国的政治经济学"一节中所讨论的那样，寡头政治、种族分化和薄弱制度在解释当今撒哈拉以南非洲和中东许多国家今天的相对不发达方面发挥了重要作用。

---

① 道尔等人（Dower et al.，2018）使用来自俄国的废除农奴制的大改革期间的数据，探讨了革命威胁与代议制的出现之间的关系。他们发现，在1864年之前经历更频繁的农民骚乱的地区，农民在地方议会（zemstvo）中获得的代表较少。这一结果与阿西莫格鲁和罗宾逊（Acemoglu and Robinson，2000）一致，他们预测当穷人仅对建立秩序构成暂时威胁时，最有可能进行政治改革。但是，当穷人构成永久威胁时，民主化就不再是精英阶层可靠地承诺未来再分配的唯一途径。

751

民主的兴起并不一定对公共产品的提供产生千篇一律的影响。查普曼（Chapman，2016）认为，特许经营权在英国的扩张最初与公共产品支出的增加有关。但是，随着贫困公民获得投票权，在公共产品和基础设施上的支出实际上减少了。

美国建立民主制度比西欧任何一个主要国家都早，但其在政府对公共产品的投资方面却落后于其他国家。特勒斯肯（Troesken，2015）讨论了美国政府在决定是否投资于改善公共卫生领域时所面临的权衡取舍。美国分散的联邦制结构允许各个州采取不同的公共卫生政策。这促进了司法管辖区的分类，并使各州能够应对当地的流行病；但是，它不适合协调应对跨越州界的疾病。特勒斯肯以天花为例表明，联邦制阻碍了诸如天花疫苗接种等措施的引入，而这些措施对降低死亡率至关重要。他认为，同样的联邦制结构确保了对个人自由的更大保护，并刺激经济增长，但这是以公共卫生为代价的。

结论性意见

计量史学是基于将经济方法应用于历史问题的学科。经济理论可以澄清问题，并以可验证的预测形式使其具体化，而这些预测可以作为历史证据。由于这些证据通常是定量的，因此计量经济史学家一直走在将更正式的计量经济学和统计方法引入历史研究的前沿。

752　　政治经济学还涉及经济模型在非标准环境中的应用。在现代形式中，它也强调使用经济理论来指导对政治问题的实证分析的重要性。它的实践者同样需要掌握经济理论和计量经济学技术，以及关于制度细节和特殊性的知识。因此，计量史学和现代政治经济学可以被视为经济学中两个密切相关且互补的领域。

除了本章讨论的主题外，还有许多其他主题可以被讨论。例如，对19世纪美国银行制度发展的研究越来越多地将政治经济学问题纳入考虑范围。地方精英在多大程度上统治和控制银行制度？这些制度在多大程度上具有有限准入与开放准入的特征（Bodenhorn，2017）？贸易和关税的话题也引发权力问题以及特定利益在政治上被代表的程度（Irwin，2017）。本章从国家的兴起、国家能力的提升、帝国的政治经济学以及法国大革命的后果等方面，对文献中的一些突出主题进行了考察。政治经济学问题几乎涉及经济史的所有方面，为未来的研究留下一大片沃土。

参考文献

Accominotti，O.，Flandreau，M.，Rezzik，R.，Zumer，F.（2010）"Black Man's Burden，White Man's Welfare：Control，Devolution and Development in the British Empire，1880—1914"，*Eur Rev Econ Hist*，14（1）：47—70.

Acemoglu，D.（2003）"Why Not a Political Coase Theorem? Social Conflict，Commitment and Politics"，*J Comp Econ*，31（4）：620—652.

Acemoglu，D.（2006）"A Simple Model of Inefficient Institutions"，*Scan J Econ*，108：515—546.

Acemoglu，D.（2008）"Oligarchic Versus Democratic Societies"，*J Eur Econ Assoc*，6（1）：1—44.

Acemoglu，D.，Robinson，J. A.（2000）"Why did the West Extend the Franchise? Democracy，Inequality，and Growth in Historical Perspective"，*Q J Econ*，115（4）：1167—1199.

Acemoglu，D.，Robinson，J. A.（2006）*The Economic Origins of Dictatorship and Democracy*. Cambridge University Press，Cambridge，UK.

Acemoglu，D.，Robinson，J. A.（2012）*Why Nations Fail*，Crown Business，New York.

Acemoglu，D.，Johnson，S.，Robinson，J.A.（2001）"The Colonial Origins of Comparative Development：An Empirical Investigation"，*Am Econ Rev*，91（5）：1369—1401.

Acemoglu，D.，Johnson，S.，Robinson，J.A.（2002）"Reversal of Fortune：Geography and Institutions in the Making of the Modern World Income Distribution"，*Q J Econ*，117（4）：1231—1294.

Acemoglu，D.，Johnson，S.，Robinson，J.A.（2005a）"Institutions as a Fundamental Cause of Long-run Growth"，In：Aghion，P.，Durlauf，S.（eds）*Handbook of Economic Growth*，*Vol.1* of *Handbook of Economic Growth*. Elsevier，Amsterdam，pp. 385—472. Chapter 6.

Acemoglu，D.，Johnson，S.，Robinson，J.（2005b）"The Rise of Europe：Atlantic Trade，Institutional Change，and Economic Growth"，*Am Econ Rev*，95（3）：546—579.

Acemoglu，D.，Cantoni，D.，Johnson，S.，Robinson，J. A.（2011）"The Consequences of Radical Reform：the French Revolution"，*Am Econ Rev*，101（7）：3286—3307.

Acharya，A.，Lee，A.（2018）"Economic Foundations of the Territorial State System"，*Am J Polit Sci*，62（4）：954—966.

Aidt，T.S.，Franck，R.（2015）"Democratization under the Threat of Revolution：Evidence from the Great Reform Act of 1832"，*Econometrica*，83：505—547.

Alesina，A.，Spolaore，E.（1997）"On the Number and Size of Nations"，*Q J Econ*，112（4）：1027—1056.

Allen，R.C.（1997）"Agriculture and the Origins of the State in Ancient Egypt"，*Explor Econ Hist*，34（2）：135—154.

Allen，R.C.（2009）*The British Industrial Revolution in a Global Perspective*. Oxford University Press，Oxford.

Allen，D.W.（2011）*The Institutional Revolution*. Chicago University Press，Chicago.

Álvarez，Nogal，C.，de la Escosura，L. P.（2013）"The Rise and Fall of Spain（1270—1850）"，*Econ Hist Rev*，66（1）：1—37.

Anderson，R.W.，Johnson，N.D.，Koyama，M.（2017）"Jewish Persecutions and

Weather Shocks 1100—1800", *Econ J*, 127 (602):924—958.

Ashraf, Q.H., Cinnirella, F., Galor, O., Gershman, B., Hornung, E. (2017) *Capital-skill Complementarity and the Emergence of Labor Emancipation*. Department of Economics Working Papers 2017-03, Department of Economics, Williams College.

Ashworth, W.J. (2017) *The Industrial Revolution: The State, Knowledge, and Global Trade*. Bloomsbury Academic, London.

Baechler, J. (1975) *The Origins of Capitalism*. Basil Blackwell, Oxford.

Balla, E., Johnson, N.D. (2009) "Fiscal Crisis and Institutional Change in the Ottoman Empire and France", *J Econ Hist*, 69 (3): 809—845.

Banerjee, A., Iyer, L. (2005) "History, Institutions, and Economic Performance: The Legacy of Colonial Land Tenure Systems in India", *Am Econ Rev*, 95(4):1190—1213.

Bates, R.H., Donald Lien, D-H. (1985) "A Note on Taxation, Development, and Representative Government", *Polit Soc*, 14 (1): 53—70.

Bates, R.H., Greif, A., Levi, M., Rosenthal, J-L., Weingast, BR. (eds) (1998) *Analytic Narratives*. Princeton University Press, Princeton.

Becker, S.O., Pfaff, S., Rubin, J. (2016) "Causes and Consequences of the Protestant Reformation", *Explor Econ Hist*, 62:1—25.

Bentzen, J.S., Kaarsen, N., Wingender, A.M. (2017) "Irrigation and Autocracy", *J Eur Econ Assoc*, 15(1):1—53.

Besley, T., Persson, T. (2011) *Pillars of Prosperity*. Princeton University Press, Princeton.

Bin Wong, R. (1997) *China Transformed: Historical Change and the Limits of European Experience*. Cornell University Press, Ithaca.

Blaydes, L. (2017) "State Building in the Middle East", *Annu Rev Polit Sci*, 20:487—504.

Blaydes, L., Chaney, E. (2013) "The Feudal Revolution and Europe's Rise: Political Divergence of the Christian and Muslim Worlds before 1500 CE", *Am Polit Sci Rev*, 107(1): 16—34.

Bodenhorn, H. (2017) *Opening Access: Banks and Politics in New York from the Revolution to the Civil War*, Unpublished manuscript.

Bogart, D. (2011) "Did the Glorious Revolution Contribute to the Transport Revolution? Evidence from Investment in Roads and Rivers", *Econ Hist Rev*, 64(4):1073—1112.

Bogart, D. (2018) "Party Connections, Interest Groups and the Slow Diffusion of Infrastructure: Evidence from Britain's First Transport Revolution", *Econ J*, 128 (609): 541—575.

Bogart, D., Richardson, G. (2009) "Making Property Productive: Reorganizing Rights to Real and Equitable Estates in Britain, 1660—1830, *Eur Rev Econ Hist*, 13(1):3—30.

Bogart, D., Richardson, G. (2011) "Property Rights and Parliament in Industrializing Britain", *J Law Econ*, 54(2):241—274.

Boucoyannis, D. (2015) "No Taxation of Elites, No Representation: State Capacity and the Origins of Representation", *Polit Soc*, 4(3):303—332.

Brennan, G., Buchanan, J.M. (1980) *The Power to Tax*. Liberty Fund, Indianapolis.

Brenner, R. (1976) "Agrarian Class Structure and Economic Development in Pre-industrial Europe", *Past Present*, 70(1):30—75.

Brenner, R. (1993) *Merchants and Revolution*. Princeton University Press, Princeton.

Brewer, J. (1988) *The Sinews of Power*. Harvard University Press, Cambridge, MA.

Buchanan, J.M., Tullock, G. (1962) *The Calculus of Consent*. University of Michigan Press.

Caferro, W. (2008) "Warfare and Economy in Renaissance, Italy, 1350—1450", *J Interdisc Hist*, 39(2):167—2009.

Cantoni, D., Dittmar, J., Yuchtman, N. (2018) "Religious Competition and Reallocation: the Political Economy of Secularization in the Protestant Reformation", *Q J Econ*, 133 (4):2037—2096.

Carneiro, R. L. (1970) "A Theory of the Origin of the State", *Science*, 169 (3947): 733—738.

Carvalho, J-P., Dippel, C. (2018) *Elite Identity and Political Accountability: A Tale of Ten Islands.* Unpublished manuscript.

Centeno, M. A. (1997) "Blood and Debt: War and Taxation in Nineteenth-century Latin America", *Am J Sociol*, 102(6):1565—1605.

Chaney, E. (2013) "Revolt on the Nile: Economic Shocks, Religion and Political Power", *Econometrica*, 81(5):2033—2053.

Chapman, J. (2016) *Extension of the Franchise and Government Expenditure on Public Goods: Evidence from Nineteenth Century England.* Mimeo.

Chaudhary, L. (2009) "Determinants of Primary Schooling in British India", *J Econ Hist*, 69(1):269—302.

Chaudhary, L., Rubin, J. (2016) "Religious Identity and the Provision of Public Goods: Evidence from the Indian Princely States", *J Comp Econ*, 44(3):461—483.

Chilosi, D. (2014) "Risky Institutions: Political Regimes and the Cost of Public Borrowing in Early Modern Italy", *J Econ Hist*, 74(3):887—915.

Cipolla, C.M. (1976) *Before the Industrial Revolution.* Methuen and Co, London.

Congleton, R. (2010) *Perfecting Parliament: Constitutional Reform, Liberalism, and the Rise of Western Democracy.* Cambridge University Press, Cambridge, UK.

Coşgel, M.M., Miceli, T.J. (2009) "State and Religion", *J Comp Econ*, 37 (3):402—416.

Coşgel, M. M., Miceli, T. J., Rubin, J. (2012) "The Political Economy of Mass Printing: Legitimacy and Technological Change in the Ottoman Empire", *J Comp Econ*, 40(3): 357—371.

Coşgel, M., Histen, M., Miceli, T. J., Yildirim, S. (2018) "State and Religion over

Time", *J Comp Econ*, 46(1):20—34.

Cox, G.W. (2016) *Marketing Sovereign Promises: Monopoly Brokerage and the Growth of the English State.* Cambridge University Press, Cambridge, UK.

Cox, G. (2017a) *The Developmental Traps Left by the Glorious Revolution.* Mimeo.

Cox, G.W. (2017b) "Political Institutions, Economic Liberty, and the Great Divergence", *J Econ Hist*, 77(3):724—755.

Coyne, C., Davies, S. (2007) "Empire: Public Goods and Bads", *Econ J Watch*, 4(1): 3—45.

Crettez, B., Deffains, B., Musy, O. (2019) *Legal Centralization: A Tocquevillian View.* J Legal Stud(forthcoming).

Dasgupta, A., Ziblatt, D. (2015) "How did Britain Democratize? Views from the Sovereign Bond Market", *J Econ Hist*, 75(1):1—29.

De Long J.B., Shleifer, A. (1993) "Princes and Merchants: European City Growth before the Industrial Revolution", *J Law Econ*, 36(2):671—702.

Dell, M. (2010) "The Persistent Effects of Peru's Mining Mita. Econometrica", *Econ Soc*, 78(6):1863—1903.

Diamond, J. (1997) *Guns, Germs, and Steel.* Norton, W.W., New York.

Diebolt, C., Haupert, M. (2018) "A Cliometric Counterfactual: What if There Had been neither Fogel nor North?", *Cliometrica*, 12 (3):407—434.

Dimitruk, K. (2018) "I Intend therefore to Prorogue: the Effects of Political Confiict and the Glorious Revolution in Parliament, 1660—1702", *Eur Rev Econ Hist*, 22(3):261—297.

Dincecco, M. (2009) "Fiscal Centralization, Limited Government, and Public Revenues in Europe, 1650—1913", *J Econ Hist*, 69(1):48—103.

Dincecco, M., Onorato, M. G. (2016) "Military Conflict and the Rise of Urban Europe", *J Econ Growth*, 21(30):259—282.

Dincecco, M., Onorato, M. G. (2017)

From Warfare to Welfare. Cambridge University Press, Cambridge, UK.

Dincecco, M., Prado, M. (2012) "Warfare, Fiscal Capacity, and Performance", *J Econ Growth* 17, (3):171—203.

Dippel, C. (2014) "Forced Coexistence and Economic Development: Evidence from Native American Reservations", *Econometrica*, 82(6): 2131—2165.

Domar, E.D. (1970) "The Causes of Slavery or Serfdom: A Hypothesis", *J Econ Hist*, 30(1):18—32.

Donaldson, D. (2018) "Railroads of the Raj: Estimating the Impact of Transportation Infrastructure", *Am Econ Rev*, 108(4—5): 899—934.

Dower, P.C., Finkel, E., Gehlbach, S., Nafziger, S. (2018) "Collective Action and Representation in Autocracies: Evidence from Russia's Great Reforms", *Am Polit Sci Rev*, 112(1):125—147.

Drelichman, M. (2005) "All that Glitters: Precious Metals, Rent Seeking and the Decline of Spain", *Eur Rev Econ Hist*, 9(3):313—336.

Ekelund, R. B., Tollison, R. D. (1981) *Mercantilism as a Rent-seeking Society*. Texas A & M University Press, College Station.

Elis, R., Haber, S., Horrillo, J. (2018) *The Ecological Origins of Economic and Political Systems*. Manuscript.

Engerman, S. L., Sokoloff, K. L. (1994) *Factor Endowments: Institutions, and Differential Paths of Growth among New World Economies: A View from Economic Historians of the United States*. Working Paper 66, National Bureau of Economic Research.

Epstein, S.R. (2000) *Freedom and Growth, the Rise of States and Markets in Europe, 1300—1700*. Routledge, London.

Fenske, J. (2014) "Ecology, Trade, and States in Pre-colonial Africa", *J Eur Econ Assoc*, 12(3):612—640.

Ferguson, N., Schularick, M. (2006) "The Empire Effect: The Determinants of Country Risk in the First Age of Globalization, 1880—1913", *J Econ Hist*, 66(2):283—312.

Fernandez-Villaverde, J., Koyama, M., Lin, Y., Sng, T-H. (2019) *Testing the Fractured-land Hypothesis: Did Geography Drive Eurasi's political divergence?* Working paper.

Findlay, R., O'Rourke, K. H. (2007) *Power and Plenty*. Princeton University Press, Princeton.

Finley, T., Franck, R., Johnson, N. D. (2017) *The Effects of Land Redistribution: Evidence from the French Revolution*. Working paper.

Fleck, R. K., Andrew Hanssen, F. (2006) "The Origins of Democracy: A Model with Application to Ancient Greece", *J Law Econ*, 49(1):115—146.

Fleck, R.K., Hanssen, F.A. (2013) "How Tyranny Paved the Way to Democracy: the Democratic Transition in Ancient Greece", *J Law Econ*, 56(2):389—416.

Galor, O., Moav, O. (2006) "Das Human-kapital: A Theory of the Demise of the Class Structure", *Rev Econ Stud*, 73(1):85—117.

Galor, O., Moav, O., Vollrath, D. (2009) "Inequality in Landownership, the Emergence of Human-capital Promoting Institutions, and the Great Divergence", *Rev Econ Stud*, 76(1):143—179.

Gennaioli, N., Rainer, I. (2007) "The Modern Impact of Precolonial Centralization in Africa", *J Econ Growth*, 12(3):185—234.

Gennaioli, N., Voth, H-J. (2015) "State Capacity and Military Conflict", *Rev Econ Stud*, 82(4):1409—1448.

Grafe, R. (2012) "Distant Tyranny: Markets, Power, and Backwardness in Spain, 1650—1800", Princeton. *Economic History of the Western World*, Princeton University Press.

Gregory, P.R., Schröder, P.J.H., Sonin, K. (2011) "Rational Dictators and the Killing of Innocents: Data from Stalin's Archives", *J Comp Econ*, 39(1):34—42.

Greif, A. (1998) *Self-enforcing Political*

Systems and Economic Growth: Late Medieval Genoa. Princeton University Press, Princeton, pp.23—24. Chapter 1.

Greif, A. (2006) *Institutions and the Path to the Modern Economy*. Cambridge University Press, Cambridge, UK.

Greif. A., Rubin, J. (2015) *Endogenous Political Legitimacy: The English Reformation and the Institutional Foundations of Limited Government*. Memo.

Greif, A., Milgrom, P., Weingast, B. R. (1994) "Coordination, Commitment, and Enforcement: The Case of the Merchant Guild", J Polit Econ, 102(4):745—776.

Haber, S. (ed) (1997) "How Latin America Fell Behind: Essays on the Economic Histories of Brazil and Mexico, 1800—1914. Stanford University Press, Palo Alto.

Haber, S., Razo, A., Maurer, N. (2003) *The Politics of Property Rights*. *Cambridge University Press*, Cambridge, UK.

Hall, J.A. (1985) *Power and Liberties*. Penguin Books, London.

Harrison, M. (2013) "Accounting for Secrets", *J Econ Hist*, 73(04):1017—1049.

Herbst, J. (2000) *States and Power in Africa: Comparative Lessons in Authority and Control*. Princeton University Press, Princeton.

Hicks, J. (1969) *A Theory of Economic History*. Oxford University Press, Oxford, UK.

Hintze, O. (1906/1975) "Military Organization and the Organization of the State" In: Gilbert F (ed) The Historical Essays of Otto Hintze. Oxford University Press, Oxford, pp.178—215.

Hoffman, P.T. (2011) "Prices, the Military Revolution, and Western Europe's Comparative Advantage in Violence", *Econ Hist Rev*, 64(1):39—59.

Hoffman, P. T. (2015) "What do States do? Politics and Economic History", *J Econ Hist*, 75:303—332.

Huillery, E. (2014) "The Black Man's Burden: The Cost of Colonization of French West Africa", *J Econ Hist*, 74(1):1—38.

Huning, T.R., Wahl, F. (2016) *You Reap What You Know: Observability of Soil Quality, and Political Fragmentation*. BEHL Working Paper WP2015-05.

Irwin, D. A. (2017) *Clashing Over Commerce: A History of US Trade Policy*. University of Chicago Press, Chicago.

Iyer, L. (2010) "Direct Versus Indirect Colonial Rule in India: Long-term Consequences", *Rev Econ Stat*, 92(4):693—713.

Jedwab, R., Moradi, A. (2016) "The Permanent Effects of Transportation Revolutions in Poor Countries: Evidence from Africa", *Rev Econ Stat*, 98(2):268—284.

Jha, S. (2015) "Financial Asset Holdings and Political Attitudes: Evidence from Revolutionary England", *Q J Econ*, 130(3):1485—1545.

Johnson, N.D. (2006) *The Cost of Credibility: The Company of General Farms and Fiscal Stagnation in Eighteenth Century France*. Essays Econ Bus Hist 24:16—28.

Johnson, N. D., Koyama, M. (2014a) "Tax Farming and the Origins of State Capacity in England and France", *Explor Econ Hist*, 51(1):1—20.

Johnson, N. D., Koyama, M. (2014b) "Taxes, Lawyers, and the Decline of Witch Trials in France", *J Law Econ*, 57:77—112.

Johnson, N. D., Koyama, M. (2017) "States and Economic Growth: Capacity and Constraints", *Explor Econ Hist*, 64(2):1—2.

Johnson, N.D., Koyama, M. (2019) *Persecution & Toleration: The Long Road to Religious Freedom*. Cambridge University Press, Cambridge, UK.

Jones, E. L. (1981/2003) *The European Miracle*, 3rd end. Cambridge University Press, Cambridge, UK.

Karaman, K., Pamukm, S., e. (2013) "Different Paths to the Modern State in Europe: The Interaction between Warfare, Economic Structure and Political Regime", *Am Polit Sci Rev*, 107(3):603—626.

Karayalcin, C. (2008) "Divided We Stand

United We Fall: The Hume-North-Jones Mechanism for the Rise of Europe", *Int Econ Rev*, 49:973—997.

Katz, L. F., Goldin, C. (2008) *The Race between Education and Technology*. Harvard University Press, Cambridge, MA.

Klein, A., Ogilvie, S. (2016) "Occupational Structure in the Czech Lands under the Second Serfdom", *Econ Hist Rev*, 69 (2): 493—521.

Ko, C. Y., Koyama, M., Sng, T-H. (2018) "Unified China and Divided Europe", *Int Econ Rev*, 59(1):285—327.

Koyama, M. (2016) "The Long Transition from a Natural State to a Liberal Economic Order", *Int Rev Law Econ*, 47(1):29—39.

Koyama, M., Moriguchi, C., Sng, T-H. (2017) "Geopolitics and Asia's Little Divergence: State Building in China and Japan after 1850", *J Econ Behav Organ*, 155:178—204.

Kuran, T. (2010) *The Long Divergence*. Princeton University Press, Princeton.

Kyriazis, N. C., Zouboulakis, M. S. (2004) "Democracy, Sea Power and Institutional Change: An Economic Analysis of the Athenian Naval Law", *Eur J Law Econ*, 17(1):117—132.

Lane, F. C. (1958) "Economic Consequences of Organized Violence", *J Econ Hist*, 18(4):401—417.

Leeson, P.T. (2017) *WTF*. Stanford University Press, Stanford.

Leon, G. (2018) *Feudalism, Collaboration and Path Dependence in England's Political Development*. Br, J., Polit, Sci. (forthcoming) https://www. cambridge. org/core/journals/british-journal-of-political-science/article/feudalism-collaboration-and-path-dependence-in-englands-political-development/745D699250AD-08C3CC4A963CBD51C2A7.

Levi, M. (1988) *Of Rule and Revenue*. University of California Press, London.

Lindert, P. H. (2004) *Growing Public: Social Spending and Economic Growth Since the Eighteenth Century*. Cambridge University Press, Cambridge, UK.

Lowes, S., Montero, E. (2018) *Blood Rubber*. Unpublished Manuscript.

Ma, D., Rubin, J. (2019) *The Paradox of Power: Understanding Fiscal Capacity in Imperial China and Absolutist Regimes*. J., Comp Econ (Forthcoming). https://www. sciencedirect.com/science/article/pii/S0147596718 30194X.

Maden, J.B., Murtin, F. (2017) "British Economic Growth Since 1270: The Role of Education", *J Econ Growth*, 22:229—272.

Mayshar, J., Moav, O., Neeman, Z. (2017) "Geography, Transparency and Institutions", *Am Polit Sci Rev*, 111(3):622—636.

McCloskey, D. N. (2010) *Bourgeois Dignity: Why Economics Can't Explain the Modern World*. University of Chicago Press, Chicago.

Michalopoulos, S., Papaioannou, E. (2013) "Pre-colonial Ethnic Institutions and Contemporary African Development", *Econometrica*, 81(1):113—152.

Michalopoulos, S., Papaioannou, E. (2016) "The Long-run Effects of the Scramble for Africa", *Am Econ Rev*, 106(7):1802—1848.

Mitchener, K. J., Weidenmier, M. (2005) "Empire, Public Goods, and the Roosevelt Corollary", *J Econ Hist*, 65(3):658—692.

Michigan Burgess, R., Donaldson, D. (2017) *Railroads and the Demise of Famine in Colonial India*. Working paper.

Mitchener, K. J., Weidenmier, M. (2008) "Trade and Empire", *Econ J*, 118 (533): 1805—1834.

Mokyr, J., Nye, J.V.C. (2007) "Distribution Coalitions, the Industrial Revolution, and the Origins of Economic Growth in Britain", *South Econ J*, 74(1):50—70.

Musgrave, R. (1959) *Theory of Public Finance: A Study in Public Economy*. McGraw-Hill, New York.

Naidu, S., Yuchtman, N. (2013) "Coercive Contract Enforcement: Law and the Labor Market in Nineteenth Century Industrial Britain", *Am Econ Rev*, 103(1):107—144.

North, D.C. (1981) *Structure and Change in Economic History*. Norton, New York.

North, D.C., Thomas, R.P. (1971) "The Rise and Fall of the Manorial System: A Theoretical Model", *J Econ Hist*, 31(4):777—803.

North, D.C., Thomas, R.P. (1973) *The Rise of the Western World*. Cambridge University Press, Cambridge, UK.

North, D.C., Weingast, B. (1989) "Constitutions and Commitment: The Evolution of Institutions Governing Public Choice in Seventeenth Century England", *J Econ Hist*, 49: 803—832.

North, D. C., Wallis, J. J., Weingast, B. R. (2009) *Violence and Social Orders: A Conceptual Framework for Interpreting Recorded Human History*. Cambridge University Press, Cambridge, UK.

Nunn, N. (2008) "The Long-term Effects of Africa's Slave Trades", *Q J Econ*, 123(1): 139—176.

Nunn, N., Wantchekon, L. (2011) "The Slave Trade and the Origins of Mistrust in Africa", *Am Econ Rev*, 101(7):3221—3252.

O'Brien, P. (1982) "European Economic Development: The Contribution of the Periphery", *Econ Hist Rev*, 35(1):1—18.

O'Brien, P. K. (2011) "The Nature and Historical Evolution of an Exceptional Fiscal State and Its Possible Significance for the Precocious Commercialization and Industrialization of the British Economy from Cromwell to Nelson", *Econ Hist Rev*, 64(2):408—446.

O'Brien, P. K., de la Escosura, L. P. (1998) "The Costs and Benefits for Europeans from Their Empires Overseas", *Rev Hist Econ J Iber Lat Am Econ Hist*, 16(1):29—89.

Ober, J. (2015) *The Rise and Fall of Classical Greece*. Princeton University Press, Princeton.

Ogilvie, S. (2007) "'Whatever Is, Is Right'? Economic Institutions in Pre-Industrial Europe (Tawney lecture 2006)", *Econ Hist Rev*, 60(4):649—684.

Ogilvie, S., Carus, A.W. (2014) "Institutions and Economic Growth in Historical Perspective" In: Aghion, P., Durlauf, S. N. (eds) *Handbook of Economic Growth*, vol.2 of *Handbook of Economic Growth*, Elsevier, pp.403—513, chapter 8.

Olson, M. (1965) *The Logic of Collective Action*. Harvard University Press, Cambridge, MA.

Olson, M. (1993) "Dictatorship, Democracy, and Development", *Am Polit Sci Rev*, 87:567—576.

Oppenheim, F. (1922) *The State*. B. W. Huebsch, New York.

Parker, G. (1976) "The 'Military Revolution,' 1560—1660—a myth? ", *J Mod Hist*, 48(2):195—214.

Parker, G. (1988) *The Military Revolution: Military Innovation and the Rise of the West, 1500—1800*. Cambridge University Press, Cambridge, UK.

Persson, T., Tabellini, G. (2000) *Political Economics: Explaining Economic Policy*. MIT Press, Cambridge, MA.

Pincus, S. (2009) *1688 the First Modern Revolution*. Yale University Press, New Haven/London.

Pincus, S., Robinson, J.A. (2014) "What Really Happened During the Glorious Revolution? " In: Galiani, S., Sened, I. (eds) *Institutions, Property Rights, and Economic Growth: The Legacy of Douglass North*. Cambridge University Press, New York.

Pirenne, H. (1925) *Medieval Cities*. Doubleday Anchor Books, New York.

Prior, S.J. (1878) *The Life of the Right Honourable Edmund Burke*. G Bell, London.

Puga, D., Trefler, D. (2014) "International Trade and Institutional Change: Medieval Venice's Response to Globalization", *Q J Econ*, 129(2):753—821.

Riker, W.H. (1962) *The Theory of Political Coalitions*. Yale University Press, New Haven.

Root, H. L. (1991) "The Redistributive Role of Government: Economic Regulation in

Old Régime France and England", *Comp Stud Soc Hist*, 33(2):338—369.

Rosenberg, N., Birdzell, L. E. Jr. (1986) *How the West Grew Rich, the Economic Transformation of the Industrial World*. Basic Books, New York.

Rosenthal, J-L. (1992) *The Fruits of Revolution*. Cambridge University Press, Cambridge, UK.

Rosenthal, J-L., Bin Wong, R. (2011) *Before and Beyond Divergence*. Harvard University Press, Cambridge, MA.

Rubin, J. (2017) *Rulers, Religion, and Riches: Why the West Got Rich and the Middle East Did Not*. Cambridge University Press, Cambridge, UK.

Salter, A., Young, A. (2018) "Polycentric Sovereignty: The Medieval Constitution, Governance Quality, and the Wealth of Nations", *Soc Sci Q*(Forthcoming).

Sng, T-H. (2014) "Size and Dynastic Decline: The Principal-agent Problem in Late Imperial China 1700—1850", *Explor Econ Hist*, 54(0):107—127.

Sokoloff, K. L., Engerman, S. L. (2000) "History Lessons: Institutions, Factor Endowments, and Paths of Development in the New World", *J Econ Perspect*, 14(3):217—232.

Stasavage, D. (2002) "Credible Commitment in Early Modern Europe: North and Weingast Revisited", *J Law Econ Org*, 18(1):155—186.

Stasavage, D. (2003) *Public Debt and the Birth of the Democratic State*. Cambridge University Press, Cambridge, UK.

Stasavage, D. (2011) *States of Credit*. Princeton University Press, Princeton.

Stasavage, D. (2014) "Was Weber Right? The Role of Urban Autonomy in Europe's Rise", *Am Polit Sci Rev*, 108:337—354.

Stasavage, D. (2016) "What We Can Learn from the Early History of Sovereign Debt", *Explor Econ Hist*, 59(Suppl C):1—16.

Stigler, G.J. (1971) "The Theory of Economic Regulation", *Bell J Econ Manag Sci*,

2(1):3—21.

Strayer, J. (1965) "Feudalism in Western Europe" In: Coulborn, R. (ed) *The Idea of Feudalism*. Archon Books, Hamden, pp.15—26.

Tawney, R. H. (1926) *Religion and the Rise of Capitalism*. Verso, London. The Prize in Economics 1993—Press Release (1993). http://www.nobelprize.org/nobelprizes/economicsciences/laureates/1993/press.html.

Tilly, C. (1975) "Reflections on the History of European State-making" In: Tilly, C. (ed) *The Formation of Nation States in Western Europe*. Princeton University Press, Princeton, pp.3—84.

Tilly, C. (1990) *Coercion, Capital, and European States, AD 990—1990*. Blackwell, Oxford.

Troesken, W. (2015) *The Pox of Liberty: How the Constitution Left Americans Rich, Free, and Prone to Infection*. University of Chicago Press, Chicago.

Vidal-Robert, J. (2013) "War and Inquisition: Repression in Early Modern Spain", *Working Paper*, Department of Economics, University of Warwick.

Vidal-Robert, J. (2014) "Long-run Effects of the Spanish Inquisition", *CAGE Online Working Paper. Series*, Competitive Advantage in the Global Economy(CAGE) 192.

Vries, P. (2015) *State, Economy, and the Great Divergence: Great Britain and China, 1680s—1850s*. Bloomsbury, London.

Waldinger, F. (2012) "Peer Effects in Science: Evidence from the Dismissal of Scientists in Nazi Germany", *Rev Econ Stud*, 79(2):838—861.

Weber, M. (1922/1968) *Economy and Society*. Bedminster, New York.

Weber, M. (1930) *The Protestant Ethic and the Spirit of Capitalism*. Allen and Unwin, London.

Wittfogel, K. (1957) *Oriental Despotism: A Comparative Study of Total Power*. Yale University Press, New Haven.

Wolitzky, A., Acemoglu, D. (2011) "The

Economics of Labor Coercion", *Econometrica*, 79(2):555—601.

Xue, M. M., Koyama, M. (2017) *Autocratic Rule and Social Capital: Evidence from Imperial China*. Mimeo.

Zanden, V., Luiten, J., Buringh, E., Bos-ker, M. (2012) "The Rise and Decline of European Parliaments, 1188—1789", *Econ Hist Rev*, 65(3):835—861.

Ziblatt, D. (2017) *Conservative Parties and the Birth of Democracy*. Cambridge University Press, Cambridge, UK.

第四章

商业帝国

克劳迪娅·雷伊

摘要

商业帝国时代始于 1498 年海角航线的实施，并随英国东印度公司的消亡而于 1874 年结束。这些欧洲公司从事商业活动去追求贸易（就像是商人），并通过武力保障它们的海外财产（就像是帝国），但亚洲的人口密度和所建立的国家等级制度使它们从一开始就无法实行全面的殖民主义。通过在印度洋和远东地区的港口城市建立贸易前哨，欧洲公司获得必要的运输网络以供应源源不断的香料和其他亚洲商品，并将其装入驶往欧洲的船只。维持一个帝国需要东方产品的稳定供应，这意味着必须要有可用的资本和航运技术的发展。但是，商业帝国的长盛不衰也依赖于对亚洲贸易和人事的复杂管理以及对贸易利益的保卫。这些多域经营的公司由商人和/或国王控制，并且在近代早期的欧洲，国际贸易的特权也属于他们。组织控制对商业帝国的经营方式及其长期的商业成功有很大的影响。甚至在欧洲政府正式接管海外领土和建立亚洲殖民体系之前，一些商业帝国公司在亚洲的领土扩张就已达到殖民程度。

关键词

商业帝国　东印度公司　亚洲贸易　海角航线　长途贸易　航运　国王　商人　组织　激励

引　言

在 15 世纪的海上大发现之后,商业帝国时代标志着几个欧洲国家与非洲、亚洲和美洲建立直接贸易联系。1500 年以后的贸易以全海路为基础,打破了数百年来由威尼斯和其他意大利城邦主导的长途贸易模式,这些城邦控制着从黎凡特出发,同时依靠多个中间商,通过陆路抵达地中海东部的东方贸易。另一方面,商业公司从多个代理人那里筹集投资,将总部设在欧洲,发展出复杂的组织结构,并直接与生产异国产品的遥远地区打交道,以此为基础开展贸易。这些公司不仅是历史上第一批股份制公司,也是第一批在多个大洲开展活动的跨国机构。无论它们属于哪个国家,这些企业都在其经营地区的历史上留下了不可磨灭的烙印,并影响世界的权力结构。

通常很难把商业帝国时代和殖民主义区分开来。特别是在南美洲,16 世纪早期欧洲贸易者的到来与领土侵占同时发生。低人口密度、适宜经济作物生产的热带气候和贵金属的可获得性等因素,导致这一特定地区被迅速征服和殖民。在非洲,特别是在亚洲,较高的人口密度和国家等级制度使得欧洲殖民者与当地主政者达成协议,允许殖民者在沿海建立仓库和堡垒,以便在其海岸进行贸易。由于欧洲人的军事优势,这种协议通常是在胁迫下签订的,他们会(而且常常这样做)威胁要摧毁城市,与邻国的统治者结盟,并最终消灭整个王国。虽然这些策略应被指责,但其最终结果是建立了与正式的领土控制(即殖民地)相区分的贸易渠道,而殖民过程则被推迟到后面的阶段。

本章的重点是近代早期在全球范围内开展贸易的欧洲商业公司,而不是随后的正式殖民统治。从 1498 年葡萄牙人到达印度开始,英国、荷兰共和国、丹麦、法国和瑞典都在东方建立了贸易公司,这些公司一直持续到1874 年最后一家东印度公司的解散。尽管本章集中讨论它们在亚洲的商业运作,但研究重点依托于欧洲公司。

近代早期欧洲的国际贸易

在16世纪,国际贸易是一项皇家特权。君主们可以合法地行使他们对远距离资源进行勘探的权利[就像1498年瓦斯科·达·伽马(Vasco de Gama)到达印度后葡萄牙国王的情况一样],或者他们可以在其领土内向某一主体或一组主体授予勘探权。无论是君主或商人所有,这些商业公司通常都被授予在本国境内特定时期进行特定区域贸易的专有权利,这两点在公司特许状中都有明确的规定。1600年,伊丽莎白一世颁布英国东印度公司的第一份特许状,授予一批伦敦商人在英国境内的专属特权,即他们可以在好望角和麦哲伦海峡之间的地区(已知或尚未发现)进行海上或陆地的贸易和运输,为期15年。后来对特许状的修订又将该公司的特权延长了一段时间。

因此,这些公司在世界的大部分地区经营,却没有一个合法的国际框架来规范或监督它们的活动。它们必须受制于其特许状中的一系列规范,这些规范是为适应它们在海外的新型运营形式而专门设计的。特许状允许它们追求、捍卫和保护自己的贸易,并在它们开展业务的地方行使管辖权。授予这些公司的强大权力将它们所追求的贸易与它们在原籍国以外的军事和政治统治紧密联系在一起(Findlay and O'Rourke, 2007)。为了了解这些跨国企业所进行的各种活动,本节主要关注这些公司的三个主要经营领域:贸易、管理和国防。

贸易

这些企业存在的主要理由是主营欧洲不生产的商品的贸易,但这些商品有很大的需求量,因此其价格昂贵。亚洲产品,尤其是香料,早在商业公司出现前几个世纪就已传到欧洲。众所周知,香料既能使食物变得可口,又是有用的食物防腐剂,特别是当没有合适的食物储存方法时。许多穆斯林贸易商在印度洋附近生产地区收集香料,然后用商队将香料运输到中亚和黎凡特,直到君士坦丁堡或开罗。香料被船从地中海东部运到热那亚或威尼斯,再从那里分销到欧洲的其他市场。在这个过程中有许多中间商,而且需要在各种不同的且并不总是和平的领土之间进行运输,这导致欧洲的香料数量有限且价格昂贵。

在整个15世纪,葡萄牙在非洲海岸的探索航行源于对制图、导航仪器以及适合公海而非沿海航行的帆船的投资。葡萄牙的技术实力和它在地中海外的有利地理位置——因而远离了意大利城邦的影响——有助于寻找将香料从亚洲带入欧洲的替代路线。1487年,非洲南端东部通道的发现丰富了当时有关大西洋和印度洋是相连的地理认知,为全海路通往亚洲的物理可行性提供了早期信号。

达·伽马1498年第一次前往印度的航行在商业上是失败的,但随后的航行并非如此。尽管早期航行的利润不稳定,但海角航线的商业探索从一开始就对欧洲香料市场产生了重大影响。1503年之后,许多欧洲城市的胡椒价格有所下降,其他优质香料的价格也是如此,这表明丝绸之路受到严重干扰(O'Rourke and Williamson,2009)。然而,直到一个世纪后荷兰人到达亚洲,这些传统路线才被取代(Steensgaard,1974)。商队中间商让步于公海上的风险,在那里风暴和海盗或多或少都有可预测性。但是16世纪海角航线的地位日益重要,已经超出商人们压低欧洲香料价格的经济动机。它在很大程度上取决于商品从亚洲到欧洲的成功运输,因此意味着作为商业帝国的主力,帆船的发展至关重要(Unger,2011)。

帆船是这个逐利时代的主导技术,它从1000年开始缓慢发展,直到19世纪最后的25年,最终在长途航线上被蒸汽船所取代(Graham,1956)。在任何特定时期,能够创新和改进帆船以实现其最佳目的的国家,都在新发现和贸易方面取得突出地位(Rei,2016)。

威尼斯早期的技术优势是采用桨和帆的组合,它在大约8—14世纪控制了地中海航路。到15世纪,葡萄牙的探险航行都需要小型的、易于操纵的大三角帆帆船,这种帆船适合在未知的海域探索未知的海岸。然而,在1498年以后,贸易量的上升增加了对运力的需求,因而更大的方形帆船(如大帆船和小帆船)取代了早期的轻型船只和快速船只。造船业在里斯本发展迅速,并迅速专门生产这些超大型船只(Costa,1997)。最终,这些全副武装的船却被证明是不合适的,因为它们的速度较慢,更容易受到风暴或外国船只的攻击。荷兰东印度公司（VOC）成立于1602年，在此之前，荷兰在欧洲各地（从葡萄牙到波罗的海）散装货物运输方面已经积累一个世纪的经验（Israel，1989）。到16世纪中期，荷兰的航运专家生产了一种名为福禄特（fluit）的帆船，这是一种相对较小且较轻的货船，经过改装的帆和船体可以有相对较大的载货量，并且不会增加它的易损性（Eriksson，2014）。虽然福禄特更适合在北欧或亚洲内部的安全航线，但在海角航线上也并不罕见，并且这种船也被出口到其他大多数商业帝国（Barbour，1930）。荷兰在航运方面的竞争力在1650年以后丧失了，这阻止了荷兰共和国在18世纪的快速发展（van Zanden et al.，2009）。那时，英国已经巩固在印度洋的权力，并拥有比其他帝国更强大的海军。因此，长途贸易的领先地位与航运技术的主导地位是密不可分的。

管理

这些商业帝国公司的多国性质使得它需要一个跨越不同司法管辖区的复杂管理系统。总部位于欧洲的公司面临一项具有挑战性的任务，即通过可能从好望角延伸到日本的海外港口网络来管理贸易业务。商业帝国的贸易网络各不相同。葡萄牙和荷兰共和国将业务集中在一个主要港口城市（分别是果阿和巴达维亚），在那里它们协调与欧洲以及亚洲其他港口城市的沟通。英国有一个更灵活的前哨网络，可以说它更容易适应不断变化的市场条件（Erikson，2014）。丹麦、法国和瑞典的业务范围更有限，集中在亚洲特定的次级区域。除了地理上的复杂性外，洲际间的缓慢沟通不仅取决于距离，还取决于季风和不可忽视的海上损失风险。根据欧洲出发国的不同，春季出发的船只从欧洲到亚洲的航程耗时大约9个月，而从亚洲返回的航程通常要推迟到第二年3月启动以避免暴风雨季节，在当年年底前抵达欧洲，这使得商业周期达到18—24个月，导致来自欧洲的决策在执行上出现滞后，并且意味着在亚洲的员工有很大程度的自主权，特别是高级职位的员工。这些特点影响了公司的贸易管理、人员管理以及司法管理，因为解决冲突不能依赖于欧洲的司法体系。

成功的贸易取决于船只的及时到达和准备装运商品的随时供应。这些要求需要从当地生产商处采购货物（通常只卖给专门实施垄断计划的公司），并对其称重和估价，且储存在当地仓库中，直到公司船只抵达。这些活动的协调涉及进出欧洲的船只，以及从事亚洲内部航线的船只。例如，欧洲人从事能带来丰厚利润的日本贸易和中国贸易，充当因早先冲突而断绝联系的两个亚洲大国之间的中介，同时扩大了到达欧洲的亚洲产品的范围。

维持亚洲业务的官僚管理涉及在当地雇用的劳动力，主要从事非技术性工作（如装卸船只）。但也包括在欧洲雇用的劳动力在亚洲工作，无论是担任低级别的信任职位（如仓库看守）、低级别的技术职位（如簿记员），还是高级别的监管职位（如日本的运营总监）。雇欧洲人到亚洲工作，就会出现一个典型的道德风险问题。与在欧洲的大多数工作不同，海外工作很有吸引力，因为它们提供非季节性工资，而且有可能使人发财（Marshall，1976）。但是这些工作也有众所周知的危险：去亚洲的旅程充满危险，亚洲的热带港口城市受到疾病的侵袭，而且经常出现军事冲突。从公司的角度来看，对薪酬的选择应该考虑到工作的风险和不确定性，但也要促使那些直接处理遥远地区的高价值商品的代理商诚实行事。

长期以来，经济学理论一直在研究引导员工在监管不完善的情形下努力工作的激励措施（Lazear，1995）。在商业帝国的背景下，研究这一领域的经济史学家提出工资结构、私人贸易和职业发展作为处理固有道德风险问题的机制。雷伊（Rei，2013）采用委托代理模型，在由不同主体控制的公司中产生不同的薪酬方案，对应不同的监管能力；然后用葡萄牙和荷兰海外员工的劳动报酬档案数据来说明该模型的含义。与葡萄牙的同行相比，后者以工资形式支付的报酬占总报酬的比例更大，这与控制荷兰东印度公司的荷兰商人的情况一致；因此，与为葡萄牙国王工作的商人相比，荷兰商人实施的监管结构提供了更好的员工信息。吉布（Hejeebu，2005）关注工资之外的报酬，并认为英国东印度公司的私人贸易是公司贸易的补充。允许员工在使用公司的资源并享受公司的保护之下，以自己的名义进行贸易，这激励员工完成公司的订单，以便持续抓住累积财富的机会。私人贸易和关于在特定岗位上未能达到公司目标的员工的解雇政策相结合，确保员工对工作的努力和对公司目标的追求。雷伊（Rei，2014）使用荷兰海外员工的数据来说明荷兰东印度公司的内部职业和工资结构。这里有稳定的职业道路、在职培训、主要来自公司内部的快速晋升通道，以及可观的任期回报。所有这些

766

文章都表明,商业帝国的人事政策旨在雇用和留住员工,这为现代跨国公司的做法奠定了基础。

　　除了贸易和人事外,商业公司还在其运营的地理区域实行司法管辖。随着商业帝国的员工迁往欧洲司法体系无法触及的海外领土,公司被授予代表母国法院的司法权力,这被视为对一项重要国家特权的授权。最初,该法律的实施旨在解决欧洲定居者、士兵、私掠者和公司官员之间的冲突。但是这些主体和原住民之间的界限并不总是清晰的,特别是在葡萄牙帝国,与当地人通婚的政策和教会积极的传教使管辖权向不断增长的基督徒人口扩展(Benton,2002)。其他帝国可能没有遵循相同的政策,但随着领土控制的扩张,它们也面临类似的挑战,尤其是就英国而言,其管辖区包括更多的本地人口。

　　和其他欧洲人一样,英国人在亚洲也面临当地原有的法律规定的问题,因此他们实行平行的司法系统,在这种制度下,当地统治者仍然可以独立于公司的法院进行司法审判。1661 年的宪章将民事和刑事案件的司法权直接授予总督和议会,直到 1683 年海事法院成立之前,总督和议会都是印度唯一的法院(Fawcett,1934)。公司的法律控制权随着公司领土的扩张而逐渐扩大。1661 年布拉甘萨的凯瑟琳(Catherine)嫁给查理二世时把孟买作为皇家嫁妆,将这座城市的特许权从葡萄牙手中转移到英国手中。但直到 1668 年其才被转移到东印度公司手中,因为对英国王室来说管理孟买的开销太大了。孟买和 1698 年被该公司接管的马德拉斯、加尔各答一起成为该公司在印度的主要据点。随着公司在次大陆的扩张,它建立了类似英国的司法等级制度,刑事和民事法庭的法官都是从公司员工中任命的。到 1726 年,这种权力被移交给国王,这标志着司法政策的一个转折点,主要是为了避免在英国对公司提起诉讼(Fawcett,1934)。对公司事务持续的关注促成 1773 年《规范法案》(Regulation Act)的颁布,该法案旨在为公司在印度的管理带来深刻的改革。

国防

　　由于亚洲商品的价值属性,商业帝国的最后一个主要活动领域是军事防御。这一活动范围涉及的四个方面使得军事防御很有必要。第一,与亚洲地方统治者的贸易协议基本上是在非欧洲方的胁迫下达成的,因为后者较弱的军事实力使其不可能拒绝这些协议。第二,这些跨洋运输的贵重产品,被一些从事长途贸易的欧洲国家和公海上的海盗所觊觎。第三,所有的商业公司都被授予在自己国家的垄断权,但却在亚洲相互竞争以争夺据点和获得稳定货物供应的最佳地点;这种商业活动往往导致持续数年的激烈领土争端,如四次英荷战争。第四,随着多年来英国和荷兰共和国之间的竞争愈演愈烈,相关公司也希望在印度和东南亚控制更多的领土,其中一些被当作香料种植园来管理,并使用当地被奴役的劳动力,这些行动都需要强制权力。此外,这些种植园本身可能就是外国利益集团的目标,因此必须加以保护。

从早期的宪章开始,所有公司都被赋予在全球大部分地区进行贸易和征服的专有权。这为达成外交协议打开了大门,也为保护和捍卫其贸易利益打开了大门。从一开始,商业帝国在多个层面上的运营就存在冲突特性,导致它们对武装船只的投资,诉诸护航船队来保护货物,并雇用专门用于军事防御的劳动力。海角航线上的船只不仅运载香料,还载有士兵,这些士兵最初被要求必须保护公司的要塞,但后来却加入与当地王国争夺大片领土的关键战役。

葡萄牙对当地主权国家的军事优势在 15 世纪末到达亚洲时就非常明显,它在近一个世纪后才受到荷兰人的挑战,荷兰人代替了大量港口中葡萄牙人的位置,特别是在东南亚的香料产地。与此同时,英国人发起挑战并取代了葡萄牙人在印度西海岸的香料产地马拉巴尔的许多前哨基地。随着葡萄牙人退出关键的利益区域,17 世纪的特点是围绕印度洋的贸易和领土展开了激烈的商业竞争,最终导致英国东印度公司和荷兰东印度公司的激烈对抗。荷兰人在 17 世纪更成功,但英国的海军优势以及 1730 年后荷兰共和国的衰落,使得英国东印度公司能够控制比其他帝国所能控制的更大的领土。1757 年普拉西和 1764 年布克萨对抗印度权力的决定性战役,使英国东印度公司完全控制孟加拉国,从而成为该地区主要的政治和军事行动者。

对孟加拉国的控制使公司的影响力达到一个新的高度:最初由伦敦商人组成的企业现在指挥着一支更大的军队,统治着更多的臣民,控制着比英国本身更广阔的领土(Mcaulay, 1877)。对近代早期的商业公司来说,管理司

768

法和拥有自己的军队并不罕见,但东印度公司的权力达到前所未有的水平,它实际上成了一个国中之国。该公司在印度日益增长的权威和商业地位的巩固令它无法与自身的军事力量脱节。因此,该公司受到彻底的审查,尤其是来自议会的审查。著名政治家埃德蒙·伯克虽然赞成维持帝国,但他谴责该公司是"一个伪装成商人的国家"(Burke,1870:23)。亚当·斯密主要主张结束帝国并与独立殖民地发展自由贸易关系,他将东印度公司描述为"公司国家的'奇怪的荒谬'"(Stern,2011:3)。随后贯穿整个 19 世纪的关于帝国的争论,导致公司逐渐被纳入英国政府和帝国的范畴。

在近代早期的欧洲,国际贸易是一项具有风险且成本昂贵的冒险,远远超出对远方生产的异国商品的追求。商业帝国主要追求贸易,这取决于对东方业务运营的有效管理和保卫其利益免受到敌对帝国的威胁。商业公司在多个大洲经营的垄断性质使它们的规模必然庞大,而在这个时候,高昂的运营成本意味着更小的企业规模是最佳的(Anderson et al.,1982)。这种高成本源于商业公司在沟通缓慢、竞争性航运技术不断发展、与途中天气相关的不可预测的危险、亚洲目的地的热带气候易诱发疾病,以及贸易、人事和司法管理所固有的复杂性等背景下面临的各种挑战。这些限制导致各国只能使用类似的手段在遥远的地区探索贸易的机会。所有国家都追求亚洲的香料,都在海角航线上使用帆船,都为获取利润而精心策划行动。然而,各国组织海外行动的方式大不相同。下一节将重点关注这些差异及其背后的经济动机。

鲜明的帝国

从 16 世纪到 19 世纪,尽管面临相似的挑战和目标,但欧洲在亚洲的业务扩张并没有遵循统一的模式。一方面,每个公司的定居者战略需根据其在亚洲地区的不同据点而调整。例如,荷兰把据点设在马六甲海峡必然与设在好望角不一样,马六甲海峡是一个著名的贸易中心,而好望角是荷兰东印度公司的主要停靠港,其主要作用是为停靠的船只提供食物。另一方面,欧洲国家可以将亚洲的业务集中在一个城市,所有其他(次要的)贸易前哨都向这个城市报告,所有与欧洲的通信都从这里出发和到达(葡萄牙和荷兰帝国就是这样的情况)。或者它们也可以在其贸易网络中选择少量的主要城市作为区域运营中心(英国就是这样的例子)。

正如商业帝国的许多商业决策一样,关于如何从地理位置上组织亚洲业务的抉择直接来自位于欧洲的企业所有者制定的战略。如果我们把商业帝国理解为拥有国际贸易特权的国王与有效开展和管理贸易的商人之间的合伙关系,那么组织控制就遵从三种不同的可能性:国王/政府控制(如葡萄牙的例子)、商人控制(从英国、荷兰共和国和瑞典观察到的),以及国王和商人混合控制(如丹麦和法国)。公司理论表明,所有权的财产权很重要,因为它们决定了公司的最终剩余索取者,而后者控制了直接影响公司效率和成功的不可剥夺的商业决策(Grossman and Hart,1986)。在商业帝国的背景下,差异化的长期业绩凸显了公司所有权的重要性。

图 4.1 显示了在 16 世纪和 17 世纪,商业帝国到亚洲的相对航运量占每十年总吨位的百分比。在长途贸易市场上,葡萄牙一直占据市场的全部份额。直到 16 世纪 90 年代,英国和荷兰的船只开始在海角航线上竞争,不久后它们就分别在 1600 年和 1602 年成立各自的贸易公司。葡萄牙的市场份

770

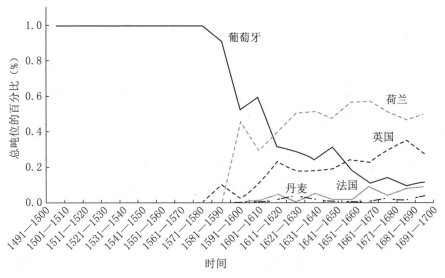

资料来源:Rei,2011:117。

图 4.1 欧洲到亚洲的航运

额在整个 17 世纪开始持续明显下降,这表明葡萄牙在竞争到来时无力应对。葡萄牙在亚洲的大部分贸易据点都被英国和荷兰共和国夺走,因此无法将贸易量维持在 16 世纪的水平——从绝对值上也可以看出下降趋势。到 18 世纪 00 年代末,葡萄牙在长途贸易市场上的地位与从未向亚洲出口很多货物的丹麦和法国公司一样小。

如果公司所有权确实是影响亚洲商业帝国长期表现的一个因素,那么就必须了解为什么一些国王选择控制贸易垄断权,而另一些国王却选择将垄断权授予私人代理人。1600 年英国女王伊丽莎白一世特许成立东印度公司,是否比她的远房表亲葡萄牙国王曼努埃尔一世在 1498 年的行为更有远见?难道葡萄牙商人的企业家精神不如英国商人,使得葡萄牙国王除了自己控制贸易垄断权外别无选择?为什么法国国王要与商人分享商业帝国的控制权?

本节由三个部分组成。第一部分用雷伊(Rei,2011)的组织选择模型的简单版本来回答上述所有问题。该模型不基于不同国家的君主或商人之间的差异,而基于任何国家的君主和商人之间的差异。第二部分用简化后的模型为商业帝国发生的历史事件提供解释。第三部分为不同控制结构的商业帝国之间所观察到的历史差异提供证据。

771 组织选择模型

一个国家的长途贸易是国王和商人之间合作的结果。国王可以把贸易的垄断权授予私人商人,也可以将其留给自己。商人以管理技能的形式,在商人控制的公司或国王控制的公司中以王室雇员的身份作出贡献。国王和商人们既可以将他们拥有的资金投资于长途贸易,也可以投资于其他被认为产生较低收益的项目,这与关于东印度公司利润的历史证据一致(Chaudhuri,1965)。因此,只要有闲置资金,国王和商人就会投资于长途贸易。

在不确定性和不完全契约的情形下,长途贸易成功的概率取决于商人的努力程度、控制方非契约性商业决策以及契约签订后履约的不确定性。

国王和商人在利润方面的偏好是相似的——他们都想实现利润最大化,但在另外两个方面却大不相同。首先,商人的努力是有代价的。在国王的效用函数中增加一个类似的项并不会改变结果,因此为简单起见,忽略这种情况。其次,国王重视掌管非契约性决策,这些决策单独出现在国王的效用函数中,而不在商人的效用函数中。只要商人不像国王那么在意商业决策,在商人的效用函数中添加类似的偏好就不会改变结果。同样,为简单起见,忽略这种情况。最后这个特征从根本上把国王和商人区分开来。尽管他们都关心贸易,而贸易本身又受到努力和商业决策的影响,但国王关心的是掌管企业,这不仅意味着选择非契约性商业决策,而且意味着统治更多的人、控制大量的领土,以及传播他的宗教和文化,还有其他特征。

模型在发展的时间上分为三个连续的阶段。首先,商人与国王协商公司的控制结构和他们之间的利润分配规则,这两个决定都是可立约的。其次,在契约签订之后,不确定的履行情况引起有控制权的一方对商业决策的选择。最后,商人根据先前决定的不确定性和商业决策来选择努力程度。

图 4.2 显示了模型的图形解。国王(v)和商人(u)的效用分别在 y 轴和 x 轴上测量。当国王和商人合作时,随着共享规则的变化,他们得到以更高的曲线边界来代表的效用对:KC 代表由国王控制,MC 代表由商人控制。靠近原点的线代表国王和商人开始谈判阶段的分歧点集合。在没有合作的

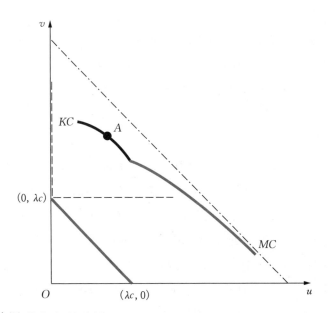

资料来源:Rei, 2011:119。

图 4.2 模型的图形解

情况下,这些效用对代表国王和商人在使用现金(c)的替代选择时给出的外部选择,假设其拥有较低的收益(λ)。这条边界也代表双方的相对议价能力:在不合作的情况下,向 y 轴移动时,国王的外部选择增加(而商人的选择减少),因而国王拥有的议价能力比商人强;对商人来说,情况正好相反。在极限情况下,当国王拥有经济中的所有现金时,他的外部选择就是点$(0, \lambda c)$,双方的谈判从该点开始直到 KC 边界,比如点 A,此时双方的情况都比不合作要更好。这个推理对商人来说是相对的:他们的议价能力越强,就越接近点$(\lambda c, 0)$,谈判将到达 MC 曲线上的一个点。一个非极端的分歧点可能导致一个混合的解决方案,即公司的控制权被国王和商人交替持有。

在该模型中,解决方案是在 MC 还是 KC 上,取决于谈判双方的相对议价能力,而相对议价能力直接由公司的财务结构决定。因此,制度的出现是因为它们满足了掌权者的动机,而不是因为它们是有效的或社会最优的。社会效用函数的一个例子是国王和商人效用的线性总和。仁慈的社会规划者会在斜率最高为 -1 时的无差异曲线上最大化效用总和,该曲线触及最接近 x 轴的 MC 边界,此时对商人而言产生的效用很高而对国王而言产生的效用很低。由于没有社会规划者,双方会根据各自的相对议价地位来最大化自己的效用函数,因此我们可能永远不会得到社会最优解。严格来说,任何一方拥有控制权时都会得到更好的结果,也就是说,对国王来说 KC 严格地支配 MC,而对商人来说情况正好相反。因此,当一方拥有控制公司的议价能力时,它永远不会放弃这种控制权。

该模型的含义非常清楚:资金有限的君主将垄断权授予控制公司的商人,而现金充裕的君主则保留公司的所有权,并雇用商人作为皇家侍者来管理公司。控制结构对模型的选择变量有明显的影响:商人在他们控制的公司中工作更努力,而商业决策是由国王还是商人作出会有很大不同。不同的选择变量反过来又意味着在国王或商人控制下成功的概率不同,而后者成功的概率更大。该模型的含义表明,公司应该根据控制结构的变化而作出变化,这为商业帝国背景下的公司理论提供了证明,但也说明了从经验上观察到的历史差异。

商业帝国兴起的历史背景

根据该模型的含义,本节将重点关注商业帝国出现的历史背景,以便从关于不同国家国王和商人的相对财政能力的现存证据中推断出他们的相对议价能力。

瓦斯科·达·伽马于 1498 年抵达印度,在此之前的一个世纪里,王室赞助的海军远征队沿着非洲海岸进入大西洋,寻找通往印度的东部通道。其中一些探险是军事行动,这主要发生在北非。另一些则到达无人居住的地区,如大西洋的亚速尔群岛。还有其他人到达有可能进行黄金、奴隶和几内亚的胡椒贸易的人口密集地区,这些地区大多位于几内亚湾。这种贸易始于 15 世纪 30 年代末,给王室带来满意的财政状况,这可以从议会召开的频率推断出来——这里的议会是指国王与神职人员、贵族和普通庄园主的代表之间召开的会议,其主要目的是提高税收。在 1415 年开始扩张之前,每隔一年半就举办一次议会;从那时起直到 1498 年,平均两次议会的间隔时间增加了一倍,达到 3 年;1498 年之后增加了两倍,达到 9.1 年(Rei, 2011)。这一证据表明,在 1498 年以后葡萄牙国王拥有强大的议价能力,可以将贸易垄断权掌握在自己手里。对葡萄牙探索航行的劳动力成本和资本成本的估计显示,就葡萄牙国王而言,投资回报虽然是可变的,但都非常高,这进一步证实他在 1498 年之前雄厚财务状况的强化(Rei, 2011)。由该模式可知,葡萄牙君主拥有财务杠杆来保持对亚洲贸易的垄断所有权,所以这是一个国王控制的案例。

英国东印度公司的特许经营始于 1600 年,此时正值伊丽莎白一世长期统治(1558—1603 年)的末期,这一时期充满内部冲突和外部冲突。与苏格兰玛丽女王的王位之争、与爱尔兰的九年战争(1594—1603 年)以及英西战争(1585—1604 年)都造就英国历史上的这一动荡时期,并加剧王室的财政困境。政府收入无法满足战争带来的紧迫财政需求:政府收支从 1583—1585 年的盈余,转变到 1597—1600 年的赤字(Goldsmith, 1987)。在 1688 年光荣革命之前,由于缺乏正式的资本市场,英国君主不得不以强制贷款的名义从事征收活动(North and Weingast, 1989)。这种不受欢迎的提高王室收入的方式既损害君主的还款信誉,也加剧人们的普遍不满,最终导致

君主制的垮台。英国王室迫切需要通过强制贷款来筹集资金,但如果决定
将这些资金投资于长途贸易,则其不足以支付东印度公司拿到特许权后前
15 年的航行费用(Rei,2011)。在该模型的背景下,到 1600 年英国不稳定
的财政状况使得英国王室几乎没有议价的能力,从而选择将贸易的产权分
配给正式提出要求的商人群体,以换取关税。这是一个商人控制的典型
案例。

于 774 处于左侧边缘标注为页码。

从 1595 年起,多家荷兰商人的公司通过海角航线向亚洲派船,参与长途
贸易。这些小公司之间的竞争提高了亚洲香料的价格,但随着可供销售的
数量增多,香料在欧洲的价格有所下降。在荷兰政府(此例中不是指国
王)的鼓励下,这些公司达成合并协议,荷兰联合东印度公司于 1602 年成
立。这些公司早期都取得了不同程度的成功,但它们在 16 世纪晚期的合并
表明,荷兰共和国的商人有了必要的资金来参与昂贵的长途贸易业务,在该
模型的背景下,这意味着商人在控制权的谈判中拥有更强的议价能力。荷
兰政府对荷兰东印度公司的参与程度高于英国王室对英国东印度公司的参
与程度。荷兰政府不仅开始努力鼓励合并,而且还在战时为公司船只提供
护航,为此荷兰政府每年都会收到一笔付款。免除第一笔此类付款可被视
为荷兰政府向荷兰东印度公司的资产贡献了 25 000 荷兰盾,仅相当于该公
司原始股本的 0.4%(Glamann,1981)。这样看来,荷兰政府似乎拥有一定
程度的议价能力,因为它能够使荷兰相对于其他欧洲竞争对手而言处于更
好的竞争地位。但它的议价能力可能没有那么大,否则我们会看到这家荷
兰公司有更大的初始投资。这种小规模的初始投资表明,在荷兰东印度公
司运营的最初几十年,现金紧张的荷兰政府仍然积极参与 80 年战争
(1568—1648 年)。由此产生的荷兰东印度公司的控制结构是一个商人控制
的明显案例,但与英国的情况相比,荷兰政府在公司中拥有更多的发言权。

于 1616 年被特许成立的丹麦东印度公司在印度洋的经营范围有限,主
要分布在印度南部海岸和锡兰。与英国和荷兰的公司一样,它也是股份制
公司,但它与这些公司在其他许多方面有很大的不同。递交垄断权请愿书
以获得王室批准的倡议来自两名居住在哥本哈根的荷兰公民,而非丹麦公
民,这与英国和荷兰共和国的情形形成直接的对比。此外,克里斯蒂安四世
在公司成立的过程中,发挥了远比他的英国同僚或荷兰政府更积极的作用。

该公司从一开始就面临资金短缺问题，这促使君主强迫私人投资者出资。在必要的资本里，王室本身贡献了 12.5%，贵族贡献了 15.5%，另有 35%来自哥本哈根和大学里的公民，29.5%来自丹麦的其他城镇，7.5%来自国外资本(其中 2.5%来自汉堡，5%来自荷兰共和国)(Feldbaek, 1981)。在对丹麦造成毁灭性打击的 30 年战争(1618—1648 年)中，国王再次发挥决定性作用，赞助公司度过这一时期。到 1630 年，国王已经成为公司一半股份的拥 775
有者，从而有效地控制了公司。由此来看，丹麦提供了一个混合控制的案例：国王从来没有能力完全依靠自己来开展贸易，而需要依靠(有时是强制)商人携部分必要的资本参与进来。1670 年公司的重组在议价能力平衡方面被证明是类似的，因为国王坚持要求哥本哈根商人提供财政支持(Furber, 1976)。在该模型的背景下，丹麦国王和商人将处于一个中间的分歧点——要么共享，要么交替控制公司。

法国东印度公司于 1664 年被特许成立，由路易十四的长期大臣让-巴普蒂斯特·柯尔贝尔(Jean-Baptiste Colbert)策划，这意味着国王在公司中的参与度更大，就像丹麦的情况一样。自 17 世纪初以来，这家中央计划的公司在经历了一系列不成功的公司后成立，这导致法国人很晚才到达印度。该公司被设想为类似于荷兰东印度公司，但法国商人对一个他们无法控制的公司缺乏兴趣，这一点在早期就很明显(Manning, 1996)。在最初的1 500万里弗股份中，法国王室认购了 300 万里弗，这迫使王室、大金融家和几个法国城市也进行认购。即便如此，认购总额也只有 800 多万里弗，而商人只成为股东中的一小部分(Furber, 1976)。从一开始，该公司就被资本问题所困扰，而随着法国卷入西班牙王位继承战争(1701—1714 年)，资本问题进一步恶化。当公司向法国王室申请贷款时，只要董事和股东也贡献一定数额的贷款，国王就会同意。除了在印度的葡萄牙人外，在其他帝国中，国家的参与都是最具支配性的。尽管如此，迫使股东进行进一步的投资也表明，国王一个人无法独揽企业的控制权。此外，公司原始股本的不完全认购也是商人的议价能力的证据，这表明他们不愿意参与国有公司。因此，根据组织选择的模型，法国提供了另一个混合控制的案例，在这种情况下，议价能力的平衡可能比丹麦的情况更有利于国王一点。

1731 年，在商人数次申请成立一家从事东方贸易的公司后，腓特烈一世特许成立瑞典东印度公司。瑞典没有直接与更大范围的帝国竞争,而是专门从事与中国的远东贸易,尤其是茶叶和瓷器贸易。这家公司之所以迟迟没有被特许成立,既有内部因素,也有外部因素。一方面,瑞典在 17 世纪处于交战状态,这使资本流向长途贸易以外的其他地方(Hermansson, 2004)。另一方面,昙花一现的奥斯坦德公司经历了 1727 年的停牌以及随后 1731 年的倒闭,为持有该股份制企业的股东创造了投资机会的真空,这既有利于现有的丹麦公司,也有利于新创立的瑞典公司(Koninckx, 1993)。后一事件的及时性表明,商业资本可以在 18 世纪的欧洲流通,但也表明愿意特许贸易公司成立的国王相对更多。奥斯坦德公司的终结是由于英国和荷兰政府对神圣罗马帝国皇帝查理六世施压,要求他暂停运营公司,否则他们将不承认他的女儿玛丽亚·特蕾莎(Maria Theresa)作为其合法继承人(Furber, 1976)。1731 年向瑞典国王请愿的商人们进一步要求瑞典国主启动必要的外交努力,以便该公司得到其他海上力量的认可,防止重蹈奥斯坦德公司的覆辙。从这些额外的商业需求和瑞典较晚进入长途贸易市场的情况可以看出,瑞典国王对公司几乎没有影响力,因此除了特许贸易垄断权外其没有议价能力。因此,在组织选择模型的背景下,瑞典是一个商人控制的明显案例。

公司间的差异

在商业帝国建立之初,国王和商人的谈判地位是决定公司控制结构的核心。但控制结构本身就暗示着公司间的差异。本节只讨论这些差异中特别明显的三个方面。

首先,由于长途贸易的性质,商业帝国面临典型的代理问题。组织控制导致公司内部激励结构不同,这种不同不仅体现在欧洲受雇到亚洲工作的人员的薪酬方案上,还体现在高层管理人员的激励方案上。欧文(Irwin, 1991)认为,17 世纪早期的英荷商业竞争可以根据英国东印度公司和荷兰东印度公司章程之间的细微制度差异来理解。当两个帝国开始在亚洲建立自己的据点的时候,荷兰共和国在消除竞争对手和获得对印度洋周边关键港口的领土控制方面要成功得多。因此,荷兰东印度公司的数量和利润大大超过英国东印度公司。欧文认为,这种不同的成功与战略贸易政策是一致的,即英国东印度公司的董事会以利润最大化来取悦股东,而荷兰东印度公司的董事会则对利润和营业额的组合最大化。由于英国东印度公司由商人单独控制,因而经理人只为股东利益服务;而荷兰东印度公司是政府推动前小型公司合并的结果,因此,股东利益被政府利益侵蚀。欧文用1622年的数据进一步校准该模型,并评估了替代贸易政策的影响。

　　其次,体现组织差异的第二个方面是商业帝国的航运技术。尽管所有帝国都在海角航线上使用帆船,但船只的大小在由不同方控制的帝国之间是不同的。16世纪,葡萄牙在海角航线上的船只规模不断扩大,这是随着通往亚洲的全海路开通,贸易量不断增加的自然结果。然而,葡萄牙的船只比海角航线上的其他任意船只都要大(Boxer,1948),这适用于国王控制的组织:因为大型船只运载更多的货物,更符合君主重视荣耀和威望的帝国战略,大型船只可以在远方彰显这种帝国荣威(Rei,2016)。这些大型船只的问题是,在遇到风暴或敌人袭击的情况下会变得更脆弱,从而导致更高的损失率。从17世纪初开始,荷兰人专门建造更小、更适合航海的船只,并将这些船只出口到其他几个帝国,但从未出口到葡萄牙,这是因为葡萄牙在17世纪上半叶一直投资于大型船只。葡萄牙的损失率反映了船只规模的增长趋势,1497—1550年每10艘船只中就有1艘损失,到一个世纪后每5艘船只中就约有1艘损失,或者每7艘船只中就有1艘损失(去除海角航线上由竞争导致的敌人袭击所造成的损失)(Rei,2016)。另外,荷兰共和国1602—1794年的航次数远比葡萄牙多,但损失率却低得多,仅为3%(Bruijn et al.,1987)。葡萄牙相对较高的损失率可能由船只尺寸以外的其他因素造成,例如,较差的航运质量或航运实践——比如在护航船队外航行或船只超载。所有这些不同的解释都与糟糕的组织结构有关,但它们要么无法被证实(航运质量),要么与船只大小有关。例如,葡萄牙也使用护航船队,但较大的船只速度较慢,而且经常单独航行,因此变得更加脆弱(Solis,1955)。更大的船只会助长超载这一不良做法,这是葡萄牙帝国在二手资料中被反复提及的一个众所周知的问题(Guinote et al.,1998)。所有这些差异都凸显不同组织控制的影响。

　　最后,葡萄牙王室控制的帝国与其他所有帝国之间最显著的区别之一就是对宗教的专注。从早期开始,在海角航线上的葡萄牙船只就运送香料、土

139

兵和牧师。对所有商业帝国而言,贸易和防御活动很常见,但只有葡萄牙人被证明是狂热的灵魂皈依者。这种幼稚的做法可能会导致宗教利益偏离贸易目的,从而成为葡萄牙衰落和长期内相对缺乏商业成功的根源。然而,在商业帝国中,对宗教的兴趣(或缺乏宗教)也可以被解释为组织控制的一种表现形式。在该模型的背景下,君主们在意的是对公司的掌控,因为他们保留对直接进入其效用函数的多个决策或因素的控制权。这些因素的一个典型例子是,国王统治遥远地方的大量人民,在那里他可以传播他的宗教和生活方式。这些关注点远远超出贸易的范围,触及殖民主义的范畴。所有国家的国王都关心宗教,但由于他们在控制权谈判中的议价能力不如葡萄牙国王,所以我们没有看到宗教在任何一个由商人控制或混合控制的帝国中发挥主要作用。

英国的案例是君主关注宗教问题的一个非常明显的例子,在英国宗教改革的背景下,国王本身在 1534 年以后成为英国教会的领袖。尽管英国东印度公司选择不干涉印度的宗教信仰和习俗,因为这会对成功开展业务起反作用,但它也不能完全避免宗教事务。该公司在远方雇用基督教佣工,因此允许向他们提供宗教服务。此外,光荣革命以后,英国议会对公司事务的审查越来越多,慢慢地改变了政府(这里指英国议会)和商人之间的权力平衡,这一点在该公司对宗教的态度上表现得清晰可见。到 1813 年,新的宪章法案要求该公司为"其印度臣民的'宗教和道德改善'"提供服务(Carson,2012:3)。至此,距这家公司被并入英国政府仅过去 45 年。

公司的消亡和殖民主义的兴起

东印度公司通过在亚洲的经营,适应了不同的市场条件和竞争环境。它们的命运根据商业上的成功程度和运营的持续时间不同而各不相同。这一节重点关注商业公司的后期情况,这也为随后的殖民主义阶段作出铺垫,当时各国都开始努力在亚洲建立官方势力,而不仅仅是出于最初的贸易动机才派商人来到亚洲。

葡萄牙的情况与其他帝国不同,因为国王控制本就意味着殖民统治,尽管葡萄牙在亚洲的政策从未涉及港口城市以外的领土侵占。帝国的消亡既不容易也不迅速。印度洋竞争的到来使葡萄牙在亚洲市场的地位大幅下降,因为它在印度次大陆和东南亚的大部分贸易前哨要么落入竞争对手手中,要么在 1640 年承认葡萄牙从西班牙手中恢复独立的外交协议中被迫让出。到 18 世纪初,葡萄牙在亚洲的存在感极低,仅包括印度西海岸的三个港口城市(果阿、达曼和第乌)以及远东的东帝汶等。此时,葡萄牙对东方贸易的贡献可以忽略不计,里斯本仅维持与东方的年度交流,并允许返回的船只参与巴西贸易,而巴西正是葡萄牙转变其殖民努力的方向。尽管不再为贸易目的服务,但在 1822 年巴西和平独立之后,葡萄牙帝国在亚洲荒废的体系依然留存很长一段时间。缓慢的消亡符合掌权者的偏好,这种偏好包含的不仅仅是贸易目标。这个帝国的存在时间比葡萄牙的君主政体(在 1910 年垮台)和第一个共和国(在 1926 年垮台)更长久,并被随后的法西斯独裁政权所看重。1961 年初,非洲殖民战争的爆发引发葡属印度的一系列事件。1961 年 12 月,葡属印度合并果阿、达曼和第乌成立印度共和国,它本身于 1947 年从英国独立。1974 年葡萄牙独裁政权的倒台结束了葡萄牙的殖民战争,其开始笨拙的非殖民化进程,该进程于 1975 年结束。同年,东帝汶被抛弃,随后被面积更大的邻国印度尼西亚入侵并占领。

　　在 1874 年消亡的英国东印度公司与 1600 年伊丽莎白一世特许经营的公司完全不同。从 17 世纪荷兰人的激烈竞争中复苏,以及随后拿破仑战争带来的领土控制权的巩固,使该公司在 18 世纪和 19 世纪巩固了其在亚洲的地位。普拉西战役和布克萨尔战役标志着公司领土范围的显著扩大,第四次(也是最后一次)英荷战争(1780—1784 年)的有利结果进一步巩固该公司的领土。18 世纪民族国家的重要性上升,意味着需要更仔细地审查公司的活动——由于海外领土的主权冲突,这必然意味着公司作为一个贸易主体的衰落,因为它与国家不相容(Hejeebu,2016)。自 1773 年以来,英国议会连续通过一系列法案限制公司的权力,试图为公司的国际业务范围建立法律框架。1813 年的法案尤其有意义,因为它为传教士打开了印度的大门,在商业公司不再纯粹由商人控制的背景下,第一次提出对宗教的关注。另外,1833 年的法案取消了该公司所有剩余的贸易垄断权,正式将其商业利益降至第二位,同时代表王室恢复了公司在印度的政治权力和行政权力。随着

779

1857 年印度民族起义的发生,该公司逐渐转变为英国政府的一个分支机构,这个过程随着将公司国有化的 1858 年法案的出台而告一段落。该公司继续代表政府管理茶叶贸易,直到 1874 年其股本正式解散,这使其成为存活时间最长的印度商业公司。英属印度的正式殖民统治从此开始。

荷兰东印度公司在 17 世纪取得的惊人成就并没有在其运营的第二个世纪得到复制。随着日本贸易和中国贸易的衰落,特别是在 1662 年之后,荷兰东印度公司转而重新定位孟加拉,当然荷兰人的主要据点仍然在东南亚群岛。从长期来看,荷兰东印度公司地理位置的集中变成一种劣势,因为从 17 世纪后期开始,欧洲人的消费结构开始从香料转向印度纺织品、生丝、茶叶和咖啡(Chaudhuri,1978)。荷兰东印度公司和英国东印度公司之间长达数十年的敌对状态在光荣革命后结束,这一革命将荷兰国家元首奥兰治的威廉(William of Orange)推上英国王位。荷兰人与英国人在权力平衡上的重大转变,使荷兰人放弃对英国实施把所有欧洲竞争者无情地消灭的策略(Chaudhuri and Israel,1991)。受益于荷兰人禁止与英国人作战的政策,英国人加强了他们在马拉巴尔海岸、孟加拉和波斯湾的阵地。荷兰人则独自在印度南部与法国人作战。17 世纪 90 年代,荷兰在印度南部的集中作战削弱了荷兰东印度公司在亚洲的整体地位。从 18 世纪 30 年代开始,荷兰东印度公司逐渐被排除在各个商业利益领域之外,而英国东印度公司的相应崛起导致荷兰东印度公司的收入稳步下降。当荷兰人开始支持在美国独立战争(1775—1783 年)中反抗英国的军队时,其与英国人的和平共处就结束了,这很快导致第四次英荷战争的爆发。陷入困境的荷兰共和国于 1795 年在法国大革命战争(1792—1802 年)的背景下垮台,这给 1813 年才重新获得独立的联合省带来重大破坏。1800 年,荷兰东印度公司被收归国有,其特许状也被撤销。荷兰东印度公司的领土归入荷兰政府的管辖之下,荷兰对荷属东印度群岛的正式殖民统治时期开始了。

法国东印度公司反复出现的财务问题导致整个公司在历史上进行多次重组。尽管法国东印度公司在亚洲贸易中的作用较小,但它很早就表现出对领土的渴望。从早期开始,法国东印度公司多次试图在马达加斯加建立殖民地,但都无果而终。直到 1685 年,法国东印度公司最终放弃这个地区,并将其转回王室领地。另外,莫卧儿帝国的衰落使得法国东印度公司为保护和扩大其在印度东南部的领土利益而加以干预,并在 18 世纪 40 年代实施与当地统治者结盟的政策。这些野心与英国在该地区的利益直接冲突,随后这两家公司在 1744 年发生冲突。考虑到印度当地的情况,尽管扩张性政策是具有吸引力的,但事实证明它对公司的资产来说是一场灾难,这导致公司的股息大幅减少(Boulle,1981)。七年战争(1756—1763 年)使情况进一步恶化,这场战争使英国和法国在欧洲处于对立面,并重新点燃两家东印度公司在亚洲的旧有冲突。到 1769 年,法国东印度公司已无力支撑其债务,被王室废除,并由王室接管对法属印度的管理,法国开始了对其的正式殖民统治时期。

尽管丹麦和瑞典的东印度公司有不同的控制结构和不同的起始时间,但它们都在 19 世纪早期解散。与斯堪的纳维亚其他国家相比,丹麦在亚洲的历史是充满变故的,这主要是由于其初期反复出现的资本困难,这导致前两家丹麦东印度公司分别在 1650 年和 1728 年破产。第三家丹麦东印度公司也源自国王和商人在初始资本中的共同合作。1769 年法国东印度公司解散后,哥本哈根商人主张印度贸易自由化。在更新 1772 年的特许状时,国家保留对中国贸易的垄断,但放弃对印度贸易的垄断,允许私营商人与公司直接竞争,并收取费用。与此同时,公司仍然保留对印度领土的管理权,这引起与私人商人们的冲突(Feldbaek,1981)。在拿破仑战争(1803—1815年)的背景下,与英国的战争以及 1807 年对哥本哈根的攻击导致公司经营的结束,而丹麦在印度的剩余据点于 1845 年被卖给英国。瑞典东印度公司也屈服于英国手中,但方式不同。该公司的特许状连续续签 20 年,但英国议会颁布的 1784 年减税法案将茶叶税从 119％降至 12.5％,有效地制止了茶叶走私到英国,并使这家瑞典东印度公司的活动陷入危险境地。瑞典东印度公司的利润急剧下降,到 1811 年其宣布破产。这两家公司对亚洲贸易的影响都很小,部分原因是它们都没有在亚洲控制多少领土。无法在途中为船只提供补给,或者对贸易对手有依赖性,都阻碍了这些小公司的贸易前景。然而,对北欧小国来说,参与亚洲贸易证明是相当有意义的,它们没有一个参与随后的殖民活动。

结　论

1498 年,海角航线的出现,为那些拥有足够发达的航运技术和充足的、能投资于长途贸易的资本的国家打开了亚洲贸易的大门,这些国家开始寻求显著的套利机会。组建远征队需要制造船只,为其提供装备和食物,以及给水手、商人和士兵支付报酬。如此成本高昂的任务促使以股份公司形式聚集资金的创新方式的出现,这些公司大多由商人参与创建,但在近代早期欧洲拥有国际贸易特权的君主也会参与。国王和商人资金的相对贡献程度导致不同的控制结构,并对组织的激励结构产生相关影响。葡萄牙的国王富有到足以资助贸易业务,因此他保留了对公司的控制权,尽管葡萄牙的领土没有扩张到港口城市之外,但已经有效地开启殖民主义。在英国、荷兰共和国和瑞典,商人比君主(在荷兰的案例中指的或是政府)有更强的议价能力,并控制他们各自的商业公司。在丹麦和法国的案例中,商人和国王共享组织控制权,但国王在公司决策中保有相当大的影响力,特别是在法国。

维持商业帝国的运营不仅需要商人的主动性,还需要强大的陆军和海军,以及来自欧洲对亚洲的管理和运营协调,而这就会导致一个典型的道德风险问题。公司处理这些管理问题的方式类似于现代企业的做法,但它们无法避免亚洲经营里好斗的本质,因为在亚洲,对贸易利益的捍卫往往会引起竞争各方的冲突。此外,在欧洲发生的事件也会影响在亚洲的经营情况,尤其各种战争,包括光荣革命和法国大革命。最后,对当地势力发动战争也使公司的行动远远超出当初促使欧洲人进入亚洲的商业目标。公司从商业实体逐渐转变为政治和军事单位,为正式的殖民主义奠定了基础。这种殖民主义随公司的消亡而诞生——丹麦和瑞典的东印度公司除外。

这些公司的消亡揭示了一个与它们诞生时截然不同的世界。随着越来越多的主体想要参与东方贸易,国家垄断受到挑战。这些公司对远方领土和臣民的统治权引发法律和道德上的担忧,而这些公司在设计之初未曾考虑这些问题。最终,那些能够适应亚洲不断变化的环境的公司从长期来看表现得更好。

参考文献

Anderson, G. M., McCormick, R. E., Tollison, R.D. (1982) "The Economic Organization of the English East India Company", *J Econ Behav Organ*, 4(2—3):221—238.

Barbour, V. (1930) "Dutch and English Merchant Shipping in the Seventeenth Century", *Econ Hist Rev*, 2:261—290.

Benton, L. (2002) *Law and Colonial Cultures: Legal Regimes in World History; 1400—1900*. Cambridge University Press, Cambridge.

Boulle, P.H. (1981) "Chapter 6, French Mercantilism, Commercial Companies and Colonial Profitability" In: Blussé, L., Gaastra, F. (eds) *Companies and Trade*. Leiden University Press, Leiden, pp.97—117.

Boxer, C.R. (1948) *Fidalgos in the Far East 1550—1770: Fact and Fancy in the History of Macao*. Martinus Nijhoof, The Hague.

Bruijn, J.R., Gaastra, F.S., Schöffer, I., with Assistance of van Eyck van Heslinga, E.S. (eds) (1987) *Dutch-Asiatic Shipping in the 17th and 18th Centuries*, vol.I, introductory volume. Martinus Nijhoff, The Hague.

Burke, E. (1870) "The Works of the Right Honorable Edmund Burke", vol.7: Speeches on the Impeachment of Warren Hastings. Bell and Daldy, London.

Carson, P. (2012) *The East India Company and Religion, 1698—1858*. Boydell & Brewer, Suffolk.

Chaudhuri, K.N. (1965) *The English East India Company: The Study of an Early Joint-stock Company, 1600—1640*. Cass, London.

Chaudhuri, K. N. (1978) *The Trading World of Asia and the East India Company 1660—1760*. Cambridge University Press, Cambridge [Eng.]/New York.

Chaudhuri, K. N., Israel, J. I. (1991) "Chapter 13. The English and Dutch East India Companies and the Glorious Revolution of 1688—1689", In: Israel, J.I. (ed) *The Anglo-Dutch Moment: Essays on the Glorious Revolu-tion and Its World Impact*. Cambridge University Press, Cambridge, UK, pp.407—438.

Costa, L.F. (1997) *Naus e Galeões na Ribeira de Lisboa: A Construção Naval no Século XVI Para a Rota do Cabo*. Patrimonia, Cascais.

Erikson, E. (2014) *Between Monopoly and Free Trade: The English East India Company 1600—1757*. Princeton University Press, Princeton and Oxford.

Eriksson, N. (2014) *Urbanism under Sail: An Archeology of Fluit Ships in Early Modern Everyday Life*. Elanders, Stockholm.

Fawcett, C. (1934) *The First Century of British Justice in India*. Oxford University Press, Oxford.

Feldbaek, O. (1981) "In: Companies and Trade", Blussé, L., Gaastra, F. (eds) *Chapter 8 The Organization and Structure of the Danish East India, West India and Guinea Companies in the 17th and 18th Centuries*. Leiden University Press, Leiden, pp.135—158.

Findlay, R., O'Rourke, K. (2007) *Power and Plenty: Trade, War, and the World Economy in the Second Millennium*. Princeton University Press, Princeton.

Furber, H. (1976) *Rival Empires of Trade in the Orient, 1600—1800*. University of Minnesota Press, Minneapolis.

Glamann, K. (1981) *Dutch-Asiatic Trade: 1620—1740*. Den Haag, Nijhoff.

Goldsmith, R.W. (1987) *Premodern Financial Systems: A Historical Comparative Study*. Cambridge. Cambridge University Press, New York.

Graham, G.S. (1956) "The Ascendancy of the Sailing Ship 1850—1885", *Econ Hist Rev*, 9(1):74—88.

Grossman, S.J., Hart, O. (1986) "The Costs and Benefits of Ownership: A Theory of Vertical and Lateral Integration", *J Polit Econ*, 94(4):691—719.

Guinote, P., Frutuoso, E., Lopes, A. (1998) *Naufrágios e outras perdas da 'Car-*

reira da *Índia*': *séculos XVI e XVII*. Grupo de Trabalho do Ministério da Educação Para as Comemorações dos Descobrimentos Portugueses, Lisboa.

Hejeebu, S. (2005) "Contract Enforcement in the English East India company", *J Econ Hist*, 65(2):496—523.

Hejeebu, S. (2016) "Chapter 3. The Colonial Transition and the Decline of the East India Company, c.1746—1784" In: Chaudhary, L., Gupta, B., Roy, T., Swamy, A.V. (eds) *A New Economic History of Colonial India*. Routledge, London/New York, pp.33—51.

Hermansson, R. (2004) *The Great East India Adventure: The Story of the Swedish East India Company*. Breakwater Publishing, Göteborg.

Irwin, D.A. (1991) "Mercantilism as Strategic Trade Policy: The Anglo-Dutch Rivalry for the East India Trade", *J Polit Econ*, 99 (6):1296—1314.

Israel, J.I. (1989) *Dutch Primacy in World Trade, 1585—1740*. Clarendon Press, Oxford.

Koninckx, C. (1993) "Chapter 5. The Swedish East India Company", In: Bruijn, J.R., Gaastra, F.S. (eds) *Ships, Sailors and Spices: East India Companies and Their Shipping in the 16th, 17th, and 18th Centuries*. NEHA, Amsterdam, pp.121—138.

Lazear, E.P. (1995) *Personnel Economics*. MIT Press, Cambridge/London.

Mcaulay, T.B. (1877) "Government of India(10 July 1833)" In: Speeches of Lord Macaulay, Corrected by Himself. Longman, Green, and Company, London.

Manning, C. (1996) *Fortunes a Faire ñ the French in Asian Trade, 1719—1748*. Ashgate Pub, BrookÖeld.

Marshall, P.J. (1976) *East Indian Fortunes*. Oxford University Press, Oxford.

North, D., Weingast, B. (1989) "Consti-tutions and Commitment: The Evolution of Institutional Governing Public Choice in Seventeenth-century England", *J Econ Hist*, 49(4): 803—832.

O'Rourke, K.H., Williamson, J.G. (2009) "Did Vasco da Gama Matter to European Markets?", *Econ Hist Rev*, 62(3):655—684.

Rei, C. (2011) "The Organization of Eastern Merchant Empires", *Explor Econ Hist*, 48(1):116—135.

Rei, C. (2013) "Incentives in Merchant Empires: Portuguese and Dutch Labor Compensation", Cliometrica, 7(1):1—13.

Rei, C. (2014) "Careers and Wages in the Dutch East India Company", *Cliometrica*, 8 (1):27—48.

Rei, Claudia (2016) *Turning Points in Leadership: Shipping Technology in Merchant Empires*, Manuscript.

Solis, Duarte Gomes (1955) *Alegación en Favor de la Compañía de la India Oriental Comercios Ultramarinos, Que de Nuevo se Instituyó en el Reyno de Portugal*. Edição Organizada e Prefaciada Por Moses Bensabat Amzalak. Editorial Império, Lisboa.

Steensgaard, N. (1974) *The Asian Trade Revolution of the Seventeenth Century: The East India Companies and the Decline of the Caravan Trade*. The University of Chicago Press, Chicago.

Stern, P.J. (2011) *The Company-state: Corporate Sovereignty and the Early Modern Foundations of the British Empire in India*. Oxford University Press, Oxford.

Unger, R.W. (2011) *Shipping and Economic Growth 1350—1850*. Brill, Leiden/Boston.

Zanden, V., Luiten, J., van Tielhof, L. (2009) "Roots of Growth and Productivity Change in Dutch Shipping Industry, 1500—1800", *Explor Econ Hist*, 46(4):389—403.

第五章

殖民地时期的美国

乔舒亚·L.罗森布卢姆

摘要

　　1607 年,英国在后来成为美国的地方上建立第一个永久殖民地,比美国《独立宣言》早了近 170 年。本章考察了英属北美殖民地(后来成为美国)的经济发展。正如所描述的那样,丰富的自然资源促进了殖民地经济规模的显著增长,允许自由的白人殖民者享受着当时世界上最高的生活水平。尽管生活水平相对较高,但随着时间的推移并没有呈现太大的改善。资源丰富的必然结果是劳动力和资本的短缺,这种现象对殖民地制度的形成、鼓励依赖契约劳动力和奴隶劳动力,以及发展代议制政府机构都起到重要的作用。随着 1776 年美国《独立宣言》的发表,殖民地时期结束。在大部分殖民地时期,殖民地居民都乐于接受他们同英国的关系。然而在 1763 年"七年战争"结束之后,英国政策的变化造成英国与殖民地之间关系的紧张,最终导致殖民地宣布独立。

关键词

经济增长　北美　重商主义　奴隶制　制度　殖民地

引 言

本章所关注的英属北美殖民地（1776 年成为美国）经济史，是计量史学文献的主要主题之一。在一开始就确认该选择标准 * 的回顾性质是重要的。17 世纪和 18 世纪，英国在美洲建立了其他一些殖民地，包括加拿大沿海和西印度群岛的部分地区。与此同时，其他欧洲各国也在北美进行殖民活动。西班牙人在西南部和佛罗里达州的部分地区建立了殖民地，法国人对魁北克进行了殖民，直到 17 世纪 60 年代，荷兰人还控制着后来成为纽约和新泽西州的部分地区。

对欧洲殖民地的关注也转移了人们对欧洲探险者到来之前已经占有北美大陆几千年的原住民的经历的关注。对后者而言，欧洲殖民者被证实具有极大的破坏性。由于接触了天花等从欧洲传来的疾病，原住民大量死亡。甚至在欧洲人永久定居点建立之前，当地人就因为与欧洲捕鱼探险者接触而暴露在疾病的危险之中。因此，当建立第一批欧洲人永久驻地之时，欧洲移民者面对的是已遭破坏的原住民社区，他们所面临的抵抗可能比在其他情况下要少，而且往往能够占领原住民已经开垦的土地。

尽管这些不同观点在为理解殖民时代的历史提供信息方面有所裨益，但计量史学文献大多采用一种有利的观点，即将这一阶段美国经济发展的历史作为后续美利坚合众国发展的背景，并追问美国在独立前的那些年的发展如何塑造了美国经济的后续发展。本章也主要遵循该路径。

经济表现与生活水平

殖民地末期的收入

殖民地时期用来衡量收入的定量数据相当有限。尽管如此，最近的学术

---

* 指该研究主题的选择标准。——译者注

研究还是进一步揭示了殖民地末期的收入状况,表明那时北美自由白人居民享有的生活水平可与英国本土居民媲美,根据麦迪逊的估计(Bolt and van Zanden,2013),他们有着当时世界上最高的人均收入水平。

艾伦等人(Allen et al.,2012)收集了三个英属北美殖民地以及世界其他一些地方的非熟练工人工资和工人生活成本的时间序列。他们将每个地方的名义工资换算成以克计的等值白银,然后再减去生活成本,计算出每个地区的相对福利率,如图5.1所示。他们的数据显示,到美国独立战争时期费城劳动者的收入在所有地区中是最高的,大约比伦敦劳动者的收入高出25%。波士顿和马里兰劳动者的收入一直落后于伦敦劳动者,但到18世纪70年代,他们已经非常接近伦敦劳动者,远远领先于同时代北美劳动者和中国劳动者。

788

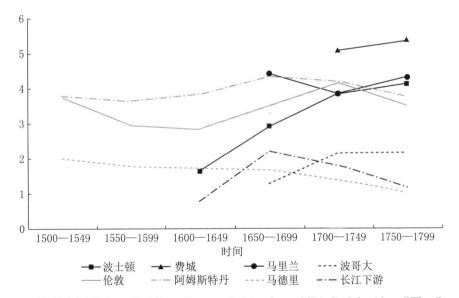

资料来源:Robert C. Allen, Tommy E. Murphy and Eric B. Schneider, "The Colonial Origins of the Divergence in the America: A Labour Market Approach", IGIER-Universita Bocconi, Working Paper no.402(July 2011):45,Table 4。

图 5.1　1500—1799 年按地区分列的福利率(工资/生活成本)

彼得·林德特和杰弗利·威廉姆森(Peter Lindert and Jeffery Williamson,2016a)承担了一项更有雄心的任务,他们通过结合描述了人口职业和阶层结构的社会表以及对每个群体的劳动收入和财产收入的估计值,构建出对国民收入的估算体系。他们的方法可以估计出 1774 年殖民地的人均总收入并考察每个殖民地内部收入分配的情况。他们的估计显示,到 1744 年,美国的人均收入高于英国,而且收入分配也更加均衡。根据他们的测算,美国殖民地自由居民的基尼系数是 0.4,远远低于当时西北欧国家的平均值 0.57。即使包括奴隶人口,北美的基尼系数也只上升到 0.44。他们承认,调整汇率和生活成本的差异极具挑战,但似乎清楚的一个事实是,尽管分布在顶端的收入部分仍在英国,但殖民地为那些收入分配较低的人提供了相当可观的经济机会,这一事实与大革命前不断上升的从英国前往北美的移民潮现象一致。

经济增长

估计殖民地收入的长期趋势更加困难。人口统计学的证据证明在殖民地时期的人口有强劲广泛的增长的特点。1607 年,在美洲的第一个英国人永久殖民地被建立,即现在的弗吉尼亚州的詹姆斯敦。1621 年,在马萨诸塞州的第二个永久殖民地被建立。直到 1776 年美洲殖民地宣布独立时,其人口已经从几百增加到大约 250 万。尽管如此,这些人口仍然主要局限在大西洋海岸相对狭窄的地带,从现在南方的佐治亚州一直延伸到北方的缅因州。

在美洲殖民地,与欧洲和非洲人口增长相伴而生的是原住民人口的减少。对与欧洲人接触前原住民人口规模的估计差异很大,但毫无疑问的是,天花和其他欧洲人带来的疾病对当地人口造成相当沉重的打击。乌本拉克(Ubelaker,1988)估计密西西比河以东的原住民人口从 1600 年的 50 万下降到 1700 年的 254 485 人,以及 1800 年的 177 630 人。

历史人口学家依靠各种人口普查、税收记录以及其他文件,已经能对欧洲裔美国人口以及非裔美国人口的增长作出合理且详细的估计。高生育率、早婚和相对较少的未婚人口结合在一起,给整个殖民地带来快速的自然增长。主动移民和奴隶的输入进一步提高人口增长率。在殖民地时期的大多数时候,这些因素共同促成的人口增长率平均接近 2.8%/年。这个比率足以使每一代人口翻一倍。同时代的观察者托马斯·马尔萨斯(Thomas Malthus)将这一增长速度描述为"历史上可能没有先例的事",并用这一现象

789

支持"在没有限制的情况下,人口将以几何速度增长"这一论点(Galenson,1996:169)。

图 5.2 以半对数为尺度描绘了人口数量的区域增长情况。在最初定居的几十年里,人口增长速度相当快,反映了在人口基数小时移民所作出的贡献,但自然增长成为增长的主要来源以后,增长速度放缓。在最早的定居地区——切萨皮克和新英格兰,17 世纪末几乎全是殖民人口。但是在 1860 年以后,大西洋中部的殖民地(纽约、新泽西和宾夕法尼亚)吸引了越来越多的移民,并迅速扩张。深南部(卡罗来纳州和佐治亚州)直到 1700 年才真正开始有人定居,自那以后,该地区发展相当迅速,但其人口仍然比其他殖民地区少得多。

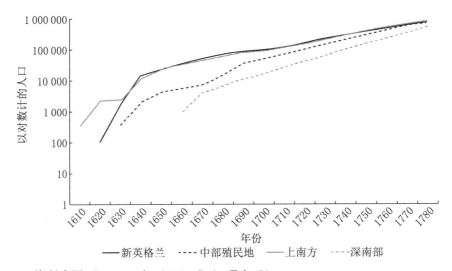

资料来源:Carter et al.,2006,Series Egl—59。

图 5.2 1600—1780 年地区间的人口增长

早期殖民者在适应新土地时经历了极致的艰难困苦。粮食短缺、适应环境的挑战以及疾病环境等,都是造成最初高死亡率的原因(Perkins,1988:6)。然而,随着殖民地定居点越来越多地建立,生活条件得以改善,死亡率也下降了。

事实证明,对早期生活水平进行量化是相当困难的。基于殖民地强劲的人口增长及其所支持的多样化经济,早期的统计假设殖民地时期人均收入一直在增长。例如,麦卡斯克和梅纳德(McCusker and Menard, 1985)在他们对殖民地经济史有影响力的评估中表明,在 18 世纪,殖民地人均收入至少同英国人均收入一样快速增长,甚至可能是后者的两倍——这导致他们得出人均年收入增长率为 0.3%—0.6% 的结论。

不过,在克服最初的定居挑战之后,基于新的数据和更精细的分析技术,最近的学术研究表明总体经济增长速度其实相当小。鉴于殖民地时期有限的可用量化数据,这些估计主要依赖于使用几个关键指标指数来回推收入水平。例如,曼考尔和韦斯(Mancall and Weiss, 1999)运用控制推测的方法来估算 1700—1800 年的人均 GDP。他们从人均 GDP 等于每个工人的产出乘以劳动参与率开始,即

$$\frac{Q}{P} = \left(\frac{L}{P}\right) \times \left(\frac{Q}{L}\right) \tag{5.1}$$

其中 Q 是 GDP,P 是人口,L 是劳动力,L/P 是劳动参与率,Q/L 是人均产出。

人均产出可以被分解成不同经济部门每个工人生产率的加权总和:

$$\frac{Q}{P} = \left(\frac{L}{P}\right) \times \left[(1-S_a) \times \left(\frac{Q}{L}\right)_n + S_a \left(\frac{Q}{L}\right)_a\right] = \left(\frac{L}{P}\right) \times \left(\frac{Q}{L}\right)_a \left[(1-S_a)k + S_a\right] \tag{5.2}$$

其中,下标 a 和 n 分别表示农业部门和非农部门。S_a 表示农业采用劳动力的份额,Q/L 为每个工人的平均产出,k 是非农产业人均产出与农业人均产出的比率。

从已知的 1800 年人均 GDP 开始,假设相对劳动生产率 k 恒定在 1800 年的水平,根据三组估计数据就可以推算出进步缓慢的人均收入:劳动参与率、各部门间的劳动力分配以及农业劳动生产率。前两组数据可以主要从现有的人口统计数据推导出来,并建立在相对可靠的定量基础之上,但衡量劳动生产率更具挑战性。为了得出对农业劳动生产率的估计值,曼考尔和韦斯首先通过汇总不同群体(如儿童、成年男性、成年女性以及奴隶)的消费估计值并加上净出口,计算出粮食总产量。用粮食总产量除以总劳动力便可以得到平均劳动生产率。

在缺乏食品消费趋势确凿证据的情况下,他们的基准案例假设一段时期内农产品的消费水平不变,并根据军用口粮长期不变证明这一假设是合理的。结合所有证据,他们计算出人均收入(以 1840 年的价格表示)仅从 1700 年的 64 美元增长到 1770 年的 68 美元,然后在 1800 年下降到 67 美元。在较短的时间内,这一增长率仅为 0.08%/年,而在整个世纪内,这一增长率为 0.04%/年。

曼考尔和韦斯明确地承认他们并不能准确地估计农业生产情况;尽管如此,他们还是指出对人均 GDP 的估计受到国内农业生产的合理价值范围的限制。假设农业生产有更高的增速——例如,假定一个会导致人均 GDP 有较高增长率的农业生产增速,但即使假定农业生产率的增速如 19 世纪前半世纪那样快,其人均 GDP 年增长率也仅约 0.2%,远远低于麦卡斯克和梅纳德提出的水平。然而,假设这个增长率,并接受 1800 年的 GDP 水平,则意味着 1700 年自由殖民者消耗的食物价值将低于 1800 年奴隶消耗的食物价值。麦卡斯克和韦斯认为,这种说法似乎不太可信,因此得出的结论是人均 GDP 可能的年增长率不高于 0.1%,而且很可能接近于零。

在随后的工作中,麦卡斯克等人(Mancall et al.,2004)及罗森布鲁姆和韦斯(Rosenbloom and Weiss,2014)分别对大西洋南部的深南部地区和大西洋中部地区的殖民地和各州构建了类似的估计体系。在区域(一级)水平上应用控制推测的方法,允许他们纳入额外的、特定于区域的关于农业生产率和出口的证据。这强化了以下结论:在整个 18 世纪人均 GDP 几乎没有增长。林德特和威廉姆森(Lindert and Williamson,2016b)也试图回溯他们对殖民地收入的估计。该估计部分依赖于麦卡斯克、罗森布鲁姆和韦斯的地区估计,但他们所提供的独立证据与 18 世纪经济增长相当缓慢的观点一致。

财富积累

关于殖民地生活水平最丰富的信息来源之一是遗嘱认证清单。在首批利用这些数据的研究中,琼斯(Jones,1980)从 1774 年殖民地每个地区的随机选择县中抽取 899 份清单作为样本。在调整年龄分布以反映人口年龄状况,以及调整观测值权重以反映越富有的后代越有可能进行遗嘱认证这一事实后,她得出各地区人均财富持有估计值。表 5.1 总结了这些内容。

表 5.1　1774 年按地区划分的人均遗嘱财富

	人均自由资产			人均资产
	资产净值	奴隶与仆人	非奴隶与仆人	非奴隶与仆人
新英格兰	38.2	0.2	38.0	36.4
中部殖民地	45.8	1.7	44.1	40.2
南部殖民地	92.7	31.1	61.6	36.4
所有殖民地	60.2	11.8	48.4	37.4

资料来源：Alice Hanson Jones，1980：54，58。

表 5.1 第一列展现了各地区人均自由资产净值的总额。在此基础上，殖民地地区间的财富积累似乎存在巨大的差距：南部殖民地居民积累的财富几乎是大西洋中部殖民地居民的 2 倍，是新英格兰居民的 2.5 倍。然而，这种差异几乎完全反映了奴隶制对财富分配的影响。如第二列和第三列所示，大多数奴隶财富集中在南方，如果把注意力集中在奴隶和仆人之外的财富上，区域性差异明显缩小。如第四列所示，当人口的定义扩大到包括被奴役者和自由居民时，人均资产（除去奴隶和仆人的价值）的地区差异几乎相等。因此，可以得出这样的结论：虽然奴隶制让南方殖民地的自由居民积累了更多的财富，其中大部分以劳动财产权的形式存在，但无论在哪个地区，物质资本积累都非常相似。

尽管琼斯能够提供殖民地末期的详细截面数据，但其他一些研究试图使用遗嘱认证清单来说明随时间变动的趋势。这些研究的结果在很大程度上支持生活水平相对稳定的描绘。梅因·格洛丽亚和梅因·杰克逊（Main and Main，1988）使用 1640—1774 年的 16 000 多份清单样本分析了新英格兰南部的经济增长和发展情况。图 5.3 描绘了房产价值的演变以及其在不变价格中的主要组成部分。正如他们所总结的那样，"毫无疑问，按实际价值计算，新英格兰南部的财富正在增长，而这种增长的主要类别是土地和建筑物"（Main and Main，1988：36）。事实上，许多其他财富类别的人均价值随着时间的推移而下降。因此，当新英格兰人开垦土地并对这些土地的额外改善进行投资时，其他物质福利指标几乎没有增长。林德特和威廉姆森（Lindert and Williamson，2016b）最近对这些遗嘱认证数据的重新分析进一

793 步强化了关于经济相对静态的认知。通过使用回归技术控制年龄、地点和
职业,他们得出结论:随着时间的推移,只有较晚定居的内陆地区农民通过
继续增加改良土地和积累更多的牲畜,获得了显著的财富增长。

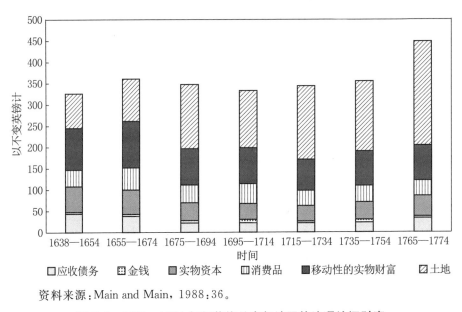

资料来源:Main and Main,1988:36。

图 5.3　1640—1774 年新英格兰南部地区的遗嘱认证财富

　　鲍尔和沃尔顿(Ball and Walton,1976)利用宾夕法尼亚切斯特县的遗嘱
清单来衡量 18 世纪大部分时期农业生产的变化。为了估计生产力的增长,
他们构建了(谷物和牲畜的)产出指标以及遗嘱清单中土地和资本的投入,
并将这些数据与其他来源的劳动投入估计值相结合。将 1714—1731 年的
生产率设定为 100,他们发现 1750—1770 年生产率增加到 108,但在 1775—
1790 年回落到 105(Ball and Walton,1976:110, Table 6)。

殖民地时期的经济

　　经济史学家倾向于从两个角度看待殖民地经济。第一个视角主要关注
欧洲殖民者在北美面临的土地和自然资源与劳动力的高比率。根据这个

"人口"模型,自然资源的丰裕度提高了劳动生产率,尤其是农业,这有助于实现殖民者的高生活水平,消除限制欧洲人口增长的人口统计上的约束(Smith,1980)。不加约束的自然增长加上主动或被迫移民,导致经济快速粗放地增长。殖民地经济的第二个视角关注的是关键出口作为经济增长的驱动力所扮演的角色。这篇"主要出口商品"的论文强调了欧洲对烟草、大米、靛蓝和其他出口品的需求是殖民地经济规模和结构的主要决定因素(McCusker and Menard,1985)。

事实通常介于两种观点之间。毫无疑问,大量土地使得从事农业相对容易,从而促进了早婚和婚姻的高生育率。与此同时,由于丰富的食物和林产品提供了更多的营养、更好的居住条件和更健康的人口,较低的人口密度也阻碍了疾病的传播,因此死亡率很低。从数量上看,食物和燃料的生产主要用于国内消费,大部分是本地消费,而消费主导经济。例如,曼考尔和韦斯(Mancall and Weiss,1999)估计殖民地出口仅仅占18世纪经济活动的10%左右。即便在高度依赖出口的地区(例如深南部),曼考尔等人(Mancall et al.,2008)估计国外出口也只占GDP的20%—25%,且随着时间的推移,其重要性在下降。

然而,出口对殖民地的经济存活至关重要。殖民地出口对更大帝国的潜在贡献是殖民主义的主要动机之一,而出口收入对殖民地用于支付国内无法生产的制造品和其他商品进口的能力至关重要。出口作物的不同也导致殖民地经济组织的独特模式的出现,这反映在前面提及的财富分配上。此外,国际贸易的波动也对促进殖民地经济的短期波动起到作用,尽管这些影响似乎集中在以商业为导向的港口城市,而对内陆农民影响不大。

794

殖民地经济的地区差异

在南部殖民地,气候条件有利于农作物的种植,这些农作物也在欧洲找到有利可图的市场。在弗吉尼亚州、马里兰州和北卡罗来纳州沿海的部分地区,烟草种植的广泛蔓延,刺激了对劳动力的需求,从而对移民形成鼓励。烟草并不需要大量的资本投入,其特点是几乎不具有规模经济效应,这导致以小农户为主导的社会形成,小农户们只需由家庭劳动和或许少数仆人的协助就可以在土地上劳作。然而,到17世纪晚期,美国上南方的种植园主开始进口奴隶,使得一些生产者得以扩大生产规模。

再往南,在南卡罗来纳州地势较低的郡和佐治亚州沿海,早期殖民者发现那里的条件有利于水稻种植。与烟草不同,水稻种植依赖相对大量的资本投入以控制灌溉。结果是,水稻主要在较大的种植园耕种,而南卡罗来纳州和佐治亚州沿海地区的殖民者严重依赖奴隶劳动者以提供足够的劳动力。有趣的是,佐治亚州在建立之初就打算成为一个自由的殖民地,因而奴隶制是被禁止的。然而,直到其缔造者认识到禁止奴隶制阻碍了商业发展,奴隶工人才被允许使用,定居也才逐渐展开。在狭窄的沿海地区之外,水稻不是一个可行的种植作物,两个殖民地的内陆地区则主要由小佃农和独立的农民组成。

北方殖民地的气候更接近于欧洲西北部的气候,这限制了出口机会。宾夕法尼亚州、新泽西州以及纽约州依然支持小型农场的发展——饲养牲畜,种植小麦以及其他谷物。该地区生产的面粉在南欧和西印度群岛都找到市场。新英格兰地区的条件并不利于生产农业盈余品,但该地区确实开拓了向西印度群岛供应粮食的市场,在那里,密集的蔗糖种植挤占了当地粮食作物的空间。

由于地区间贸易关系存在更大的复杂性,北方殖民地通过发展密集且相对成熟复杂的商人社区来帮助组织和资助地区或国际贸易,并提供航运服务。到殖民地后期,波士顿、纽约和费城已经成为繁华的城市中心。1775年,费城有超过 3 万居民,纽约有 2.5 万居民,波士顿有 1.6 万居民。相比之下,作为南方唯一重要的城市中心,查尔斯顿的人口只有 1.2 万。

795　殖民地的自由劳动力和非自由劳动力

区域间出口农作物生产的差异与奴隶劳动力的使用密切相关。尽管奴隶制在所有殖民地均合法,英属北美各地也都有奴隶,但到 18 世纪 70 年代,90％以上的奴隶人口却集中在从马里兰州到佐治亚州的殖民地。用出口主食的分布来解释奴隶制的区域分布是很容易想到的,但劳动制度与农作物之间的联系大多是间接的。虽然对水稻种植所需的潮汐灌溉进行投资鼓励了大规模生产,但烟草可以在小规模种植中获利且不受规模经济的影响(Wright, 2006)。

因为土地资源丰富,进行农业生产也相对容易,很少有殖民地的自由人愿意为了工资工作而不经营自己的农场。结果,希望扩大的生产规模超出家庭劳动力所能耕作的范围的种植园主必须转而约束劳动力。埃夫西·多玛(Evsey Domar,1970)有一个著名的观察:不可能同时拥有自由劳动力、闲置土地以及大规模生产。非自由劳动力的可用性为种植园主扩大生产创造了潜力,而出口农作物的价值为实现这一目的提供了获取非自由劳动力的手段。

在切萨皮克最初的烟草繁荣时期,非洲奴隶的高价格(这取决于他们在西印度群岛蔗糖种植中的生产力)阻碍了种植园主对奴隶劳动力的使用。相反,希望扩大生产规模的种植园主在很大程度上依赖于来自欧洲的契约佣工。在17世纪,契约奴役制出现了,并成为向劳动力往美洲转移提供资助的主要机制。尽管北美劳动力的高回报使移民成为英国劳动者的一个有吸引力的前景,但横跨大西洋的高成本(超过年收入的一半)构成重大障碍(Grubb,1985)。契约奴役制提供了一种机制,它使未来的移民能够为他们的旅途提供资金。

契约合同通常与前往北美的船长签订,承诺移民在规定的期限内(通常是3—4年)工作以换取前往殖民地的机会。一旦他们抵达美国,他们的合同就会被卖给一个寻求雇用额外劳动力的种植园主。当服务期结束后,契约劳工会从其雇主手中得到一小笔报酬,这笔报酬能够帮助他们成为独立的农民。其他移民则以"赎回者"的身份来到美国,承诺一旦到达美国,就将自己卖给美国主人做奴隶,以获得自身旅程所需的旅费来偿还船长(Grubb,1986)。

关于殖民地时期移民的数据零散且不完整,但一些学者大胆估计,在抵达殖民地的欧洲移民中,有一半至四分之三的契约奴役者和赎回者。格拉布(Grubb,1985)发现,在殖民地时期结束时,近四分之三的英国移民和近五分之三的德国移民作为仆人来到宾夕法尼亚。加仑森(Galenson,1981)调查了几个大样本的契约合同的条款并得出结论,偿还旅费所需的服务年限随着可能与个人生产力差异相关的特点而变化。他还总结:随着时间的推移,合同条款也随更大的供求力量而变化,这与高效市场的运作方式一致。

796

　　17世纪80年代,切萨皮克地区的烟草种植者开始从依赖契约仆役转向依赖被奴役的非洲人。加仑森(Galenson,1984)将此归因于非洲奴隶价格的下降和英国劳动力市场的改善,这使得契约仆役的价格更加昂贵。起初,仆人们继续被用来填补需要更多技能的职位,但是随着奴隶数量的增加,奴隶主扩大其土地使得新来者难以凭独立农民的身份站稳脚跟,移民切萨皮克地区对潜在移民来说也越来越缺乏吸引力。到18世纪早期,大部分契约仆役倾向于迁移到大西洋中部地区,烟草种植也不可避免地与奴隶劳动联系在一起。在17世纪90年代才开始有定居者定居在南卡罗来纳州,种植园主们从一开始就依赖奴隶劳动力来形成商业化的水稻生产。与出口导向农业生产和奴隶使用之间的密切联系一致,曼考尔(Mancall et al.,2008)证明深南部的奴隶进口与出口价值的变化之间存在很强的正相关性。

　　图5.4显示了1680年后这两个地区的奴隶人口份额的快速增长。由于大陆殖民者在更大的大西洋奴隶市场上是相对较小的进口商,因此他们面临的是实际上完全弹性的、按世界价格供给的奴隶劳动力,这在很大程度上由非洲和西印度群岛的供需状况决定。与该观点一致,曼考尔(Mancall et al.,2001)表明1720—1800年,在南卡罗来纳州奴隶价格的长期变动趋势与

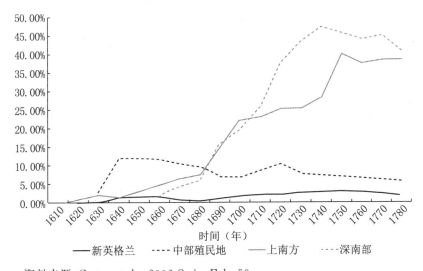

资料来源:Carter et al.,2006 Series Egl—59。

图5.4　1619—1780年不同地区非裔人口占总人口的比例

西印度群岛的一致,在短期内,对劳动力的需求提高了当地奴隶价格,随着
进口数量的增加,奴隶价格最终又会下跌。

制度与殖民经济发展

制度与经济发展

在诺思(North,1990)的影响下,计量史学家或者更普遍地说经济学家
已经开始将制度视为经济发展的主要决定因素之一。在诺思看来,制度是
"游戏规则"及他们的执行手段。根据定义,制度既包括正式的法律和治理
结构,也包括非正式结构,如社会规范和惯例。在很大程度上,经济学家们
认为制度可以提供相对可靠的财产权并促进更民主的治理形式,通过创造
有利于私人投资和创新的条件来鼓励增长。然而如果制度解释了经济表现
的差异,那么问题就成了为什么有些社会的制度比其他社会更适于促进
增长?

最近一些颇具影响力的文章试图回答这个问题,这些文章认为当代制度
的变化以及美洲地区的经济增长可以用欧洲殖民地与欧洲殖民者到来前世
界各地方不同的初始条件之间的相互作用来解释(Engerman and Sokoloff,
2012;Acemoglu et al.,2002)。尽管所认定的制度稍有不同,但两者都强调
"命运的逆转",通过这种逆转,最初有利于经济繁荣的制度条件随后阻碍了
经济发展的制度的发展,而最初并不那么有利于经济发展的制度条件却促
进了更有利于经济增长的制度的发展。

恩格尔曼和索科洛夫的研究聚焦于西班牙和英国的美洲殖民地,指明不
同的气候条件、地理环境以及自然资源禀赋给贵金属的开采创造了众多机
会(拉丁美洲),或者有利于出口农作物的专门生产(西印度群岛),这导致它
们发展成高度不平等的社会,小部分欧洲精英剥削大量的奴隶人口。由此
产生的法律和政治体制尽管最初带来了高人均资本收入,但事实证明利用
工业革命期间出现的现代经济增长机会并不太适合。相反,他们认为,由于
北美缺乏大量的本土人口,土壤和气候条件使得生产以重大规模经济为特

征的农作物的条件有限,这反而导致大陆殖民地相对的平等主义和代议制
社会的发展。这种更平等的社会结构在 19 世纪促进其向现代经济增长模式
过渡。

798 　　阿西莫格鲁等人(Acemoglu et al.,2002)采取更为广阔的视角,他们试
图从人口密度和欧洲殖民者遇到的相应社会复杂性来解释现代经济表现的
全球差异。在欧洲人遇到(并接管)的、现存有攫取性制度的地方,如墨西
哥、印度和秘鲁,他们延续了建立在剥削和不平等基础上的攫取性制度。在
人烟较为稀少的、不那么繁荣的地区,如北美、澳大利亚和新西兰,他们建立
了更适合促进长期经济增长的私有产权和政治平等制度。

美国殖民地制度

　　对于恩格尔曼和索科洛夫,以及阿西莫格鲁、约翰逊和罗宾逊而言,殖
民地时期的美国本质上被简化成一个数据点。这种粗略的概括性理论有助
于建立一个更广泛的背景,但可能会忽略重要的地区差异性和凸显美国制
度发展的历史偶然事件。正如我们所看到的,后来成为美国的英国殖民地
的经济和社会结构差异很大,这又造成殖民地奴隶人口和财富的不平等分
布。然而,在政治结构和长期经济发展方面,它们都遵循相似的路径。

　　殖民地时期的美国有一个很重要的共同点,即受到殖民者带来的英国制
度的共同影响(Jones,1996)。与 17 世纪的欧洲国家相比,以君主相对弱小
为特征的英国被迫在议会中与准独立地方领导者进行集团谈判(Elliot,
1992)。相比之下,在君主相对强势的西班牙,个别名人可以直接与国王进
行谈判,从而形成一堆完全取决于个人人际关系的拼凑式协议(Irigoin and
Graf,2008)。当早期殖民者创建地方治理机构时,他们遵循本国议会与国
王关系所提供的模板,建立起代表他们的集体利益而与帝国较量的机构,而
不是寻求通过个体协商加以解决。

　　英国国王弱势的另一个表现是他们用于美洲探索和殖民项目的资源有
限。国王并不直接对探险航行进行资金支持,而是通过向私人投资者授予
公司特许权或垄断权来鼓励勘探,而这些投资者自己承担探险的费用和风
险。与此同时,美国的环境鼓励殖民地早期发展相对健全且平等的自治
形式。

1606年弗吉尼亚公司被授予第一个大陆殖民地的殖民地特许状。它赋予公司投资者建立殖民地的权利,并且这种权利得到国王的保护。更重要的是,特许状确立了私人土地所有权的先例,规定土地必须以自由农役保有的方式持有,这种权属形式确立了有保障的产权,使得土地资源完全可转让和继承。

作为一家以股份制形式组建的公司,弗吉尼亚公司的目的是为投资者盈利。公司最初采用一种等级管控模式,早期殖民者居住在公共营房里,在公司的土地上耕种。然而,这种自上而下的组织并不太适用于早期定居者面临的土地富饶的条件。正如摩根(Morgan,1971)所描述的那样,该公司发现它几乎不可能强迫殖民者代表公司工作。结果,早期殖民者很少投入食品生产,因此这些殖民地早期的特点是存在食物短缺、流行疾病和条件艰苦等现象。

当公司选择授予每个定居者自己的土地所有权并允许他们耕种时,激励的问题得以解决。美国定居者与英国投资者之间紧张的关系以及跨越大西洋的通信长期延迟,进一步迫使公司允许殖民者建立代表大会以制定殖民地法律。当1624年公司殖民地特许状被撤销,且弗吉尼亚成为由国王直接管辖的王室殖民地后,定居者通过代表大会成功地保持自治,但这仍受制于王室任命的总督的否决权。

随后在1629年马萨诸塞湾公司被授予弗吉尼亚殖民地的特许状,该公司也是以股份制公司的形式组建。与1620年在普利茅斯定居的清教徒一样,马萨诸塞湾公司的创始人们也是宗教异议者,1630年公司领导者带着特许状移居新英格兰。随着公司投资者出现在马萨诸塞州,定居者与英国投资者之间的紧张关系得以缓解,公司也发展成殖民地政府。

另外几次殖民,包括把马里兰授予巴尔的摩勋爵,把纽约授予约克公爵,把宾夕法尼亚授予威廉·佩恩(William Penn),都遵循一种所有权土地授予的模式。特许状授予这些业主广泛的权力来治理新领土并分配其中的土地。然而,就像在弗吉尼亚一样,土地的富饶和距离有利于发展代表定居者的地方议会并向地方自治转变。

殖民地出口的有限价值无疑促进了殖民地自治政府的发展。正因如此,英国政府在很大程度上对殖民地采取一种良性的忽视政策,行使相当有限的监督权。17世纪中期,英国内战引发的政治动荡也转移了人们对殖民地的注意力,使地方治理的传统得以建立,而这种传统只受到王室任命总督否决权的制约。

总之,虽然要素禀赋与距离在鼓励殖民地发展自治机制方面发挥了作用,但通过代表国王统一殖民地利益的选举议会来促进代表的政治规范也很重要。到17世纪晚期,当南卡罗来纳州建立后,这些模式甚至被采用在一个从一开始就以大规模种植园农业和严重依赖奴隶劳动力为特征的环境中。

殖民地的货币制度

起初,殖民地经济是原始农业经济,其国际贸易关系也有限。从第一批定居者到达到美国独立大约170年的时间里,美国经济规模大幅增长,与英国和其他国家的贸易关系及金融关系也变得更加错综复杂。为了支撑日益增长的经济交易的规模化与复杂化,金融体系需要进化。纸币作为交换媒介被广泛使用成为殖民者引进的著名创新之一(Grubb,2016;Perkins,1988;West,1978)。

对殖民者而言,铸币(金银币)构成货币体系的基础。殖民地并不生产金或者银,并且铸造自己的硬币也是被禁止的。铸币必须通过出口货物来获得,因此在美国使用的铸币大部分是由货物出口到西班牙而获得。对英国的出口也使殖民地能够以在英国账户上开出汇票的形式获得英镑信用。这些外汇收入主要用于支付殖民地的进口货物,很少有铸币能在殖民地内部流通,以促进国内贸易。

在没有铸币的情况下,殖民者在很大程度上依赖以物易物的方式进行当地物品的交换。在切萨皮克,交易通常以烟草的重量来计算。但是烟草并没有用作交换媒介。相反,商人可以向种植者贷款来购买进口商品,而在收获时以一定数量的烟草偿还。在其他地方,账簿信用账户有助于促进交易,且减少对货币的需求。殖民者经常抱怨铸币短缺,但正如佩尔金斯(Perkins,1988)观察到的那样,从长期历史来看,并没有显示价格有任何下跌的趋势,这是货币供应量过少时所预期到的现象。

虽然英国商人为国际贸易融资提供商业信贷,但殖民地并没有相应的银行或信贷机构可以供殖民地立法机构在面临巨额开支时求助。1690年,马萨诸塞州发行了7 000英镑的信用票据,用以支付参加反法属魁北克军事行动的士兵的工资,并使这些票据成为支付殖民地税的法定货币。随着票据被归还给财政部,它们也退出流通。这一试验是成功的,并很快被其他大多数殖民地所效仿,这主要与大量的军事开支有关。这些货币的发放细节在期限方面有所差异,例如,是否支付利息,是否作为法定货币(Grubb,2016)。然而,在大多数情况下,票据与未来通过收税或者偿还贷款进行赎回明确地联系在一起。

除了少数例外,殖民地发行的这些纸币并没有带来通胀压力。到目前为止,已有大量文献分析了票据发行和价格之间的关系,但几乎没有发现它们之间存在任何关联性的证据(Weiss,1970;Wicker,1985;Smith,1985;Grubb,2016)。正如格拉布(Grubb,2016)所论证的那样,这表明虽然信用凭证的流通可能通过取代账面信用或其他形式的以物易物来促进交易,但它们并没有承担货币的角色。

尽管殖民地历史上的货币贬值是有限的,但早在18世纪50年代早期,英国商人就开始担心,他们向殖民地提供的贷款可能会以贬值的殖民地货币而非英镑偿还。1751年,在这些贸易利益的压力下,国会开始介入殖民地的货币发行,并通过一项针对新英格兰殖民地的法案,旨在限制罗德岛、康涅狄格州和马萨诸塞州新发行的货币的期限长达两年,并禁止在私人交易中将其指定为法定货币。随后在1764年颁布适用于其余殖民地的第二项法案,也禁止对私人债务和公共债务提供法定货币条款。然而,包括纽约和宾夕法尼亚在内的一些殖民地无视这些禁令,继续发行新纸币(Perkins,1988)。殖民地代表的游说团体最终成功地使法案中的这些限制放宽,允许纸币被制定为公共债务的法定货币。

大英帝国的殖民地

从詹姆斯敦殖民地建立到美国《独立宣言》发表的近170年里,英国的北

801

美大陆殖民地与英国本土之间几乎很少有关系紧张的时候。殖民者们认为自己是英国的国民,并在英国政策支持的大西洋经济扩张的背景下蓬勃发展。正如本杰明·富兰克林(Benjamin Franklin)所观察的,在 1775 年"我从未听过在任何谈话中醉酒或者清醒的任何人的声音,至少表达一种分离的愿望,或暗示这样的事有利于美国"(引自 Taylor,2016:4)。18 世纪 50 年代,在一个基本未知的大陆边缘,一些小且孤立的哨所已经发展成一套建设完整的社区,人口规模接近母国的 40%,享有相对较高的生活水平,并支持一系列复杂的国际贸易关系。这种增长发生的背景通常被称为"重商主义"。

重商主义

重商主义的主要原则是,通过与其他国家保持贸易顺差来获得铸币流入进而增强国家实力。殖民地可以通过直接生产金属货币实现这一目标(正如北美的西班牙殖民地那样),或者生产在出口市场上有价值的作物,或者作为商品来源地——否则就必须从帝国之外进口。与此同时,殖民地可以作为国内生产的制成品的市场来作出贡献。

1651 年英国国会首次通过《航海法案》(Navigation Acts),试图通过为殖民地的贸易关系建立合法权限来实现这些目的。主要规定是:(1)在国外注册的船只不能在帝国内部港口之间运输货物;(2)欧洲大陆生产的商品不能直接进口到殖民地,而必须经过英格兰;(3)某些有价值的殖民地出口物,如"列举的商品",只能出口到英国的港口;(4)对价值很高的殖民地产品予以奖励。"列举的商品"有毛皮、船桅、大米、靛蓝和烟草。重要的是,在殖民地注册的船只能在帝国内部进行贸易。虽然后来的法案修改了赏金并调整了开列的货物清单,但基本纲要仍然存在且持续到美国独立(Perkins,1988)。

殖民地的主要出口商品在进入大陆市场的途中必须经过英格兰,且制成品必须从英格兰进口,这就相当于对贸易征税。由此产生的价格楔子减少了贸易量,并将一些生产者和消费者价值剩余转移给航运和商业服务提供者。一些计量史学研究试图估计这些影响的大小,以确定它们是否在鼓励独立运动中发挥了作用(Harper,1939;Thomas,1965;Ransom,1968;McClelland,1969)。这些研究的主要差异来自在对没有《航海法案》的情况下的贸易规模作出反事实估计的方法不同。总的来说,估计表明殖民者的

802

花费相对适中,在年收入的1％—3％的范围内。此外,这一数字需要与帝国成员的利益相权衡,这包括英国海军为殖民地商人提供的保障和军事保护,使其免受敌对的原住民和其他欧洲列强的伤害。

殖民地内部的地区差异

尽管大英帝国的成员身份创造了共同环境,但是气候和土壤的差异在美洲殖民地创造了不同的经济机会,这转化为遍布各殖民地的显著不同的经济发展模式。由于生长季节相对较短,土壤多石而贫瘠,新英格兰殖民地缺乏生产出口农产品的禀赋。在定居的最初几年里,殖民者参与毛皮交易,与原住民进行海狸皮贸易,直到当地的海狸因过度狩猎而大量减少。北方森林也出产可以用来做船桅的高大树木。碳酸钾,一种可以用来制造肥皂和火药,以及焚烧树木清理农田的副产品,也找到海外市场。但是这些出口品的价值要远远低于该地区进口的纺织品、五金和其他制成品。为了弥补这一差异,新英格兰商人在西印度群岛开发出市场,供给鱼类、谷物和牲畜,以支持这些殖民地集中种植糖。波士顿商人还通过在帝国内部运输货物赚取了可观的收入(Walton and Shepherd,1979)。

在17世纪后期,大西洋中部殖民地纽约、宾夕法尼亚和新泽西建立后,18世纪便成为食品出口的主要来源地。由于拥有更好的土壤、更适宜的气候条件以及纽约和费城优良的天然港口,它们成为向西印度群岛和南欧出口面包、面粉、小麦、咸牛肉和猪肉的主要出口地。和新英格兰一样,海运服务收入成为大西洋中部地区出口收入的主要来源(McCusker and Menard,1985;Perkins,1988)。

尽管英国官方政策并不鼓励殖民地的制造企业,但新英格兰和大西洋中部殖民地也发展了造船业和冶铁工业,这些工业得益于非常丰富的木材供应。而英国的森林砍伐严重限制钢铁的生产,人们倾向于从殖民地进口生铁条钢,而非不断增加对欧洲来源的依赖。到18世纪晚期,这些殖民地的铁产量占世界总产量的15％,仅次于俄国和瑞典的铁产量,排名居第三位(Perkins,1988)。

南方殖民地比新英格兰和大西洋中部殖民地更符合重商主义的期望。弗吉尼亚州和马里兰州的切萨皮克殖民地,以及北卡罗来纳州的部分地区,由于拥有大量需求(尤其是来自欧洲)而成为主要的烟草生产国。烟草出口

803

是大陆殖民地最大的出口收入来源。在殖民时代后期,这些殖民地也开始出口小麦和面粉,以应对世界粮食价格的不断上涨(McCusker and Menard,1985;Egnal,1998)。再往南,在南卡罗来纳州和佐治亚州,大米是出口收入的主要来源。该地区也很适合靛蓝的生产,18世纪40年代,当英国开始对其生产提供丰厚的酬金时,这种有价值的染料的生产量也有所增加。

表5.2按区域简要列出殖民地时期结束时殖民地的出口情况。烟草、谷物、大米、鱼和牲畜占殖民地出口价值的近75%,而前两种就占据出口总额近一半。凭借在烟草贸易中的作用,上南方生产了超过40%的殖民地出口产品,其次是深南部和大西洋中部殖民地。新英格兰生产了价值最小的出口产品,不过它的贸易比其他地区更加多样化。

表5.2 1768—1772年美洲殖民地商品出口的年平均价值

商品	新英格兰	大西洋中部	上南方	深南部	总　计
烟草			756 128		756 128
谷物、谷物产品	19 902	379 380	199 485	13 152	611 919
大米				305 533	305 533
鱼类	152 555				152 555
牲畜、牛肉猪肉	89 953	20 033		12 930	122 916
木材制品	65 271	29 384	22 484		117 103
靛蓝				111 864	111 864
鲸鱼产品	62 103			25 764	87 867
其他	8 552	21 887	39 595	13 904	83 983
钢铁		27 669	29 191		56 860
鹿皮				37 093	37 093
亚麻籽		35 956			35 956
钾肥	22 399	12 272			34 671
松脂制品				31 709	31 709
朗姆酒	18 766				18 766
总计	439 501	526 545	1 046 883	551 949	2 564 878

注:以英镑计。

资料来源:McCusker and Menard,1985:108,130,172,199。

经济、政治与革命

经过接近一个半世纪相对和谐的发展，1763 年"七年战争"（在美国语境下通常称为"法印战争"）结束后，英国和北美殖民地之间的关系发生了根本性变化。在接下来的 13 年，这些殖民地在反对大英帝国的过程中发现一个共同的身份，并于 1776 年宣布独立。"七年战争"的一个重要后果是，它在很大程度上消除了法国和西班牙作为控制北美的竞争对手和原住民的潜在盟友的势力。作为 1763 年达成的和平协议的结果，法国把魁北克和大部分北美领土割让给英国。西班牙也加入这场冲突，放弃佛罗里达（包括墨西哥湾沿岸一直到密西西比河以西的领土），但从法国人手中获得新奥尔良。现在密西西比河以东的整个北美地区基本在英国的统治之下。

由于没有重要的欧洲竞争对手，英国对殖民领土扩张的态度发生了戏剧性转变。只要英国与法国争夺对北美内陆的控制权，殖民地居民开拓新领地的努力就符合帝国的目标。但是，在 1763 年战争之后，竞争消失，英国也试图减缓扩张速度，避免引发与原住民的新冲突。在殖民地，人口的快速增长导致对可耕种的新土地出现无法满足的需求；因此，获得西部土地所有权成为主要殖民者的一个重要财富来源（Egnal，1980；Egnal and Ernst，1972）。英国人抑制殖民扩张的努力使他们与那些希望通过开发西部土地而获利的有影响力的殖民者发生了直接冲突。

在英国领导者试图限制殖民扩张的同时，他们也在为最近结束的冲突所付出的代价苦苦挣扎。保卫他们在北美的财产需要一笔很大的开销，而且与本地居民相比，殖民地居民的税负相对较轻。殖民者通过更高的税收来偿还战时债务似乎理所当然。然而，对殖民者而言，这些措施有助于形成一种国会赞成以牺牲殖民地为代价来支持英国的利益的看法，这引发了一场以新英格兰和大西洋中部港口城市商业和贸易精英为中心的日益增长的抵抗运动（Taylor，2016）。

从 1764 年《糖税法案》（Sugar Act）开始，英国议会试图通过殖民地的财产增加收入。《糖税法案》实际上降低了从法属西印度群岛进口食糖的关

804

805

税,使之从以前普遍的税率警戒线水平降了下来,但英国官员估计,降低的关税将有助于走私减少,从而增加税收收入。该法案还规定加强执法,以打击新英格兰和法属西印度群岛制糖商之间的大规模非法贸易。由于不能依靠殖民地法院来执行这些法律,司法权就转移到英国海事法院。

《糖税法案》之后,1765 年《印花税法案》通过,对各种法律文件和报纸征税。对殖民者来说,这种对国内贸易征税的努力似乎与之前专注于对外贸易的法案有很大的不同。这引起那些有影响力的殖民地精英的强烈负面反馈。殖民者威胁或者恐吓受指定的税收征集者,强迫他们中的很多人辞职或者同意不执行征税。他们还试图组织一种集体响应,呼吁殖民地政府派代表参加在纽约举行的印花税法案大会。作为来自不同殖民地的代表形成的第一次会议,国会是国家认同感产生的重要一步。国会组织的对英国商品的抵制导致英国商人加入殖民者行列,敦促国会取消税收。1766 年,国会作出让步,废除了这项税收。

然而,英国仍然存在对税收的需求,1767 年《汤森法案》向殖民地征收一套新的关税。由于相信对外贸易的税收不会遇到阻力,《汤森法案》对玻璃、油漆铅、纸张以及茶叶的进口征收关税。与此同时,政府还计划将税收的一部分用于支付殖民地总督的工资。在此之前,这些总督还一直由当地征收的税收支撑。这一改变将使他们减少对殖民地立法机构的依赖。然而,殖民地居民反对这种干涉,他们因抵制《印花税法案》的成功而变得更加大胆,发动了另一场抵制。随着英国商人损失的生意越来越多,废除《汤森法案》的压力也越来越大。1770 年,议会取消了除茶叶税以外的所有税收。

最后的挑衅是在 1773 年以《茶叶法案》的形式出现的。当东印度公司发现自己陷入严重的财政困难时,其寻求援助,因而议会授予该公司在北美市场上销售茶叶的垄断权。茶叶税实际上有所调整,殖民者支付的价格有所下降。然而,当地商人因看到议会以牺牲他们的利益为代价偏袒一家英国公司,而将他们排除在有利可图的贸易之外时,当地商人感到愤怒并组织抗议活动。1773 年 12 月 16 日,在波士顿,一群殖民者登上几艘载有东印度茶叶的船只,将茶叶倾倒在波士顿港。作为对所谓的"波士顿倾茶事件"的回应,英国下令完全关闭波士顿港,并派遣一支庞大的军队来执行这一行动。为了应对这些行动,1774 年殖民者在费城召开第一届大陆会议,到 1775 年

806

初,由于英国进军莱克星顿和康科德,紧张的局势演变成武装冲突。

革命之后:美国独立

回顾过去,很容易认为美国革命的成功是必然发生的。这确实是,但也不完全是。殖民地居民在独立问题上存在严重的分歧:支持保留作为帝国一部分的人与革命者的人数可能几乎一样多,而很大部分的农村人口仍然不支持任何一方。因此,革命带来很大的内部冲突。此外,革命者还面临与规模更大、支持更好的英国军队对抗的实际挑战(Taylor,2016)。

这场武装冲突持续了七年,直到1782年才结束。殖民者面对的是数量上更多、装备更精良、训练更有素的军队;但英国人不得不面临距离和沟通缓慢所带来的后勤挑战。在大多数情况下,英国军队满足于占领几个主要港口并试图封锁海上贸易来施加压力。由于无法打败英国人,随着战争成本的增加,殖民者最终成功地坚持下来。

对于争议地区以外的殖民者来说,冲突的影响相对较小。对于那些离战争更近的人来说,影响却是混杂的。一方面,由于英国的占领增加了对食物和供给的需求,可能提高了收入;另一方面,一些殖民者目睹了庄稼被没收或毁坏,在南方地区,英国军队没收了奴隶并鼓励其他人叛逃。

大多数报告表明,独立给殖民地经济带来负面冲击,但对影响规模的评估有所不同。战争中断之后,新的独立国家在很大程度上被排除在独立前所参与的贸易网络之外,根据《邦联条约》国会缺乏制定关税的权力,因此缺乏就进入欧洲市场进行谈判所需要的筹码。随着1787年宪法的批准,其中一些困难得到解决。1793年以后,英法两国爆发敌对行动,这为美国商人创造了新的贸易机会。

比约克(Bjork,1964)认为国际贸易的中断影响是短暂的,而且也相对温和,因为资源转向用于西进扩张和竞争性进口品的生产。另外,林德特和威廉姆森(Lindert and Williamson,2013)对革命后的收入下降给出最为悲观的估计。然而,韦斯(Weiss,2017)也给出对此估计表示怀疑的理由。根据1840年的价格,林德特和威廉姆森(Lindert and Williamson,2013)估计人均

807 收入从 1774 年的 74 美元下降到 1800 年 59 美元,下降了 20%。由于人们普遍认为收入在 18 世纪 90 年代初之后开始恢复,这表明收入的低谷肯定更大。曼考尔和韦斯(Mancall and Weiss,1999)认为 1770—1800 年收入相对平稳,但他们推断 1770—1790 年收入一定有所下降,但这一下降被随后 18 世纪 90 年代的复苏所抵消。罗森布鲁姆和韦斯(Rosenbloom and Weiss,2014)估计,在大西洋中部地区,1791 年人均收入从 78.7 美元下降到 65.5 美元,到 1800 年又恢复到 78 美元(所有数据均以 1840 年不变价格计算)。

结　论

1607—1776 年,后来成为美国的 13 个英属北美殖民地从欧洲建立的小的孤立殖民前哨转变为一个繁荣的经济体,其人口几乎相当于英国的 40%。在克服建立殖民地初期的困难之后,人均收入增长缓慢(如果有的话)。但这段历史显著的特点是,殖民地能够在近两个世纪的时间里保持快速广泛的增长,而生活水平没有下降。

显而易见,这个故事从根本上讲是一个相对于劳动力和资本而言资源丰富的故事。当北美大陆与欧洲农业技术和私有财产制度相结合时,资源的丰富为资源的流动创造了高回报。结果是移民和投资的跨大西洋流动。这种效应需要各种各样的制度创新。为了促进欧洲劳工的流动,契约奴役制发展为一种为有利可图的移民提供资金的机制。然而,由此产生的劳动力并不足以满足殖民地的劳动需求,因而殖民者还将成千上万被奴役的非洲人强行运送到那些并不吸引的地区做并不令人满意的工作。在欧洲人和非裔美国人口中,自然增长率都相对较高。充足的食物和燃料有助于人口的相对健康,早婚和高婚姻生育率也是被允许的。结果是,人口大约每 20—25 年翻一番。

当然,欧洲移民与非洲移民来到的土地并非一无所有。他们的成功与原住民的流离失所同时发生。早期欧洲定居者所遇到的原住民已被更早期接触的渔民和探险者所传播的欧洲疾病困扰,这促进了欧洲人的定居。皮毛交易（北方的海狸和南方的鹿皮）是殖民定居早期欧洲经济的重要组成部分，在整个殖民地时期，贸易和当地人口的冲突仍然是一个重要因素。

就像制度调整以促进移民一样，殖民者的自治机制也适应其新环境。丰富的土地使得早期弗吉尼亚公司很难在其定居地维持自上而下的纪律。只有当土地分配给殖民者并允许他们保留劳动所得利润时，生产才开始发展。当殖民者与其遥远的母国控制者打交道时，经过长达一个月的横跨大西洋的航行，殖民者们宣称他们拥有建立地方政府的权利，这些地方政府有权为大多数地方决策作出集体选择。当地殖民者宣布独立时，地方议会发展出强大的传统，为地方统治提供基础。

然而，在殖民地时期的大部分时间里，几乎没有人想过寻求独立。殖民地在英国创建的帝国贸易关系中繁荣昌盛。根据《航海法案》，美国商人和英国商人享有同样的贸易路径，英国海军在海上的保护以及英国军队在陆地上的保护为殖民者提供了重要利益。不过在 1763 年以后，殖民地关系的状态发生了变化。在基本上消除与法国殖民地和西班牙殖民地的北美控制权竞争之后，英国希望抑制殖民人口的蔓延，避免与本土人口挑起冲突。殖民者看到扩张的机会。与此同时，殖民者质疑英国政府的新税收和新政策是否与其利益一致，结果导致一场发展迅速的抵抗运动，并在 1776 年正式宣布独立。

参考文献

Acemoglu, D., Johnson, S., Robinson, J.A. (2002) "Reversal of Fortune: Geography and Institutions in the Making of the Modern World Income Distribution", *Q J Econ*, 117 (4):1231—1294.

Allen, R., Murphy, T., Schneider, E. (2012) "The Colonial Origins of the Divergence in the Americas: A Labor Market Approach", *J Econ Hist*, 72(4):863—894.

Ball, D., Walton, G.M. (1976) "Agricultural Productivity Change in Eighteenth Century Pennsylvania", *J Econ Hist*, 36:102—117.

Bjork, G.C. (1964) "The Weaning of the American Economy: Independence, Market Changes, and Economic Development", *J Econ Hist*, 24(4):541—560.

Bolt, J., van Zanden, J.L. (2013) The Maddison-project http://www.ggdc.net/maddison/maddison-project/home.htm, 2013 version. Accessed 19 Oct. 2017.

Domar, E. (1970) "The Causes of Slavery and Serfdom: A Hypothesis", *J Econ Hist*, 30:18—32.

Egnal, M. (1980) "The Origins of the Revolution in Virginia: A Reinterpretation", *William Mary Q*, 37:401—428.

Egnal, M. (1998) *New World Economies: The Growth of the Thirteen Colonies and Early*

Canada. Oxford University Press, New York.

Egnal, M., Ernst, J. (1972) "An Economic Interpretation of the American Revolution", *William Mary Q*, 29(1):3—32.

Elliot, J.H.(1992) "A Europe of Composite Monarchies", *Past Present*, 137:48—81.

Engerman, S. L., Sokoloff, K. L. (2012) "Factor Endowments and Institutions" In: Engerman, S. L., Sokoloff, K. L., Haber, S. (eds) "Economic Development in the Americas Since 1500: Endowments and Institutions", *NBER Series on Long Term Factors in Economic Development*, Cambridge University Press, Cambridge, UK.

Galenson, D.W. (1981) *White Servitude in Colonial America: An Economic Analysis*. Cambridge University Press, Cambridge.

Galenson, D.W. (1984) "The Rise and Fall of Indentured Servitude in the Americas: An Economic Analysis", *J Econ Hist*, 44(1):1—26.

Galenson, D. W. (1996) "The Settlement and Growth of the Colonies: Population, Labor, and Economic Development" In: Engerman, S. L., Gallman, R. E. (eds) *Cambridge Economic History of the United States, Volume I: The Colonial Era*. Cambridge University Press, Cambridge, UK.

Grubb, F. (1985) "The Incidence of Servitude in Trans-Atlantic Migration, 1771—1804", *Explor Econ Hist*, 22(3):316—339.

Grubb, F. (1986) "Redemptioner Immigration to Pennsylvania: Evidence on Contract Choice and Profitability", *J Econ Hist*, 46(2):407—418.

Grubb, F. (2016) "Colonial Paper Money and the Quantity Theory of Money: An Extension", NBER Working Paper 22192. NBER, Cambridge, MA.

Harper, L. A. (1939) "The Effect of the Navigation Acs on the Thirteen Colonies" In: Morriss RB (ed) *The Era of the American Evolution: Studies Inscribed to Evarts Boutell Greene*. Columbia University Press, New York.

Irigoin, A., Graf, R. (2008) "Bargaining for Absolutism: A Spanish Path to Nation-state and Empire Building", *Hisp Am Hist Rev*, 88:173—209.

Jones, A.H. (1980) *Wealth of a Nation to be: The American Colonies on the Eve of the Revolution*. Columbia University Press, New York.

Jones, E.L. (1996) "The European Background" In: Engerman, S. L., Gallman, R. E. (eds) *Cambridge Economic History of the United States, Volume I: The Colonial Era*. Cambridge University Press, Cambridge, UK.

Lindert, P.H., Williamson, J.G. (2013) "American Incomes before and after the Revolution", *J Econ Hist*, 73(3):725—765.

Lindert, P. H., Williamson, J. G. (2016a) *Unequal Gains: American Growth and Inequality since 1700*. Princeton University Press, Princeton.

Lindert, P. H., Williamson, J. G. (2016b) "American Colonial Incomes, 1650—1774", *Econ Hist Rev*, 69(1):54—77.

Main, G.L., Main, J.T. (1988) "Economic Growth and the Standard of Living in Southern New England, 1640—1774", *J Econ Hist*, 48(3):27—46.

Mancall, P. C., Weiss, T. (1999) "Was Economic Growth Likely in Colonial British North America?", *J Econ Hist*, 59(1):17—40.

Mancall, P.C., Rosenbloom, J.L., Weiss, T. (2001) "Slave Prices and the South Carolina Economy, 1722 to 1800", *J Econ Hist*, 61(3):616—639.

Mancall, P.C., Rosenbloom, J.L., Weiss, T. (2004) "Conjectural Estimate of Economic Growth in the Lower South, 1720 to 1800" In: Guinnane, T. W., Sundstrom, W., Whatley, W. (eds) *History Matters: Economic Growth, Technology and Population*, Essays in Honor of Paul, A.. David. Stanford University Press, Stanford.

Mancall, P.C., Rosenbloom, J.L., Weiss, T. (2008) "Exports and the Economy of the Lower South Region, 1720—1770", *Res Econ Hist*, 25:1—68.

McClelland, P. D. (1969) "The Cost to America of British Imperial Policy", *Am Econ Rev Pap Proc*, 59:382—385.

McCusker, J., Menard, R. (1985) *The Economy of British America*, *1607—1789*. University of North Carolina Press, Chapel Hill.

Morgan, E.S. (1971) "The Labor Problem at Jamestown, 1607—1618", *Am Hist Rev*, 76(3):595—611.

North, D.C. (1990) *Institutions, Institutional Change and Economic Performance*. Cambridge University Press, New York.

Perkins, E.J. (1988) *The Economy of Colonial America*, *2nd end*. Columbia University Press, New York.

Ransom, R.L. (1968) "British Policy and Colonial Growth: Some Implications of the Burden from the Navigation Acts", *J Econ Hist*, 28(3):427—435.

Rosenbloom, J. L., Weiss, T. (2014) "Economic Growth in the Mid Atlantic Region: Conjectural Estimates for 1720 to 1800", *Explor Econ Hist*, 51(1):41—59.

Smith, D.S. (1980) "A Malthusian-Frontier Interpretation of United States Demographic History before c. 1815" In: Borah, W. et al. (eds) *Urbanization in the Americas: The Background in Comparative Perspective*. National Museum of Man, Ottowa.

Smith, B.D. (1985) "American Colonial Monetary Regimes: The Failure of the Quantity Theory and Some Evidence in Favor of an Alternate View", *Can J Econ*, 18(3):531—565.

Taylor, A. (2016) *American Revolutions: A Continental History, 1750—1804*. Norton, W. W., New York.

Thomas, R.P. (1965) "A Quantitative Approach to the Study of the Effects of British Imperial Policy upon Colonial Welfare: Some Preliminary Findings", *J Econ Hist*, 25: 615—638.

Ubelaker, D. H. (1988) "North American Indian Population Size, A. D. 1500 to 1985", *Am J Phys Anthropol*, 77:289—294.

Walton, G.M., Shepherd, J.F. (1979) *The Economic Rise of Early America*. Cambridge University Press, New York.

Weiss, R. (1970) "The Issue of Paper Money in the American Colonies, 1720—1774", *J Econ Hist*, 30:770—785.

Weiss, T. (2017) "Review of Unequal Gains: American Growth and Inequality Since 1700, by Peter, H. Lindert and Jeffry, G. Williamson", *J Econ Hist*, 77(3):952—954.

West, R.C. (1978) "Money in the Colonial American Economy", *Econ Inq*, 16:1—15.

Wicker, E. (1985) "Colonial Monetary Standards Contrasted: Evidence from the Seven Years' War", *J Econ Hist*, 45:869—884.

Wright, G. (2006) *Slavery and American Economic Development*. Louisiana State University Press, Baton Rouge.

第六章

边境土地和矿产之产权
——美国例外主义

加里·D.利贝卡普

摘要

产权是任何社会最基本的制度安排。它们决定谁对资产有决策权以及谁承担这些决策的成本或享受其带来的收益。产权分配着所有权、财富、政治影响力以及社会地位。它们使市场成为可能,确定时间基准,并为投资、创新以及贸易提供激励。产权制度减轻了开放进入面临的损失,为长期经济增长提供了基础。经济学家和经济史学家很早就认识到产权保护对经济产出的重要性。其他政治经济学、哲学、历史和法律文献都基于产权如何分配和分配给谁,强调不同但关键的产权属性。本章就美国和拉丁美洲边境土地和矿产的社会、政治以及经济影响之间的联系进行考察。两地边境产权状况迥然不同,从而对经济增长、创新、财富分配、公共产品的私人投资以及社会和政治稳定都有明显的长期影响。土地和矿产产权的明确分配可能是美国在经济表现、个人主义、流动性和乐观主义等方面长期独树一帜的基础。边疆社会土地产权对当代高度城市化社会的影响机制是复杂的。由于土地产权分布广泛,美国人可以以土地作为抵押参与资本市场。这种能力塑造了人们对市场、资本主义以及个人机遇的看法。在 21 世纪,这些关键的特征可能正在削弱,需要经济学家和经济史学家进行更多的分析。

关键词

产权　边界　激励

如果一个人拥有一点点财产,那某种程度上这种财产……就是他的一部分……他之所以更强大是因为拥有这些财产。约翰·斯坦贝克《愤怒的葡萄》(1939,1976:48)

引　言

上述引文所指向的产权属性比大多数经济讨论所强调的属性更具个人主义色彩、社会色彩和政治色彩。然而,这些特征之间的直接联系,以及对它们之间关系的强调是本章的重点。将关注点转向北美和南美的边境地区,在那里土地和矿产的产权分配方法截然不同,这似乎带来完全不同的经济、政治和社会后果。南美和北美边境不同的经历似乎产生了长期后果。边境地带提供了一个自然实验,因为根据定义,这些地方会涌现新的资源产权问题。本章的讨论基于现有的文献,并没有提供关于产权及各自结果的假设性检验。然而产权结构与可观测的移民模式的变化、中产阶层发展、创新、社会和政治凝聚力、个人主义、对国家依赖的减弱、对公共产品的私人投资,以及长期经济增长之间的因果关联,似乎得到现有研究的支持。

在任何经济和社会中,产权都是最基本的制度。经济学和经济史文献探讨了产权保护在减轻共同财产损失、促进市场和交换以及鼓励投资等方面的作用。这些有利于长期经济增长和福利。早期的政治经济学、哲学和历史学文献以及越来越多的法律学术研究指出,土地和相关资源的广泛所有权在塑造社会、经济和政治关系以及个人与国家关系中起到作用。在这些文献中,有保障的私有产权的存在导致公民更加独立、自力更生和个人主义。他们勇于创新,在政治上保守,对当地公共品进行投资。他们依靠自己发现的和产生的租金。国家的重要性远远低于市场,反之,经济也不那么集中,更多的是原子化的、以市场为基础的,并且支持企业家精神。

对美国来说,边境地区被定义为人口普查中人口密度小于 2 人/平方英里的未定居地区(U.S. Census Bureau, 2012)。在拉丁美洲,边境地区对欧洲人来说是新事物,但是这些地方通常有密集的原住民,而且存在多个边境。然而,对土地和矿产而言,边境的定义在这里主要用于区域中的欧洲定居者。欧洲移民在温带北美的定居,部分受到英国的财产和合同普通法的塑造,以及殖民地和美国法院及其立法机关行动的影响,以分阶段方式向普通个体提供了关于无法想象的财富的获取和最终拥有的机会。在拉丁美洲,土地和矿产的所有权由君主保留,而大片土地的使用权则被授予政治和经济精英。通过矿产获得的租金大部分由国王保留。在后殖民地时期,即便个人可以获得土地所有权,等级制度和中央集权依旧存在。矿产资源依旧属于国家所有。南北美洲在国家分配给个人的土地和矿产资源产权上的差异似乎产生了长期且重要的经济、政治和社会影响,这些影响从相关文献中收集并将在下文论述。这些结论强调了产权的性质对任何社会中都存在的基本资源产生的深远且持久的影响,而这种影响可能被低估了。它们为不同国家不同时期在发展、公平、机遇、创业精神以及社会和政治稳定等方面所观察到的当代差异提供了一种解释。

作为经济制度的产权

产权通过明确对资源的使用、投资、交换和继承的激励机制,极为重要地塑造了经济行为。它们设定时间框架并为以上行动确定决策者。它们决定相关收益和成本的流向,并指定谁将获得收益或承担成本。当决策者没有将其行为的全部利益和成本内化时,不完整的产权将会产生外部性。根据产权定义的不精确程度,激励会被扭曲,并导致潜在资源价值和福利的损失。产权可以是非正式的(默认的),也可以是正式的(有法律文件证明的),范围从国家权力到集体权力再到私有产权。在任何情况下,想要保持稳定,就必须得到社会的认可并载入既定的法律之中。

产权能够存在于几乎任何可以想象的属性中。它们可以:(1)由一方持有或分割使得一方拥有使用权,另一方拥有实际所有权;(2)短期或永久;(3)对使用、交换、投资和转让具有全面或者限制的权力;(4)将成本和收益完全直接分配给产权所有者,或者将这些成本和收益分配给多个实体,包括用户、统治者、政治家和官僚;(5)定义明确或不明确;(6)安全或不安全。对相同的资源和决策者来说,这种可能的属性分类导致相似的多种经济结果。

814

经济学家和经济史学家早就认识到产权在决定经济绩效方面的关键性作用。诺思和托马斯(North and Thomas，1973)强调英国和荷兰、法国和西班牙之间不同的自由保有权的出现是不同经济增长模式的一个关键来源。在合理定义并持久的情况下，私有产权对经济增长至关重要(Davis and North，1971；North，1981，1990；Acemoglu et al.，2001，2005；Mehlum et al.，2006；Rodrik，2008；Dixit，2009；Besley and Ghatak，2010；North et al.，2009；Acemoglu and Robinson，2012；Alston et al.，2018)。当回报不确定或者延迟时，它们会促进更大的投资(Besley，1995；Jacoby et al.，2002；Galiani and Schargrodsky，2010；Hornbeck，2010)。它们允许市场的发展(Greif et al.，1994；Barzel，1997；Dixit，2009；Edwards and Ogilvie，2012)。最后，它们减少了与共用资源相关的租金耗散(Gordon，1954；Scott，1955；Cheung，1970；Johnson and Libecap，1982；Wiggins and Libecap，1985；Grafton et al.，2000；Wilen，2005；Costello et al.，2008)。

作为一种制度，产权主要的长期经济利益来自私有产权(Merrill and Smith，2010)。尽管对资源的获取和使用进行群组式管理已经有效地克服公共资源损失(Ostrom，1990)，但成功的集体行动的条件可能相当有限(Cox et al.，2010)。此外，公共权利可能并不会促进群组的外部市场和资产交易，亦不会促进群组内部的风险性、破坏性创新。最后，无论是理论还是实证都不能证明国家拥有的权利或者社会主义在促进长期经济增长或者减轻产权开放进入导致的损失方面的成功(Barro，1991；Grafton et al.，2000；Costello et al.，2008)。

相对于其他产权而言，私有产权主要表现在私人利益和社会利益与成本更一致，决策中的交易成本更低(最初的权力分配可能会带来较高的交易成本，Libecap，2008)，市场发展、价值创造或租金激励措施上(Ellickson，1993；Allen，2011)。在国家拥有或控制产权的情况下，即便解决了外部性问题，价值也可能会丧失。虽然私有产权将所有权转让给了个人，但集体或国家财产所有权与实际决策分开，可能产生扭曲，并可能造成巨大的福利损失。与私有制有关的外部性可能存在，在这种情况下，存在的问题是，与传统国家监管或税收呼吁相比，为什么产权从一开始就不完整(Pigou，1920；Coase，1960；Dahlman，1979)。对诸如土地和矿产资源而言，外部性要小很多,因为这些资源的产权可以以相对较低的交易成本来界定并执行。对于其他资源,比如空气、水或者鱼类而言,产权更难被界定和执行,而政府所有或者对获取和使用进行监管更为普遍(Libecap,2008)。对于一些资源,如美国的林地和牧场,从 19 世纪晚期开始,游说团体的政治要求导致它们由国家保留,而非分配给私人(Libecap,2007)。国家保留产权的根本理由并不是因为无法有效界定产权(Libecap,1981,2007)。国家监管或拥有所有权的关键问题是,在这两种情况下,无论是政客还是官僚都不能完全以私人所有者的方式来索取他们行为的收益与成本的全部剩余价值,以至于行为激励和最终结果有所不同,这种情况通常会导致其他或许更昂贵的外部性(Libecap,2016)。

产权的社会制度和政治制度:边境之前

在欧洲历史上,土地和所有自然资源的所有权属于造物主,就像在地球上由君主代表一样。土地贵族拥有在主权下享乐的使用权,而在英国和欧洲历史中,国王和贵族在这些权利的范围、性质、安全以及税收方面存在冲突。那些实际耕种土地的人、成千上万的农奴、农民和佃农对土地很少有或者几乎没有授权,也只能获得很少的收益,大部分地租被封建领主占有,部分地租上缴给国王。土地耕种者被土地所束缚。这种所有权的集中设置(使得耕种和地租分配)呈现出静态模式,以避免其中的关键关系被破坏,由于在社会中几乎没法发挥政治上的作用,因而土地耕作者和放牧者也几乎没有什么创新的动力。

欧洲启蒙运动时期的政治经济学家和哲学家,包括亚当·斯密、约翰·洛克(John Locke)、杰米·边沁(Jeremy Bentham)、卢梭(J.J. Rousseau)、约翰·斯图亚特·穆勒(John Stuart Mill)、大卫·里卡多(David Ricardo)、爱德华·德维克菲尔德(Edward Wakefield)和罗伯特·托伦斯(Robert Torrens)(Winch,1965;Ellickson,1993;Linklater,2013;Priest,2019),争论了个人在社会中的角色,他们发展的潜力,他们与国家之间的关系,以及广泛的土地私有制对推进个人和资源潜力的重要影响。马克思、列宁和斯大林也清楚地了解土地所有权作为对国家政权的威胁的含义。土地作为一种关键的基本资源,其所有权在短期和长期内对整个经济、社会和政治秩序具有传染效应。

16—19世纪,英国、荷兰、法国、西班牙和葡萄牙对土地和矿产分配所有权存在的不同观点塑造了西半球边境的殖民化。在西班牙、葡萄牙和法国的殖民地,这个过程由王室集中控制。政府很少强调大规模移民,并将大量的土地授予政治精英。所有权由王室持有,而那些获得土地授予的人则根据王室的意愿持有土地。在英属北美,产权的性质和分配形成鲜明的对比。个人,而不是王室,才是土地的最终拥有者,大部分土地都是被小块分配的。大量移民被获得土地的机会所吸引,他们拥有土地的能力对英国殖民地以及后来美国的发展产生了深远的影响。

1215年的《大宪章》、1688年的光荣革命,特别是18世纪和19世纪的圈地运动打破了公有财产制度;英国农业和工业革命终结了国王作为上帝在世间的代表的土地所有权制。相对静态的、封建的和公共的义务被打破了。更加物质化的经济和民主政治目标占据上风。土地的可转让私有产权的法律基础成为普通法的一部分。普通个人可以拥有土地,并享受使用、投资和交易的好处。威廉·布莱克斯通(William Blackstone)在1766年就其意义发表了评论,"没有比产权更能普遍地激发人们的想象力,更能引起人们的喜爱或者一个人对世界外部事物所要求和行使的独断的、专制的掌控,这种掌控可以完全排除宇宙中任何其他个人的权利……"(引自 Ellickson,1993:1317)。这些理想推动了英国对北美的殖民和移民(Ely,2008)。那些迁移到边境土地并占有它的人最终以简单的所有权形式作为独立所有者而非作为依附的农民拥有了这片土地(Story,1858)。

美国边境土地的产权

克莱尔·普里斯特(Claire Priest,2019)总结了殖民地时期和早期联邦土地法的许多早期文献和关键要素。她认为,殖民者们带来英国法律、习俗和法律制度,然后通过地方代表大会的法定法规和普通法院的裁决进行修

816

改。渐渐地,殖民地和早期美国的物权法变得与英国物权法截然不同,这从根本上改变了这个国家的经济、政治和社会结构(Priest,2019)。土地产权成为财富的流动来源,可以买卖,也可以用以获得信贷。由于土地是最基本的资源,其广泛的所有权成为殖民地经济和政治发展的催化剂。产权使个体成为社会中特殊的利益相关者,并以一种在英国前所未有的方式分散了精英手中的政治权力和经济权力。土地在市场上顺畅的流通催生了大量的财产所有权,进而削弱了特权的继承性和不可转让性。动态、开放的土地市场成为信贷体系的重要组成部分,有助于中产阶层的壮大,也有助于刺激整个经济中的投资和创新(Priest,2019)。

关于土地所有和土地交换益处的评论很多。本杰明·富兰克林将其视为普通人改善自己和子女生活地位的途径(Franklin,1751,引自 McCulloch,1845)。托马斯·杰斐逊(Thomas Jefferson)认为一个由众多小自由地主组成的国家不仅具有良好的经济意义而且具有良好的政治意义。看似无限丰富的边境土地为创建一个个小块的、独立的、拥有自由产权的小农户所组成的社会提供了完美的机会,这些小农户支持的是共和制政府。这些对土地和国家有感情的公民在政治稳定和社会合作方面具有优势和共同利益。他特别指出:"地球是人类借以劳动和生存的共同财富……小土地所有者是一个国家最宝贵的部分"(引自 Katz,1976:480)。亚历克斯·德·托克维尔(Alexis de Tocqueville)观察到,自由产权者改变了美国人自己看待自己的方式以及国家的政治结构:"为什么在美国这样一个典型的民主国家,人们没有听到像那些响彻欧洲的关于财产的普遍抱怨呢?"不用说,这是因为美国没有无产者。由于每个人都有自己的财产需要捍卫,所以每个人都承认产权是一个原则问题(de Tocqueville,1835,引自 Goldhammer 2004:273)。

19 世纪后期,随着边疆的接近终结,美国公共土地委员会认可了小农场、宅基地原则:"耕种土地的人应该拥有土地这一原则被认为是政治经济学的基本原则……小规模的土地被分配给耕种者被认为是农业人口繁荣和幸福的基本条件"(US Public Lands Commission,1880:xxii)。1893 年,弗雷德里克·杰克逊·特纳(Frederick Jackson Turner)在他关于边境在美国政治和社会发展中作用的著名论文中更进一步,他宣称美国最终由小农场边境定居点塑造,这是民主、独立公民和广义经济福祉的基础(Turner,1893)。

817

这正是美国例外主义的概念以及这里强调的对边境资源所有权的依赖。

殖民地时期的土地产权

英国国王授予殖民地关于转让土地权和立法权的特许状。一些殖民地以贸易公司的形式开始,如早期的弗吉尼亚公司、普利茅斯公司和马萨诸塞湾公司,这些公司的所有者获得了特许状。其他殖民地则基于国王授予个人或者一群人所有权,比如威廉·佩恩和巴尔的摩勋爵,他们创立了宾夕法尼亚州和马里兰州。第三种是由国王直接统治的王室殖民地,包括新罕布什尔州、纽约州、新泽西州、弗吉尼亚州、北卡罗来纳州、南卡罗来纳州和佐治亚州。在所有情况下,州长或领主担任最高官员,选举产生的代表大会被授权制定立法(Priset,2019)。

国王、领主、股东以及其他人都将土地买卖视为收入的主要来源,相应地需要吸引移民到北美创建他们自己的小农场并耕种土地。总的来说,大片土地的授予并不符合这项政策。特别是大西洋中部和南部殖民地,50 英亩或者更多的"土地权"被给予那些愿意承担任何移民旅费的人。作为回报,这些移民需要在 5—7 年的契约期内为他们的担保人服务。在殖民地后期,这些劳工移民对契约合同进行了补充,他们借来了路费,并在还清贷款后解除了自己的契约合同(Ford,1910:416;Grubb,1986;Abramitsky and Braggion,2006)。人头制(The headright policy)也鼓励奴隶的输入,但是契约劳工在殖民地内有一个与自由人一样拥有投票权的未来。1630—1776 年,移民到美国殖民地的欧洲裔男性中约有 50%—66% 采用人头制或契约制,大约 30 万—40 万人。奴隶进口主要发生在 18 世纪,人数略高于25.5万,主要运往百慕大、巴巴多斯和美国南部殖民地(Priest,2019)。

殖民地招募高级殖民地管理人员是在承诺拥有土地的前提下进行的,他们希望在小农户快速建立新定居点的刺激下,从不断上涨的土地价值和土地销售中获利。为了确定物权归属(quiet titles),吸引定居者并支持土地交易,殖民地管理人员承诺对小块土地进行测量。虽然大多数产权边界遵循自然地形(边界),但也在平坦区域对土地进行更系统的矩形测量。矩形测

818

量便于细分和销售(Ford，1910:329—356；Libecap et al.，2011)。

小农户可以获得大量肥沃的土地,他们对这种不动产进行保护和耕作,这不仅吸引了大量的移民,还产生了一个高实际人均收入水平的平等主义社会。到 1751 年,英属北美殖民地的居民可能已经达到 100 万,相比之下,新法国居民只有 5.2 万左右,而南美的西班牙殖民地和葡萄牙殖民地的移民数量一般也很少(Linklater，2013)。林德特和威廉姆森(Lindert and Williamson，2013，2014a，b)报告说,在 1774 年美国殖民地是西方世界收入分配最平等的地方,收入的人均购买力也超过大不列颠。在殖民地时期,边疆分配土地的过程需要时间才能厘清。当时观察到的大量政治不稳定现象,除了反对英国统治外,还有大多数边境定居者反对殖民地领主和其他管理者对当地生产征税,保护本土居民以及土地整体使用权等问题[1676 年培根起义(Bacon's Rebellion)，1677 年库尔佩珀叛乱(Culpeper's Rebellion)，1711 年卡里叛乱(Cary's Rebellion)，1786 年谢司起义(Shay's Rebellion)，以及 1791—1794 年威士忌暴乱(the Whiskey Rebellion)]。在后殖民地时期,边境地区的政治波动似乎要小得多。如下所述,以低成本向移民授予土地并支持其产权和土地市场的政策已成惯例。小农户和想要成为小农户的人组成的政治联盟既是土地投机者,也是边境地区的领土政客团体,这些人希望他们的地区有密集的定居点以获得国家建州的资格,这在国会中成为一个令人生畏的联盟。与此同时,联邦政府没有强有力的理由坚守边境土地。在保护运动兴起以前,没有人提倡保持联邦所有权。出于若干原因,土地政策促进了以尽可能低的成本快速地将边境土地分配给私人索求者。如下文讨论的,在拉丁美洲,土地转让的政治动机就非常不同。

联邦土地产权政策

随着 1763 年法印战争和 1783 年独立战争的结束,边境移民开始大批越过阿巴拉契亚山脉,迁移到俄亥俄河谷和其他相对平坦的地方。这片广袤的新领土通过联邦政府直接销售和签发军事许可证来进行分配,这些许可证可以用来兑换小块土地,以补偿参加独立战争的士兵(Ford，1910)。军事

许可证被买卖,是最终持有者获得土地所有权的一种主要手段。1785 年
5 月 20 日颁布的《联邦土地法令》要求对各州割让给联邦政府的土地以及所
有通过向原住民部落购买获得的额外土地进行测量。它创建了公共土地测
量系统(PLSS),将 6 平方英里、23 040 英亩的方形城镇网格化,沿着经纬度
排列。每个乡镇被细分为 36 块地,这些地又可以进一步细分为半块或者四
分之一块用于买卖。该测量使土地成为一种边界明确划分且易于寻址的商
品(Libecap and Lueck,2011;Libecap et al.,2011)。利贝卡普和吕克
(Libecap and Lueck,2011)估计相对于边界的基线替代方案,矩形测量使土
地的价值提高了 23%,边界的基线替代方案引发边界纠纷,并造成不规则的
土地尺寸和形状,阻碍了市场交换。1812 年土地总署成立,其职责是管理和
扩大对整个陆地的调查,并根据国会颁布的土地法分配额外的联邦土地(参
见表 6.1)。矩形测量减少了财产之间的差距,促进了边境地区人口的密集
快速定居。联邦政府以固定价格出售土地——通常是每亩 1.25 美元,以增
加税收。这一收入目标最终因无法监管非法占用土地以及日益增长的对免
费土地的政治需求而遭到破坏。

　　图 6.1 显示了根据人口密度横跨大陆的边界移动。在 100 年的时间里,这
条边界从大西洋海岸一直延伸到 1890 年人口普查局所宣称的尽头。如上所
述,人口普查局将边界界定为人口密度为每英里 2 人或更少。图 6.1 中边界以
最淡的灰色州表示。随着时间的流逝,边疆向西扩展,已建立地区的土地密度
也在增加。巴兹等人(Bazzi et al.,2017)也对边界进行了类似的描述。

　　表 6.1 列出了国会颁布的主要联邦土地法,这些法律分配了边界土地和
矿产的产权。从 1830 年的《优先购买权法案》(Preemption Act)及其许多修
正案(Kanazawa,1996)开始,对免费的小块不动产的要求也被纳入政策以适
应和法律上承认擅自占用者的要求,并通过了 1862 年的《宅地法》及其调整
法案。《宅地法》实际上在 1934 年被国会终止。根据所有法律,农业土地的
产权在占用和有益使用的要求下,按 40—160 英亩(后来增加到 640 英
亩)的小块土地分配(Hibbard,1924;Robbins,1942;Gates,1968)。通过
这些土地分配法,大量土地归私人所有。例如,根据《宅地法》,1863—
1920 年约有 2 758 818 个原始条目,占地共 437 932 183 英亩,面积比阿拉斯
加州还要大一些(Gates,1968)。

820

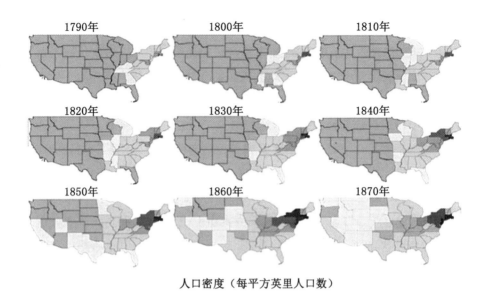

人口密度（每平方英里人口数）

☐ 0.0—2.0 ▨ 2.01—25.0 ▨ 25.01—50.0 ▨ 50.01—75.0 ▨ 75.01—100.0 ■ ＞100

注：1790—1870 年的州人口密度来源于美国人口普查。部分州缺失数据。美国人口普查局（2012 年 9 月 6 日），来源于：https://www.census.gov/dataviz/visualizations/001/。为了构建这个图形，从 1790—1870 年每 10 年一次的人口普查数据中提取了每个州的人口密度。ArcGIS 被用来创建每次人口普查的地图，地图上既有当代各州的边界又有每次人口普查的人口密度情况。

图 6.1　美国边疆的扩张

有大量文献涉及移民到边境地区或者沿边境地区所产生的财富，以及土地出售所带来的有关资本收益。早期到边境地区，获取、改良和出售土地能带来大量好处。相对贫穷的移民往往会不成比例地获益，而产生的租金促使其获得比在非边境地区所发现的更平等的财富分配。主要的文献包括研究 1812 年战争后的莱伯戈特（Lebergott，1985）、奥伯利（Oberly，1986）的文献，研究 1800—1860 年的冯·恩德和韦斯（von Ende and Weiss，1993）的文献，研究 1840—1869 年的斯韦尔伦加（Swierenga，1966）的文献；而基尔等人（Kearl et al.，1980）研究了 1850—1870 年，斯特克尔（Steckel，1989）研究了 1850—1860 年，加伦森和波普（Galenson and Pope，1989）研究了 1850—1870 年，费列（Ferrie，1993）研究了 1850—1860 年，斯图尔（Stewart，2009）研究了 1860—1880 年，格雷格森（Gregson，1996）研究了直到 19 世纪后期的剩余时期。大多数研究考察了东部和西北部中部地区，那里的生产

表 6.1　联邦土地分配法律一览

法律文件	时间	明确的目标和简要影响
1785 年《土地条例》	1785 年 5 月 20 日	建立了公共土地测量系统
1787 年《土地条例》(西北地区)	1787 年 7 月 13 日	确定加拿大南部、俄亥俄州北部、宾夕法尼亚州西部和密西西比河以东的土地将由国会分配,并且国会将在该领土上组建政府并建立法律
1796 年《土地法案》	1796 年 5 月 18 日	使 6 平方英里乡镇的矩形系统永久化,并确定要出售部分的大小,设定最低土地价格
《优先购买权法案》	1830 年 5 月 29 日	允许定居者以每英亩 1.25 美元的价格占有和购买最多 160 英亩的联邦土地
《优先购买权法案》	1841 年 9 月 4 日	永久承认对土地的优先购买权或擅自占地者的权利主张。唐纳森(Donaldson, 1884)估计,根据这一法案,约有 175 000 000 英亩的土地由个人持有
《分级法案》	1854 年 8 月 3 日	将未售出的联邦政府土地的最低价格从 1.00 美元/英亩降低至 0.125 美元/英亩
《宅地法》	1862 年 5 月 20 日	连续居住 5 年后,每个实际的定居者可获得 160 英亩的联邦土地
《煤炭土地法案》	1864 年 7 月 1 日	将煤炭土地以每英亩 20 美元分配出去,允许个人和协会分别索求 160 英亩和 320 英亩的土地
《木材文化法案》	1877 年 3 月 3 日	适用于 11 个西部半干旱州和领地,以增加《宅地法》的适用范围。定居者在申报时每英亩支付 0.25 美元,在证明合规时每英亩支付 1.00 美元
《沙漠土地法案》	1873 年 3 月 3 日	如果种植了 40 英亩的树木,则授权额外 160 英亩的宅基地权利
《木材和石材法案》	1878 年 6 月 3 日	授权以每英亩 2.50 美元的价格出售远西部各州和领地的具有木材或石材宝贵价值的土地
《采矿法案》	1866 年 7 月 26 日	第一部主要的采矿法,允许个人主张矿脉所有权
《矿产法案》	1872 年 5 月 10 日	第二大采矿法,增加砂矿或浅矿体;需要 100 美元的开发投资以获取所有权;概述获得所有权的程序

法律文件	时间	明确的目标和简要影响
《油砂法案》	1897 年	根据 1872 年《矿产法案》，确认油砂享有与储砂矿床同等的权利主张
《畜牧业宅地法》	1916 年 12 月 29 日	授权 640 英亩的宅基地饲养牲畜

资料来源：Donaldson，1884；Hibbard，1924；Robbins，1942；Gates，1968；Lacy，1995。

条件支持小型农场的分布。伊斯特林（Easterlin，1960）揭示了 1840—1950 年跨越边界的人均收入与人口格局逐渐趋同的趋势，如图 6.1 所示。

822

由土地所有者私人提供的公共品

杰斐逊、托克维尔（Tocqueville）和弗雷德里克·杰克逊·特纳（Fredrick Jackson Turner）提出的小农土地产权的分配能够导致小农户的公民美德和政治参与的假设没有得到验证。当然，在测量方面也存在挑战，而且美国也没有比较明确的基准。文献表明，这种差异存在于如下所述的美国和拉丁美洲边界之间。没有关于政治活动（投票参与率、政治职务人均参与度、政治家更替率）的比较研究，这些政治活动可能会因美国边境地区及沿线的土地分配而发生变化。然而，美国在教育公共产品上的投资也有证据支持这种关系。戈和林德特（Go and Lindert，2010）发现，19 世纪中期，以小型农场为主的美国北部地区农村学校入学率和人均教师人数，高于有更多选区以及农场规模更为多样化的南部地区。他们还发现，到 1850 年北部农村地区的入学率比欧洲大部分地区要高。北方学校比其他地方的学校更依赖当地的公共资金和管理。戈和林德特（Go and Lindert，2010）将这一教育成就归功于地方政府的自治和农村社区公民的投票权。

戈尔丁（Goldin，1998，2001）、戈尔丁和卡茨（Goldin and Katz，2010）探讨了美国在 20 世纪初的高中或中学教育的兴起，其发展速度远远超过欧洲。尽管普及高中的运动始于新英格兰，但它迅速蔓延到以农村和农业为主的美国中西部和西部地区，至少在中西部地区是以小农场所有制为特征的。教学的重点是实用主义,强调实效并注意平等,旨在理解和运用新技术。受过教育的农民和他们的孩子更容易接受当时正在使用的新技术和种植变革,他们需要高中教育以便能够运用这些机会。与学徒制和公司(或农场)特定培训相比,对普通教育的投资对于劳动力会经常迁移到新地点并就业的高流动性社会而言是有益的。到20世纪20年代,学校管理下放到13万个独立的学区,由当地进行支持和管理(Goldin,2001:279)。农村地区对实践教育的需求和当地对实践教育的支持与一种观点一致,即小农户有创新的动机,因为他们能从中获得租金,并且也与自己的社区有紧密的联系。因此,他们有动力为学校提供财务和行政方面的帮助。由于学区规模小,公民收入与教育目标方向一致,这些条件促进当地采取集体行动投资学校。

关于特纳(Turner,1893)声称的边境地区的小农所有制对民主和个人积极性的影响,巴齐等人(Bazzi et al.,2017)提供了相关证据。他们标出美国的边界,发现那些生活在这些边界上的人都共享坚定的个人主义、自力更生、反对政府干预和再分配计划等共同特征。

矿产、石油和天然气储备的产权

不仅边境地带的土地普遍以小块状分配,而且地下矿藏和油气层最初也由小块土地所有者获得。在大多数国家,土地下的财产都由王室所有,后来又归国家所有。在美国,1785年《土地条例》纳入矿产土地并将其当作地表土地出售给私人竞标者,政府仅保留三分之一的土地财产。然而,事实证明,除了密歇根州的铜矿外,在美国中部和东部并没有明显的矿藏。1776—1848年,大部分矿产土地都变成私人所有权的农业用地,政府也没有宣称拥有下面的矿产资源(Lacy,1995)。然而,随着边境向遥远的西部移动,情况发生了变化。人们发现了丰富的黄金矿和银矿,从加利福尼亚州开始遍及整个西部地区,那些发现矿藏的人声称所有权属于优先占有者,尽管矿产等资源直到1866年才包括在土地法中。最终,在整个西部建立了超过600个采矿营地,这些营地都有关于界定、维护、交易个人采矿权要求以及仲裁争议的规章制度。图 6.2 显示了 19 世纪晚期加利福尼亚州和美国西部的采矿营地范围。每个营地都有当地矿业权的规章制度。

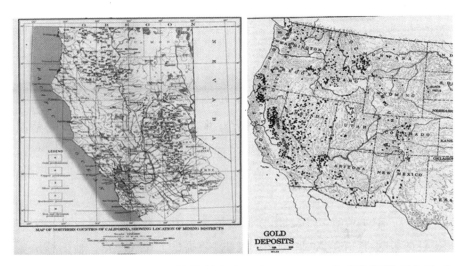

资料来源:加利福尼亚州的资料来自 Hill,1912:78;金矿的资料来自 Paul,1963:4。

图 6.2　加利福尼亚州和遥远西部的边境采矿营地

利贝卡普(Libecap,1978)描述了内华达州康斯托克矿脉矿石私有产权的制度演变,从早期采矿营地规则的界定到领土和州政府的行动,最终联邦政府在 1866 年和 1872 年的《矿产法案》中予以确权。采矿权可以交易,随着地表矿石的枯竭,需要更多资本密集型的深脉采矿,地表采矿权被出售,并合并为新的矿业公司,其股票在旧金山证券交易所(San Francisco Stock Exchange)和其他资本市场上市。

824　　　关于采矿营地的规则有大量的文献记载,包括翁贝克(Umbeck,1977)、克莱和赖特(Clay and Wright,2005)以及利贝卡普(Libecap,2007)提到的其他文献。克莱和琼斯(Clay and Jones,2008)从 1850—1852 年的美国加利福尼亚州人口普查中抽取公众使用的样本,用以分析哪些人去了加利福尼亚州采矿边界,以及他们在致富过程中付出的努力。大多数人来自纽约州、伊利诺伊州、密歇根州、威斯康星州以及密苏里州,这些地方过去是农业地区。克莱和赖特发现,这些冒险的努力并不总能得到回报。平均而言,移民可能降低了许多探矿者的实际收入（相对于他们在家乡可能的收入而言）。对财富的憧憬推动着移民，而为寻求租金以获得矿石个人所有权的激励推动着他们向西部迁徙。总体而言，对矿石的私人产权鼓励了矿产的勘探、发现和生产。随着矿业的发展，美国的采矿工程学校和技术成为世界领先者。对人力资本和物质技术的投资使得美国的生产超出其资源禀赋所能提供的水平。

主要石油和天然气矿藏的所有权也归私人所有。1859 年在宾夕法尼亚州发现石油后，19 世纪末到 20 世纪初相继在俄克拉荷马州、得克萨斯州、堪萨斯州、伊利诺斯州和加利福尼亚州的私人土地上也大量发现，正如上文所述，地表土地所有者对其财产下的地下矿藏也拥有所有权。与矿产一样，私人所有权和获得租金的潜力鼓励了石油的勘探和生产。那些专门从事石油勘探的人被称作"冒险者"，他们从地表土地所有者那里得到勘探租约，之后，如果发现有石油，便进行生产。到 20 世纪初，富饶的新油田被开发出来，尤其是在美国中部和西部地区。传说中的油田包括得克萨斯州的斯宾德尔托普、耶茨、亨德里克、东得克萨斯，俄克拉荷马州的俄克拉荷马城和塞米诺尔，以及加利福尼亚州的长滩和克恩县。由于新油田的定位、钻井和生产成本相对较低，因此进入市场很容易，产量也随之飙升（Libecap and Wiggins，1984）。由此产生的产出推动了当地经济的发展，创造了当地自力更生的中上阶层，这如今成为俄克拉荷马州和得克萨斯州的特色，也使得美国成为主要的石油生产国。

几乎所有的国家都没有类似的情况，这些国家的矿产、石油和天然气矿藏都归国家所有。地表产权所有者可能享有也可能并不享有新发现带来的租金，因而他们也经常抵制在自己产权地的勘探。勘探和生产的激励机制大不相同。这就解释了为什么，例如，目前基于美国的创新型非传统生产技术（水力压裂工艺）的迅速采用主要发生在国家产权私有的土地上：这些地方的地表产权所有者可以分享预期收益。

虽然矿产、石油和天然气的私人所有权鼓励对矿产、石油和天然气的勘探与发现，但总体上来看竞争性产出可能并不是最佳的（Libecap and Wiggins，1984；Clay and Wright，2005）。图 6.3 显示了许多小型矿产所有权常常与不明确的产权重叠，至少在采矿营地早期存在这种现象。急于定位、验证以及开采矿石可能刺激过度生产。该图还显示了市区钻井地的地表土地所

a. 1905 年内华达州戈德菲尔德　　　　b. 1930 年加利福尼亚州长滩

资料来源：https://www.mininghistoryassociation.org/Meetings/Tonopah/Gold-field%20Claims.jpg；http://texasalmanac.com/topics/business/history-oil-discoveries-texas；https://www.kcet.org/shows/lost-la/when-oil-derricks-ruled-the-la-landscape(2011)。

图6.3　分散的矿产、石油和天然气所有权

825　有权往往极其分散。随着地下石油和天然气矿床的迁移，邻近的生产商品有动力进行竞争性钻探和开采，从而造成典型公共油藏资源的损失。

　　然而，在这两种情况下，都很难得出有效的福利结论。与更集中、更大型的矿产或石油和天然气所有权相权衡，后者可能涉及更少的发现和创新，这也许可以弥补快速开采造成的损失。总之，多数矿区后期的租赁合并和大规模的硬岩开采以及油气田的统一化（指定单一公司开发烃类地层）都降低了竞争性产出（Wiggins and Libecap，1985）。

拉丁美洲边境的产权

　　当然，除了英国，西半球是法国（主要在加拿大）、葡萄牙（在巴西）以及西班牙（在美洲中部和南部）的殖民地，而荷兰、俄国和瑞典的殖民地比较有限。在拉丁美洲，土地和矿产产权截然不同，这为审视不同产权的后果提供了机会。关于边界资源所有权的英语文献较少，本文仅给出一般性结论。尽管如此，相对于美国的多元化模式还是有明显的不同（Alston et al.，

2012)。美国和拉丁美洲边境地区的经济结果存在差异,部分归因于经济学家和经济史学家所强调的这两个地区土地和矿产产权的清晰度、执行力和持久性等因素。在拉丁美洲,产权在国王/国家和私人之间的界定含糊不清,这导致决策、租金净收入和持久性等方面的不确定性。结果往往是出现短期的采矿行为。结果的其他差异则归因于政治、历史、法律以及其他经济学和经济史文献所强调的因素。土地和矿产的产权以一种集中的方式大块地分配给特权政党,而不是像美国一样以分散的方式分配给普通民众。因此,在这两种背景下出现的政治和社会权力结构非常不同,这导致对政治稳定、社会互动、个人流动性、乐观主义以及经济增长的持久影响。

826

　　亨尼森(Hennessy,1978)提供了对拉丁美洲多个边境的经验的总结。与图6.1所示的北美相对有序的发展不同,拉丁美洲的边界在国家内部和国家之间也存在差异。拉丁美洲地区形成了一种通常的掘取式殖民地模式(Acemoglu et al.,2001)。与英国在北美的殖民地非常不同,欧洲在拉丁美洲的移民和定居过程更加集中且更为有限(Engerman and Sokoloff,1997;Acemoglu et al.,2001;Linklater,2013)。在殖民地时期,土地和矿产的所有权由国王保留,而在后殖民时代矿产所有权也继续由国家持有。在这些殖民地,西班牙王室和葡萄牙王室将大片的土地使用权授予缴纳什一税或放弃租金的政治精英(Hennessy,1978;García-Jimeno and Robinson,2011)。由于获得理想土地的途径有限,并且母国人口短缺,移民又容易受到官方的劝阻,因而出现在美国的那种大规模移民对欧洲人来说相对缺乏吸引力。普通人在西班牙和葡萄牙土地上的经历与他们的英国同行十分不同,英国人在移民之前就已经熟悉广泛的私人土地所有权。殖民化的前100年,大约可能有24.3万移民到达拉丁美洲,1820—1920年可能有700多万移民,相比之下美国有3 400万移民(Hennessy,1978)。

　　亨尼森认为,拉丁美洲地区长期经济表现不佳以及政治冲突源于最初的土地分布(Hennessy,1978)。它使得政权持续,造就了社会精英,并确立了影响后来移民、城市化和工业化的国内条件。土地——大农庄、大庄园、大牧场以及牧场上的主要住宅地(不是家宅用地)——许可是典型的农村制度。这些庄园通常近乎是封建的组织,将土著和移民的农场工人束缚在土地和父权结构中(Hennessy,1978)。另一些人作为佃农或佃户在这些土地或附

195

近土地上劳作,并向土地所有者支付报酬或上供农作物份额(Leff,1997;Chowning,1997)。在玻利维亚和秘鲁,通过米塔制强制征收当地社区的劳动力进行矿产开采(Arad,2013)。很少有像北美那样的积极小农户参与土地或资源市场。所有权和财富高度集中,政治结构亦如此(Frank,2001;Arad,2013)。相对于美国的边境地区,以农业土地或矿产为基础的中产阶层的发展要少得多。享有特权的当地人投资于农业出口行业,他们可能忽视或者抵制其他可能削弱其地位的发展机会。

恩格尔曼和索科洛夫(Engerman and Sokoloff,1997,2012)以及阿西莫格鲁等人(Acemoglu et al.,2001,2002,2005)指出要素禀赋、气候和疾病环境、当地人口密度以及源于拉丁美洲各国原本存在的一般性制度差异。他们认为这些因素解释了北美殖民地与南美殖民地以及后殖民地时代经济表现为何不同,以及后者为何对移民缺乏吸引力。授予土地和矿产产权的基本性质,他们在人口中的分布,以及对创新、市场发展、政治参与和社会流动性的相关激励也可能发挥关键作用。美国南部与拉丁美洲的大部分地区有相似的因素和环境特征,但在种植园兴起的同时也出现了小型的自由农场(Engerman and Sokoloff,1997)。经济、社会和政治结果更类似于美国北部,而不是拉丁美洲。此外,在气候温和的阿根廷、乌拉圭、智利和巴西东南部,最好的土地往往也大量被大地主抢先占有,小农户取得土地所有权则相当困难。由于产权不完整,拉丁美洲的其他地方也发生了土地冲突,这些地方的小农场本来在经济上是有活力的(Sanchez et al.,2010)。因为这些地区的移民相对较少,他们更容易成为佃户,或者被雇为农业工人,或牧人,或骑马者,而非自由农户(Engerman and Sokoloff,1997;Garciá-Jimeno and Robinson,2011)。在这方面,拉丁美洲的边境似乎产生了持久的影响,正如特纳为美国辩护的那样,因为产权分配方式的较大不同,产生了非常不一样的结果。

结　论

产权是任何社会最基本的制度,这一评估得到早期政治经济学家、哲学家以及后来历史学家和法律学者的认可。经济学家和经济史学家已经理解产权的直接经济重要性,但在最近的研究中,授予土地和矿产的权利的性质与分配所包含的更广泛意义并不是核心问题。然而,这些对于解释经济、政治和社会表现的长期差异也起着至关重要的作用。产权决定了谁拥有对资产进行决策的权力以及谁承担这些决策的成本或享有产生的收益。它们使市场成为可能,确定基准,并为投资、创新和贸易提供激励。它们减轻了开放进入的损失,并为长期经济增长提供基础。它们分配所有权、财富、政治影响力和社会地位。由于这些原因,土地和矿产产权如何定义和分配决定了谁是参与者以及谁在社会和经济中拥有持久的利益。北美边境地区和南美边境地区的对比经验说明了这些论点,在经济增长过程中可能存在持久的、路径依赖的影响。产权在土地上的分配似乎影响了公民参与资本和其他市场的方式,也影响了他们如何评估自己通过市场取得经济、社会和政治上进步的能力——与国家干预相比。在城市化程度较高的发达经济体中,是否以及如何维持广泛的土地所有权的影响,需要进一步的研究关注。

参考文献

Abramitsky, R., Braggion, F. (2006) "Migration and Human Capital: Self-selection of Indentured Servants to the Americas", *J Econ Hist*, 66(4):882—905.

Acemoglu, D., Robinson, J. (2012) *Why Nations Fail*. Crown, New York.

Acemoglu, D., Johnson, S., Robinson, J. (2001) "The Colonial Origins of Comparative Development: An Empirical Investigation", *Am Econ Rev*, 91(5):1369—1401.

Acemoglu, D., Johnson, S., Robinson, J. (2002) "Reversal of Fortune: Geography and Institutions in the Making of the Modern World Income Distribution", *Q J Econ*, 117(4): 1231—1294.

Acemoglu, D., Johnson, S., Robinson, J. (2005) "The Rise of Europe: Atlantic Trade, Institutional Change, and Economic Growth", *Am Econ Rev*, 95(3):546—579.

Allen, D.W. (2011) *The Institutional Rev-olution: Measurement and the Economic Emergence of the Modern World*. University of Chicago Press, Chicago.

Alston, L. J., Harris, E., Mueller, B. (2012) "The Development of Property Rights on Frontiers: Endowments, Norms, and Politics", *J Econ Hist*, 72(3):741—770.

Alston, E., Alston, L. J., Mueller, B., Nonnenmacher, T. (Forthcoming, 2018) *Institutional and Organizational Analysis: Concepts and Applications*. Cambridge University Press, New York.

Arad, L.A. (2013) "Persistent Inequality? Trade, Factor Endowments, and Inequality in Republican Latin America", *J Econ Hist*, 73(1):38—78.

Barro, R.J. (1991) "Economic Growth in a Cross Section of Countries", *Q J Econ*, 106(2):407—443.

Barzel, Y. (1997) *Economic Analysis of*

Property Rights. Cambridge University Press, New York.

Bazzi, S., Fiszbein, M., Gebresilasse, M. (2017) "Frontier Culture: The Roots and Persistence of 'Rugged Individualism' in the United States ", NBER Working Paper No.23997, Centre for Economic Policy Research, London.

Besley, T.J. (1995) "Property Rights and Investment Incentives: Theory and Evidence from Ghana", *J Polit Econ*, 103 (5):903—937.

Besley, T.J., Ghatak, M. (2010) "Property Rights and Economic Development" In: Rodrik, D., Rosenzweig, M. (eds) *Handbook of Development Economics, vol.5*. Elsevier, New York, pp.4525—4595.

Cheung, S.N. (1970) "The Structure of a Contract and the Theory of a Non-exclusive Resource", *J Law Econ*, 13(1):49—70.

Chowning, M. (1997) "Reassessing the Prospects for Profit in Nineteenth-century Mexican Agriculture from a Regional Perspective: Michoacán, 1810—1860" In: Haber S (ed) *How Latin America fell behind*. Stanford University Press, Palo Alto, pp.179—215.

Clay, K., Jones, R. (2008) "Migrating to Riches? Evidence from the California Gold Rush", *J Econ Hist*, 68(4):997—1027.

Clay, K., Wright, G. (2005) "Order with Law? Property Rights and the California Gold Rush", Explor Econ Hist, 42(2):155—183.

Coase, R. (1960) "The Problem of Social Cost", *J Law Econ*, 3:1—44.

Costello, C., Gaines, S. D., Lynham, J. (2008) "Can Catch Shares Prevent Fisheries Collapse?", *Science*, 321:1678—1681.

Cox, M., Arnold, G., Villamayor Tomás, S. (2010) "A Review of Design Principles for Community-based Natural Resource Management", *Ecol Soc*, 15(4):38. On Line: http://www.ecologyandsociety.org/vol15/iss4/art38/.

Dahlman, C. (1979) "The Problem of Externality", *J Law Econ*, 22:141—162.

Davis, L.E., North, D.C. (1971) *Institutional Change and American Economic Growth*. Cambridge University Press, New York.

de Tocqueville, A. (1835) *Democracy in America* (Trans: Goldhammer A(2004)). Penguin Putnam, New York.

Dixit, A. (2009) "Governance Institutions and Economic Activity", *Am Econ Rev*, 99(1): 3—24.

Donaldson, T. (1884) *The Public Domain: Its History, with Statistics*. Government Publishing Office, Washington, DC.

Easterlin, R. A. (1960) "Interregional Differences in Per Capita Income, Population, and Total Income, 1840—1950" In: *Trends in the American Economy in the Nineteenth Century*, the Conference on Research in Income and Wealth, NBER. Princeton University Press, Princeton, pp.73—140. Edwards, J., Ogilvie, S. (2012) "What Lessons for Economic Development Can We Draw from the Champagne Fairs?", *Explor Econ Hist*, 49(2):131—148.

Ellickson, R. C. (1993) "Property in Land", *Yale Law J*, 102:1315—1400.

Ely, J.W., Jr. (2008) *The Guardian of Every Other Right: A Constitutional History of Property Rights*, 3rd end. Oxford University Press, New York.

Engerman, S. L., Sokoloff, K. L. (1997) "Factor Endowments, Institutions, and Differential Paths of Growth among New World Economies", In: Haber S(ed) *How Latin America Fell behind*. Stanford University Press, Palo Alto, pp.260—291.

Engerman, S.L., Sokoloff, K.L. (2012) *Economic Development in the Americas Since 1500*. Cambridge University Press, New York.

Ferrie, J. P. (1993) "'We are Yankees Now': The Economic Mobility of Two Thousand Antebellum Immigrants to the United States", *J Econ Hist*, 53(2):388—391.

Ford, A.C. (1910) "Colonial Precedents of Our National Land System as it Existed in 180", No 352, History Series, vol.2, no.2. Bulletin of the University of Wisconsin, Madison, pp.321—477.

Frank, Z.L. (2001) "Exports and Inequality: Evidence from the Brazilian Frontier, 1870—1937", *J Econ Hist*, 61(1):37—58.

Franklin, B. (1751/1845) "Observations Concerning the Increase of Mankind, Peopling of Countries, etc", In: McCulloch J (ed) *The Literature of Political Economy: A Classifed Catalogue of Selected Publications...with Historical, Critical, and Biographical Notices*. Longman, Brown, Green, and Longmans, Boston.

Galenson, D.W., Pope, C.L. (1989) "Economic and Geographic Mobility on the Farming Frontier: Evidence from Appanoose County, Iowa, 1850—1870", *J Econ Hist*, 49(3):635—655.

Galiani, S., Schargrodsky, E. (2010) "Property Rights for the Poor: Effects of Land Titling", *J Public Econ*, 94(9—10):700—729.

García-Jimeno, C., Robinson, J.A. (2011) "The Myth of the Frontier" In: Costa, D.L., Lamoreaux, N.R. (eds) *Understanding Longrun Economic Growth: Geography, Institutions, and the Knowledge Economy*. University of Chicago Press, Chicago, pp.49—89.

Gates, P. (1968) "History of Public Land Law Development", Public Land Law Review Commission, Washington, DC.

Go, S., Lindert, P.N. (2010) "The Uneven Rise of American Public Schools to 1850", *J Econ Hist*, 70(1):1—26.

Goldhammer, A. (2004) *Alexis de Tocqueville, Democracy in America, Volume 1*, Translation. Penguin Putnam, New York.

Goldin, C. (1998) "America's Graduation from High School: The Evolution and Spread of Secondary Schooling in the Twentieth Century", *J Econ Hist*, 58(2):345—374.

Goldin, C. (2001) "The Human Capital Century and American Leadership: Virtues of the Past", *J Econ Hist*, 61(2):263—292.

Goldin, C., Katz, L.F. (2010) *The Race between Education and Technology*. Harvard University Press, Cambridge.

Gordon, H.S. (1954) "The Economic Theory of a Common-property Resource: The Fishery", *J Polit Econ*, 62(2):124—142.

Grafton, R. Q., Squires, D., Fox, K. J. (2000) "Private Property and Economic Efficiency: A Study of a Common-pool Resource", *J Law Econ*, 43(2):679—714.

Gregson, M.E. (1996) "Wealth Accumulation and Distribution in the Midwest in the Late Nineteenth Century", *Explor Econ Hist*, 33(4):524—538.

Greif, A., Milgrom, P., Weingast, B. R. (1994) "Coordination, Commitment, and Enforcement: the Case of the Merchant Guild", *J Polit Econ*, 102(4):745—776.

Grubb, F. (1986) "Redemptioner Immigration to Pennsylvania: Evidence on Contract Choice and Profitability", *J Econ Hist*, 46(2):407—418.

Hennessy, A. (1978) *The Frontier in Latin American History*. University of New Mexico Press, Albuquerque.

Hibbard, B.H. (1924) *A History of the Public Land Policies*. Macmillan, New York.

Hill, J.M. (1912) "The Mining Districts of the Western United States", Bulletin 507. U.S. Department of the Interior U.S. Geological Survey. Government Printing Office, Washington, DC.

Hornbeck, R. (2010) "Barbed Wire: Property Rights and Agricultural Development", *Q J Econ*, 125 (2): 767—810. https://www.kcet.org/; https://www.kcet.org/shows/lostla/when-oil-derricks-ruled-the-la-landscape, 2011.

Jacoby, H. G., Li, G., Rozelle, S. (2002) "Hazards of Expropriation: Tenure Insecurity and Investment in Rural China", *Am Econ Rev*, 92(5):1420—1447.

Johnson, R. N., Libecap, G. D. (1982) "Contracting Problems and Regulation: The Case of the Fishery", *Am Econ Rev*, 72(5):1005—1022.

Kanazawa, M. T. (1996) "Possession is Nine Points of the Law: The Political Economy of Early Public Land Disposal", *Explor Econ Hist*, 33(2):227—249.

Katz, S.N. (1976) "Thomas Jefferson and the Right to Property in Revolutionary America", *J Law Econ*, 19(3):467—488.

Kearl, J. R., Pope, C. L., Wimmer, L. T. (1980) "Household Wealth in a Settlement Economy: Utah, 1850—1870", *J Econ Hist*, 40(3):477—496.

Lacy, J.C. (1995) *Going with the Current: The Genesis of the Mineral Laws of the United States.* 41st Rocky Mountain Mineral Law Institute. Mathew Bender/Lexus Nexus, San Francisco, pp.10-1—10-55.

Lebergott, S. (1985) "The Demand for Land: The United States, 1820—1860", *J Econ Hist*, 45(2):181—212.

Leff, N. H. (1997) "Economic Development in Brazil, 1822—1913" In: Haber S (ed) *How Latin America Fell behind.* Stanford University Press, Palo Alto, pp.34—64.

Libecap, G.D. (1978) "Economic Variables and the Development of the Law: The Case of Western Mineral Right", *J Econ Hist*, 38(2):338—362.

Libecap, G. D. (1981) "Locking up the Range: Federal Land Use Controls and Grazing", Ballinger Publishing, Cambridge.

Libecap, G.D. (2007) "The Assignment of Property Rights on the Western Frontier: Lessons for Contemporary Environmental and Resource Policy", *J Econ Hist*, 67(2):257—291.

Libecap, G.D. (2008) "Open-access Losses and Delay in the Assignment of Property Rights", *Ariz Law Rev*, 50(2):379—408.

Libecap, G. D., Lueck, D. (2011) "The Demarcation of Land and the Role of Coordinating Property Institutions", *J Polit Econ*, 119(3):426—467.

Libecap, G.D. (2016) "Coasean Bargaining to Address Environmental Externalities", In: Bertrand, E., Menard C(eds) *The Elgar Companion to Ronald Coase.* Edward Elgar, Northampton, pp.97—109.

Libecap, G. D., Wiggins, S. N. (1984) "Contractual Responses to the Common Pool: Prorationing of Crude Oil Production", *Am Econ Rev*, 74(1):87—98.

Libecap, G. D., Lueck, D., O'Grady, T. (2011) "Large-scale Institutional Changes: Land Demarcation in the British Empire", *J Law Econ*, 54(4):295—327.

Lindert, P. H., Williamson, J. G. (2013) "American Incomes before and after the Revolution", *J Econ Hist*, 73(3):725—765.

Lindert, P. H., Williamson, J. G. (2014a) *Unequal Growth: American Incomes Since 1650.* Princeton University Press, Princeton.

Lindert, P. H., Williamson, J. G. (2014b) *American Colonial Incomes, 1650—1774*, NBER Working Paper 19861. National Bureau of Economic Research, Stanford.

Linklater, A. (2013) *Owning the Earth: The Transforming History of Land Ownership.* Bloomsbury, New York.

McCulloch, J. (1845) *The Literature of Political Economy: A Classified Catalogue of Selected. Publications...with Historical, Critical, and Biographical Notices.* Longman, Brown, Green, and Longmans, Boston.

Mehlum, H., Moene, K., Torvikm, R. (2006) "Institutions and the Resource Curse", *Econ J*, 116:1—20.

Merrill, T.W., Smith, H.E. (2010) *Property.* Oxford University Press, New York. Mining History Association, https://www.mininghistoryassociation.org/, https://www.mininghistoryassociation.org/Meetings/Tonopah/Goldfield%20Claims.jpg.

North, D.C. (1981) "Structure and Change in Economic History", Norton, New York.

North, D.C. (1990) "Institutions, Institutional Change and Economic Performance", Cambridge University Press, Cambridge.

North, D. C., Thomas, R. (1973) *The Rise of the Western World: A New Economic History.* Cambridge University Press, New York.

North, D. C., Wallis, J. J., Weingast, B. R. (2009) *Violence and Social Orders: A Conceptual Framework for Interpreting Recorded Human History.* Cambridge University Press, New York.

Oberly, J.W. (1986) "Westward Who? Estimates of Native White Interstate Migration after the War of 1812", *J Econ Hist*, 46(2): 431—440.

Ostrom, E. (1990) *Governing the Commons: The Evolution of Institutions for Collective Action*. Cambridge University Press, New York.

Paul, R.W. (1963) *Mining Frontiers of the Far West 1848—1880*. University of New Mexico Press, Albuquerque.

Pigou, A.C. (1920) *The Economics of Welfare. Macmillan*, London.

Priest, C. (Forthcoming, 2019) *Credit Nation*. Princeton University Press, Princeton.

Robbins, R.M. (1942) *Our Landed Heritage. The Public Domain 1776—1936*. Princeton University Press, Princeton.

Rodrik, D. (2008) "Second-best Institutions", *Am Econ Rev*, 98(2):100—104.

Sanchez, F., Lopez-Uribe, M., Fazio, A. (2010) "Land Conflicts, Property Rights, and the Rise of the Export Economy in Colombia, 1850—1925", *J Econ Hist*, 70(2): 378—399.

Scott, A. (1955) "The Fishery: The Objectives of Sole Ownership", *J Polit Econ*, 63(2):116—124.

Steckel, R. (1989) "Household Migration and Rural Settlement in the United States, 1850—1860", *Explor Econ Hist*, 26(2):190—218.

Steinbeck, J. (1939/1976) *The Grapes of Wrath*. Penguin Books, New York.

Stewart, J.I. (2009) "Economic Opportunity or Hardship? The Causes of Geographic Mobility on the Agricultural Frontier, 1860—1880", *J Econ Hist*, 69(1):238—268.

Story, J. (1858) *Commentaries on the Constitution of the United States, vol. 2*. Little Brown, Boston.

Swierenga, R.P. (1966) "Land Speculator 'Profits' Reconsidered: Central Lowa as a Test Case", *J Econ Hist*, 26(1):1—28.

Texas Almanac, https://texasalmanac.com/; http://texasalmanac.com/topics/business/history-oil-discoveries-texas.

Turner, F.J. (1893) *The Significance of the Frontier in American History*. Report of the American Historical Association, pp.199—227. http://www.archive.org/stream/1893annualreport00ameruoft/1893annualreport00ameruoft_djvu.txt.

U.S. Census Bureau (2012, September 6). *Population Statistics*. https://www.census.gov/dataviz/visualizations/001/.

U.S. Public Lands Commission(1880) *Report of the Public Lands Commission. 46th Congress, 2nd Session, House Executive Document 46*. Government Printing Office, Washington, DC.

Umbeck, J. (1977) "A Theory of Contract Choice and the California Gold Rush", *J Law Econ*, 20(2):421—437.

von Ende E., Weiss, T. (1993) "Consumption of Farm Output and Economic Growth in the Old Northwest, 1800—1860", *J Econ Hist*, 53(2):308—318.

Wiggins, S.N., Libecap, G.D. (1985) "Oil Field Unitization: Contractual Failure in the Presence of Imperfect Information", *Am Econ Rev*, 75(3):368—385.

Wilen, J.E. (2005) "Property Rights and the Texture of Rents in Fisheries" In: Leal, D. (ed) *Evolving Property Rights in Marine Fisheries*, Rowman and Littlefield, Lanham, pp.49—67.

Winch, D. (1965) *Classical Political Economy and Colonies*. Harvard University Press, Cambridge.

第七章

美国西部大开发中的主要水利基建设施与制度

——运河、水坝和水力发电

泽尼普·K.汉森　斯科特·E.罗伊

摘要

在美国西进运动的历史上，可以说没有任何一种自然资源会比水对美国西部经济造成的影响更大。作为一种消耗性自然资源，水对于城市增长与发展、工业采矿和灌溉农业都是必不可少的。另外，水资源还可以通过运输业、能源生产和游憩用途来提供非消耗性的溪流效益。本章论述了水资源在美国西进运动中扮演的角色，首先研究阿巴拉契亚山脉的西侧，随后将目光投向更加干旱的西部领土。我们致力于解决随着水资源开发而出现的制度问题，以及竞争需求所导致的受约束的水资源管理带来的复杂性问题。

关键词

灌溉农业　水坝　采矿　西进运动　水资源

引　言

　　淡水是一种原始的消耗性自然资源,是城市增长和发展所必需的。另外,淡水也是一种生产过程中的投入要素,可以用来提高采矿和工业流程的生产率,使灌溉农业得以发展。除了作为生产投入要素的价值外,水和水资源还可以提供运输、能源、游憩和环境方面的益处,这些益处可以与消耗性或工业用途相结合,实际上在消费性用途中占主导地位。在美国西进运动的历史上,可以说没有一种自然资源会比水对美国西部经济造成的影响更大。然而,就水资源带来的所有益处而言,水资源本身并非都没有成本且具有复杂性。在稀缺的情况下,水资源实际上是无价的,但是在水资源丰富的情况下,对水资源使用进行约束产生的成本可能很高,而如果发生洪水灾害造成破坏,则会产生更高的成本。与许多在原地和稳定不动的自然资源不同,自然环境中的河岸水资源是短暂的和流动变化的,它跨越社会和政治的界限,随着时间的流逝而蜿蜒流淌。水资源也是转瞬变化的,每天、每月和每年的水量都不确定,特别是在气候不确定性和多变性日趋严重的时期,在世界上水资源有限的干旱地区尤为如此。水资源的质量通常各不相同,它可能因生态退化和污染而失去价值。水资源体量大且不易移动,但可能会由于蒸发和地下水回灌而流失。

　　由于美国西部的大部分降水都集中在高山地区,储存在积雪之中,与人类水资源需求较高的地区相距很远,因而人类所需的水资源被自然和环境所缓存。然而,美国西部干旱地区的水资源很少与人类需求相一致,因此,为了克服这一问题的复杂性和不确定性,人类开发了巨大的水利工程,用于存水、抽水、输送水以及其他有益用途。同时,用水制度和治理措施也不断发展,以规范和分配大量的水资源。大坝、运河和渡槽在美国西部纵横交错,起到存储、改善和运输水资源的作用。尽管这起到一定的效果,能够消除极其复杂的水资源使用过程中的不确定性,然而大型水利基建项目的成本很高,又常常涉及长达数十年的谈判和政治活动。本章阐述了美国西部地区主要的水利基建设施在经济发展中的作用。

首先让我们将目光投向西部的移民,他们从东部沿海地区向阿巴拉契亚山脉西部迁移,我们探讨美国运河系统的成长以及这些运河如何促进工业增长,开拓新市场并改变美国中西部地区的构成。伴随铁路行业的发展,运河系统在中西部地区开辟出一个伟大的商业中心。博加特(Bogart,1913)、特纳(Turner,1920)、雷(Rae,1944)、诺思(North,1956)、克兰默(Cranmer,1960)和兰塞姆(Ransom,1964)的研究成果都在本章得到体现,它们共同描绘出美国大移民时代的壮阔图景。海恩斯(Haines,2003)和钱达等人(Chanda et al.,2008)指出,运河系统的发展并非没有代价——由它带来的城市化和工业化也在一定程度上对居民的生活质量造成有害影响。

835

经历了跨越阿巴拉契亚山脉的第一次西迁之后,我们再来关注第二次西迁,这次的目的地则是更为干旱的地区。或许是基于先前的经验和在中西部地区创造的巨大财富,拓荒者们和朝圣者们在西部干旱地区通过开展采矿业和农业发现新的财富。与东部水资源供给丰富的情况不同,新开发的西部干旱地区的水资源却是一种限制性资源——供水主要来源于积雪,并且在一年中的许多月常常无法获得。因此,大型水利工程和基建设施提供了一个人造的储水来源,使拓荒者们可以开垦荒漠,延长作物生长季节,并且使得曾被认为不可能种植的农作物生长。贵重金属的水力开采需要河流改道和高压引水技术的发展。皮萨尼(Pisani,1984)和赖斯纳(Reisner,1986)提供了一些对美国西部历史上矿业和农业繁荣发展的见解。

在美国干旱的西部地区,水利基建设施和水库的成长需要一个新的水资源治理的时代。包括《宅地法》和《开垦法案》(Reclamation Act)在内的联邦立法为西迁提供了便利,但也带来了许多问题和复杂性。科曼(Coman,1911),利贝卡普(Libecap,1981,2011),利贝卡普和汉森(Libecap and Hansen,2002),汉森和利贝卡普(Hansen and Libecap,2004a,b),麦库尔(McCool,1994)和罗德(Rhode,1995)等人都曾详细介绍过这些问题和复杂性。

汉森和利贝卡普(Hansen and Libecap,2004a)讨论了美国的土地政策,他们发现 1862 年颁布的《宅地法》最初在北部平原地区得到较好实施,因为充足的降水(未造成长期干旱的降水)使农民可以在小型农场上采用他们所熟悉的耕作方式。虽然存在一些警告[例如,鲍威尔呼吁在干旱地区应当建立至少 2 560 英亩的牧区],并且人们提出改变联邦政策的法案,但这些法案并未得到考虑,尽管如此,人们希望保持对小型农场的重视的强烈情绪仍然存在。1917—1921 年发生的长期干旱,对北部平原宅基地上的农民们来说尤其严重,许多小型农场因此而倒闭。160 英亩和320 英亩的农场在该地区尤为盛行(结果导致农场平均规模下降),这在很大程度上归因于政策模式和《宅地法》中施加的限制。此外,法案所规定的旱作技术要求小型农场要进行密集种植(Libecap and Hansen,2002),对干旱地区的农民而言这产生了进一步的灾难性结果。汉森和利贝卡普(Hansen and Libecap,2004b)解决了其中的外部性问题,并分析了 20 世纪30 年代大干旱产生的根源,将严重的干旱和风蚀与《宅地法》所导致的小型农场的盛行相联系(Hansen and Libecap,2004b)。农场规模在导致严重的风蚀方面发挥主要作用,同时也阻碍矫正措施的实施,因为大多数农民并没有在生产最有效的规模上进行经营活动以便采取风蚀控制措施,例如,让部分农田休耕。

在美国西部干旱地区的主要水利基建设施发展之前,用水者之间的冲突矛盾相当普遍,并且由于流水源供应上的局限性,需求常常超过供应(Coman,1911)。尽管一部分因《开垦法案》而存在的区域内大型水坝能够维持水资源跨季节地进行空间和时间上的转移,进而使农业生产可行,但也存在许多负面的环境影响,包括由许多溪流和河流的低水位导致的野生鱼类资源的大量减少(Hansen et al.,2014)。

836

随着城市的发展,城市用水需求不断增加,由此产生从更远的地区调移水资源的需求。科技的发展促进水力发电的进步,大量水力发电设施推动了工业复兴,为农场提供了源源不断的电力,从而使农业在甚至运河和水渠都无法到达的地区蓬勃发展。伊利和乔萨特-马尔切利(Erie and Joassart-Marcelli,2000),利贝卡普(Libecap,2009),基钦斯和费什巴克(Kitchens and Fishback,2015),基钦斯(Kitchens,2014),克兰和莫雷蒂(Kline and Moretti,2014),赖斯纳(Reisner,1986)以及皮萨尼(Pisani,1984)都强调主要水利基建设施在农场和家庭电气化进程中的重要性。

西进运动

学者们指出，许多运河的开通，如 1825 年的伊利运河，被看作"具有划时代意义的事件"，这使得许多较大的西北部城市成长起来，并发展成为全球商业中心（Turner，1920）。随着阿巴拉契亚山脉在地理上将中西部地区的土地与东部沿海地区的市场分隔开来，伊利等运河"提供了强有力的证据证明修筑一条向西流动的运河在技术上可行、经济上有利"（Ransom，1964：365）。运河充当"新移民的高速公路"，为人们提供了迁往新西部的通道，并反过来将剩余资源——农产品和原始自然资源——从人们逃往的西部返还给城市中心（Turner，1920；Rae，1944）。俄亥俄州的运河开通对商品价格产生了可预见的深远影响。东部新市场的出现使西部农产品（如木材、羊毛、猪肉、小麦和玉米等）的价格上涨了两到三倍；非农业矿产品，如煤炭、盐、生铁和石材等，则很容易进入东部市场。同样，东部市场上出售的这些商品导致俄亥俄州居民购买的制成品（如大头针、咖啡和糖）成本下降（Bogart，1913）。一些运河的存在，如印第安纳州的瓦巴什和伊利运河，刺激了如此多的移民，以至于其流域内的各县人口在不到十年的时间内增长了五倍（Rae，1944）。政治史学家发现，这时的美国新西部地区起着举足轻重的作用，并为未来的国家进步奠定了基础，特别是在公共领域、关税制度、银行与货币制度以及州际贸易规则等方面（Turner，1920）。

不断发展的运河系统，以及随之而来的铁路运输量的增长，"催生了芝加哥、密尔沃基、圣保罗和明尼阿波利斯等城市，以及其他众多更小的城市"（Turner，1920：137）。当时，加拿大的苏圣玛丽运河仅占整个中西部贸易中的水道和运河交通总距离的一小部分，其吨位却已经超过苏伊士运河（Turner，1920）。五大湖地区的交通促进了几个淡水港口城市的发展，如芝加哥、底特律、克利夫兰和布法罗等，历史学家将芝加哥称为"密西西比河谷大都会"（Rae，1944）。随后这种增长还导致 1866 年后五大湖地区的工业革命和商业革命——"吨位翻了一番，木船被钢铁制造的船所取代，老式帆船屈服于蒸汽机，巨大的码头、井架和电梯被建造出来，这是机械技术的胜利"

837

(Turner, 1920:150)。同样,由政府官员确定费率等经济和政策实践,最终与铁路管理相结合,而这种形式正是来源于早期的运河开发和管理实践(Bogart,1913)。

历史上,对于运河投资的总体经济影响一直存在争议。兰塞姆(Ransom,1964)注意到,许多经济学家很快便指出运河投资的间接影响和诱导效应,但却忽略了一些事实,即一些运河带来的收益还不足以证明其建设投资的合理性。克兰默(Cranmer,1960)确定了1815—1860年的三个不同的运河投资周期:第一个周期(1815—1831年)被克兰默称为"运河狂潮",其中大约有5 000万美元投入公共和私营运河的建设中,这一批运河则被视为美国建造的最成功的运河之一;第二个周期(1832—1844年)则有超过7 000万美元的投资,主要花费在公共运河上;第三个周期(1845—1860年)花费了约5 600万美元,在美国内战爆发之初便戛然而止。其中,第一阶段的发展旨在建设主要的交通干线,而最后一个阶段旨在改善往返五大湖地区的航路(Rae,1944)。

兰塞姆(Ransom,1964)指出,到1860年为止,美国已修建总长度约4 250英里的运河,总资本投入超过1.9亿美元,这反映了许多"非凡的成功……和非凡的失败"(Ransom,1964:366)。兰塞姆利用根据运河流量和产生的收入估算出的收益,确定了约25个运河段(分别位于纽约州、俄亥俄州、宾夕法尼亚州、印第安纳州、伊利诺伊州、马里兰州和弗吉尼亚州等),来代表总计1.02亿美元的国家投资额,根据从中获取的收益是否大于建设成本,将其划分为"可能的成功"和"可能的不成功"。他指出,在1.02亿美元的国家投资中,只有1 630万美元花在他认为是"可能的成功"的运河上。在运河建设热潮快要结束时,兰塞姆认为,毫无疑问有些运河是有价值的投资,因为它为经济增长提供了巨大动力,并提高了美国大经济的效率。然而,他很快注意到,在其他情况下运河投资大都是不必要的——过多的运河相互竞争,可能只是复制已有的低成本运输机会,如铁路运输,而不是在各地区之间开辟全新的贸易渠道。在中西部的许多地区,漫长而寒冷的冬季使一年中多个月份的运河贸易和运输中断,这使铁路成为运输货物的唯一选择。

为了支持不断成长发展的运河系统并协助其建设,联邦政府以政府出让土地/土地补助的形式提供援助(Rae,1944)。铁路系统获得总计超过1.3亿英亩的赠地,与铁路系统的发展不同,拨给运河系统用于其发展的土地仅为450万英亩左右(Rae,1944)。作为铁路土地补助措施的先驱,运河赠地采用交互分段实施的做法,以刺激运河里程的发展——这种做法后来也成功地应用于铁路的赠地中。相对于铁路系统而言,考虑到运河系统的里程较短和其资本密集度,赠地仅被视为资助运河建设所需的一揽子财政计划中的一部分,并且只是"少量的援助"(Rae,1944)。在当时,几乎不存在对赠地的政治反对,特别是考虑到"谨慎所有者"(prudent proprietor)学说,该学说假定"由于运河的完工将大大增加沿岸公共土地的价格,如果国会选择放弃一部分土地以实现提高剩余财产价值的目的,那么这就是一项合理投资"(Rae,1944:169)。实际上,土地补助的目的并不是为运河提供全部资金,而是"为被认为是对国家发展有重要意义的企业提供一些援助和激励"(Rae,1944:177)。

运河在东部地区的市场和西部地区的原材料之间建立了直接联系,刺激了移民运动,并为西进运动进一步奠定了基础。然而,运河的存在也使得沿岸人烟稀少、原始荒芜的土地开辟出来(Bogart,1913)。1845年,在迈阿密和伊利运河完工之前,"从未出口过一蒲式耳谷物,也没有出口过一桶面粉或猪肉等产品",但到1846年,"已通过运河将125 000桶面粉和近200万蒲式耳的谷物运至北部市场"(Bogart,1913:58—59)。该地区第一批生长的森林已被采伐,其所得的木材在东部市场出售。鉴于以前的林区被焚烧清理了,运河运输的存在使土地清理和东部市场上的木材出售更加有利可图。但是,总的来说,运河和铁路系统的开发并没有开辟新的土地,而是使以前无法用于商业生产的已存土地被有效利用起来(North,1956)。

主要水利基建设施的发展为美国经济注入了活力,扩大了农业产出,加快了城市化和工业化进程,并最终影响了全体美国民众的生活水平(Haines et al.,2003;Chanda et al.,2008)。这些影响总体上却导致复杂且经常反直觉的结果。在整个19世纪,随着国家主要水利基建设施的发展,国民的体质健康状况最初是参差不齐的,但最终却变得同质并趋于稳定。清洁用水的供给和卫生条件的改善最终提高了个人卫生水平,从而提高了生活质量;能以较低的成本获得更多种类且更高质量的食物,以及食物冷藏能力的进步也提升了生活质量。但是,城市化和工业化也对居民生活质量产生一定的负面影响。交通的改善充当疾病传播的媒介,并且随着城市的发展,其居民经常在工厂里长时间工作,人们"相互之间的接触更加频繁,并且暴露在更多的疾病中"(Chanda et al.,2008:23)。海恩斯等人(Haines et al.,2003:409)发现:"就 1840 年在有水上交通联系的县出生的人而言,其实例与传染病的传播和城市商业化的观点相当吻合。农民身高较高而工人身材矮小,这一结果也支持这类城乡效应。"

西部城市的发展:采矿业向农业的转换

839

到 19 世纪中叶,尽管加利福尼亚州的矿业正如火如荼地展开,但农业发展仍处于起步阶段,许多农产品仍需要从欧洲和亚洲进口(Pisani,1984)。然而,这个局面并未持续很久,因为矿工在建造从山上提取贵重金属所用到的大型采矿水厂时获得的技能,最终被用于建设农业和市政水利基建设施。皮萨尼(Pisani,1984)指出,到 1867 年,采矿业已经在方圆 600 英里的范围内建造了 300 多个独立的沟渠系统。尽管其中许多系统留存至今,但推动加利福尼亚州农业发展的不是基建设施本身,而是开发过程中隐含的技能,即设计建造灌溉工程和供水系统的能力,以及对应用于农业和工业机械的采矿工具和制造工艺的适应力。

尽管加利福尼亚州采矿业的蓬勃发展转瞬即逝,但其农业处于持续成长之中,农业繁荣始于 19 世纪六七十年代,与 19 世纪四五十年代的采矿业繁荣相呼应。皮萨尼(Pisani,1984)指出,到 1870 年,加利福尼亚州的矿工已从 10 年前 83 000 人的峰值下降到仅有 36 000 人。相反,同一时期农民从 20 000 人增至 48 000 人,增长了一倍以上,并且种植小麦的耕地面积增加了四倍以上。农产品需求的增长刺激了对水资源输送的需求。到 19 世纪六十年代末,加利福尼亚州只有一条运河(渡槽或大坝),而在接下来的十年中,这个数字增加至二十有余(Pisani,1984)。到 21 世纪之交,加利福尼亚州总计覆盖 1 200 多个大型水库,该州几乎每条主要河流都筑起大坝,有的河流甚至筑坝超过 14 座(Reisner,1986)。

内战后的西迁见证了许多农场的出现,并且整个 19 世纪 70 年代加利福尼亚州的总人口增加了近 50%。尽管在农业繁荣的初期,许多农民仍在种植饲料作物和谷物,而到 20 世纪初,种植方式已经发生巨大变化,蔬菜、葡萄、柑橘和果园成为主流,这反过来又要求水资源及水利基建设施的增加。到 19 世纪 70 年代后期,加利福尼亚州的灌溉农田仅有 20 万英亩,但仅仅十年后,灌溉面积增加了 500%(Pisani,1984)。

西部干旱地区农业和水利基建设施的发展

美国西部干旱地区的水权法和主要水利基建设施的建设早已齐头并进,反映了土地与水之间的密切关系。至少从 19 世纪中叶起,这种土地与水的关系一直是西进运动的基本特征,当时,西部各州的大部分土地和领土仍属于公众,而宅基地则是主要的政策重点(Hibbard,1924)。不幸的是,1862 年颁布的《宅地法》是为位于西经 100 度线以东的湿润地区专门设计的,与西部地区的干旱条件并不匹配(Xu et al.,2014)。西部地区的农业景观包含全美国大陆最干旱和崎岖的地貌。美国西部干旱地区的农业土地在地形、气候、土壤类型和水资源等方面表现出明显的异质性,并且在西部的大部分干旱地区,农作物生长季节可用的大部分农业供水来源于融化的积雪(Brosnan,1918;Hansen et al.,2011,2014)。与东部地区农业可以依靠雨水灌溉和季节性灌溉不同,美国西部的农业完全依靠人工灌溉,因此更加受制于所在地的水利基建设施和水权制度。

托马斯·杰斐逊总统将美国土地政策的主要重点定义为小型家庭农场,他宣称:"地球是人类赖以劳动和生活的共同财产……小土地所有者是国家最宝贵的部分。"(Hibbard,1924)美国的土地政策始于 1785 年和 1787 年的《土地条例》,该条例要求将联邦财产有序、系统地分配给私人索赔者,随《宅地法》的实施而延续,并在 1862—1935 年成为联邦土地分配的主要依据(Gates,1979;Robbins,1942)。1862 年《宅地法》允许任何户主申请获得 40—160 英亩的联邦土地,并在满足持续居住和改善要求后拥有其所有权。1909 年修改的《宅地法》,将土地所有权要求增加到 320 英亩,并在 1912 年再次对其进行修改,将居住要求改为 3 年。此外,法律规定的费用和佣金也被调整。继《宅地法》之后,1891 年废除了《育林法》(Timber Culture Act),该法令规定种植树木达 40 英亩的定居者可以获得 160 英亩的土地(Gates,1979)。汉森和利贝卡普(Hansen and Libecap,2004a)认为,最常用于获得联邦土地所有权的法律——《宅地法》,最初在西经 98 度线以东的地区实施效果良好,因为土壤质量和充足的降水等"熟悉的条件"使农民可以照搬现有的耕作实践和知识。但是,大平原地区的情况却大不相同(Hansen and Libecap,2004a)。尽管约翰·威斯利·鲍威尔在 1879 年向国会提交的"美国干旱地区土地报告"中曾警告,干旱土地需要采用新的农业生产方法,呼吁"牧区"至少要拥有 2 560 英亩的移民公地,并提出旨在改变联邦政策的法案,但这些法案并未被考虑,联邦政府也未对土地政策进行任何重大修改。正如印第安纳州代表乔治·W.朱利安(George W. Julian)的发言所表明的那样,政府仍然持有对小型农场的重视的强烈情绪:

> 如果要保护我们的制度,我们必须坚持小型农场、节俭村庄、紧密聚落,以及免费教育和政治权利平等的政策,而不是大庄园、荒废的农业生产、广泛零散的定居点、教育普遍低下和放任贵族统治的人民。这是美国政治中一个被掩盖的问题。(Worster,2002)

利贝卡普和汉森(Libecap and Hansen,2002)解释说,当时没有任何科学知识或经验性知识可以支持鲍威尔的观点。他们认为,当前联邦土地政策中存在政治争议的修订案尚不能从科学角度得到支持。因此,他们对大平原地区的天气信息问题进行了分析,结果表明,人们缺乏对该地区气候的了解,加上在湿润时期的宅地农场生产中获得了一些积极经验——这与北部平原主要定居点所表现出的特点相吻合,人们因而感到乐观。用于解释天气现象的"雨后耕作"的民间理论兴起,其认为耕作劳动随着降水的增多而增加,而关于耕作实践的伪科学理论"旱作学说"解释了耕作劳动如何解决或减轻干旱,这些早已被人们轻易接受(Libecap and Hansen,2002)。

事实上,只有 1917—1921 年的干旱对农民造成特别严重的影响时,人们才对该地区的气候及其对小型农场的影响有了更准确的了解。在 1917—1921 年干旱之前,农民和西方政客们普遍持有乐观情绪,鲍威尔(Powell)所建

841

议的分配规模是现有分配规模的 16 倍,这在当时被认为过于极端,而且人们普遍相信这样做会大大减少在该地区定居的农民数量。但是,政客们希望增加其辖区的农民人数(从而增加人口),以鼓励经济发展,因此支持现有的土地政策。正如科罗拉多州代表托马斯·帕特森(Thomas Patterson)解释的那样,"……我们的农业用地……是有限的,而从事农业生产的人口数量也必须受到限制。但是需要使这个数量尽可能地大,以达到最大值",但绝不能超过 160 英亩的宅基地(Patterson,1879,引用于 Hansen and Libecap,2004)。另外,更多的人口加快了领土成为州的进程,同时增加了在美国众议院中有投票权的议员的机会。因此,包括领土代表在内的西方政客都强烈反对有关土地面积的任何重大变化,除了少数较小的变化外,《宅地法》总体上未作修改,包括 1909 年的《扩大宅地法》,而该法案将土地所有权要求提高到 320 英亩。320 英亩的土地仍然比鲍威尔所建议的数目小得多,但随后的历史事件表明这一数目也太小了,无法在大平原地区长期存在下去。

20 世纪 30 年代的沙尘暴曾是北美最严重的环境灾难之一,对其起源的更完整分析,将这种严重的干旱和风蚀与《宅地法》所创造的小型农场的盛行联系起来(Hansen and Libecap,2004b)。该分析强调了农场规模在导致严重风蚀以及抑制矫正措施方面所起的重要作用。大多数农民没有在生产最有效的规模上进行经营以采取风蚀控制措施,例如,让部分耕地休耕。较大的农场占有更大的休耕地份额,而在这些大平原地区,耕作份额更大,侵蚀也更加严重(Hansen and Libecap,2004)。随着保护区内的农民签订监管合同,面积高达 60 万英亩的土壤保护区将有助于协调对侵蚀的控制。这些规章制度与农场的逐步整合相结合,导致耕作方式的变化,从而更好地保护土壤。因此,在 20 世纪 50 年代和 70 年代的大平原地区深受干旱影响时,该土壤保护区更不容易遭受风蚀。纳切和普鲁霍夫斯基(Nace and Pluhowski,1965)报告说,虽然 20 世纪 50 年代的干旱至少与 20 世纪 30 年代的干旱一样严重,但后者的风蚀程度显然范围更广且更具破坏性。

宅基地的建立导致大平原地区农场的平均规模下降,因为定居者要求并细分了以前被非常大型的牧场所占用的土地。根据联邦土地法律,牧场主无法获得这些大片土地的所有权,许多土地在自耕农到来后被拆散(Libecap,1981;Dennen,1976;Fletcher,1960)。例如,在 1904 年的蒙大拿州费格斯县,在大规模的宅基地迁移到北部平原之前,有 472 个农场或牧场,平均面积为 1 300 英亩。然而,到 1916 年,农场的数量增长了八倍之多,达到 3 843 个,农场平均面积降至 322 英亩,下降了 75%(Libecap and Hansen,2002)。

的确,宅基地安置导致大平原上的小型农场激增。1880—1925 年,在堪萨斯州西部、内布拉斯加州、达科他州、科罗拉多州东部和蒙大拿州的 202 298 425 英亩土地上登记的原始宅基地数量超过 100 万(美国内政部,综合土地办公室,专员年度报告)。尽管平均宅基地面积大于 1909 年宅基地法律所规定的 320 英亩,但大多数农场占地约 160 英亩。160 英亩和 320 英亩农场的盛行在很大程度上归因于《宅地法》的模式和限制。事实上,美国农业部(USDA)推广服务处和该地区赠地学院的实验站在 1917 年之前所规定的旱作技术,要求对 160 英亩或 320 英亩的小型农场进行密集种植(Libecap and Hansen,2002)。

随着采矿机会和移民宅基地机会不断吸引着移民涌向西部,这些矿工和来自犹他州的早期摩门教徒移民(Coman,1911;Xu et al.,2014)极大地影响了美国西部干旱地区的农业景观。在 19 世纪的大部分时间里,美国西北部干旱地区唯一便捷的水源位于河岸走廊附近。因此,早期定居点很少远离主要水道。随着 19 世纪 80 年代俄勒冈州短线铁路的发展以及 20 世纪初期的主要水利基建设施的发展,定居点开始向远离河岸走廊的地区延伸(Brosnan,1918)。

包括《凯里法案》(Carey Act,1894)和《开垦法案》(Reclamation Act,1902)在内的许多联邦法律促进了美国西部干旱地区主要水利基建设施项目的发展。《凯里法案》鼓励对水利基建设施的私人投资,并允许私人从水资源销售中获取利润(Xu et al.,2014)。与《凯里法案》侧重于对主要水利基建设施的私人投资不同,《开垦法案》为西部干旱地区各州的主要水利基建设施项目提供联邦政府资助的资金,并要求在当地建立供水组织来管理水资源的使用和分配。这些重大的水利基建设施项目深刻地改变了西部各州的农业景观(Coman,1911;Hansen et al.,2011)。

总而言之,《开垦法案》授权数百个大型水利基建设施项目的开发,这些项目遍布于西部的十七个州。凭借其高达数百亿美元的联邦投资,《开垦法

843

案》为工业、农业和家庭用户提供了水资源,并为这些数百万的相同用户提供了水力资源(Pisani,2002;Hansen et al.,2011)。开垦的主要目标之一是将水资源转化为可以买卖的商品(Pisani,2002)。尽管《开垦法案》的主要动机是提供农业用水,但水利基建设施却提供了许多次要好处,包括抵御洪水、对尾矿和工业碎屑的控制处理、火灾防护、休憩以及航行等(Hansen et al.,2011)。《开垦法案》资助的许多项目都是通过"复垦基金"资助的,而"复垦基金"又通过联邦政府与当地供水组织之间的费用分摊协议以及出售公共土地的方式来提供资金的(Pisani,2002)。在《开垦法案》通过后,联邦政府立即划出约4 000万英亩的公共土地,包括科罗拉多州的150万英亩、加利福尼亚州的270万英亩、爱达荷州的370万英亩、内华达州的440万英亩,以及蒙大拿州的850万英亩(Pisani,2002)。联邦政府通过《开垦法案》"锁定"土地,其中包括许多最好的水库用地和大量毗邻溪流的公有土地(Pisani,2002)。

很久之后,汉森等人(Hansen et al.,2011)发现,联邦政府在西部干旱地区的投资产生了红利。那些拥有重要水利基建设施的西部干旱县能够更好地应对气候变化,其农业生产可预测性更强而农作物歉收状况更少。在经常发生干旱或洪水的情况下,主要水利基建设施的存在特别有价值,因为与没有稳定水源的农场相比,拥有主要水利基建设施的农场的可种植土地面积更大、价值更高、收成更好、损失更少(Hansen et al.,2011,2014)。

在美国西部干旱地区发展主要水利基建设施之前,用水户之间的冲突是普遍存在的,并且由于溪流供应的限制,对水资源的需求经常超过供应(Coman,1911)。在潮湿的东部地区以河岸为基础的水法则行之有效,这些地区的水供应更多且很少有限制性约束,而在干旱的西部地区则行不通。随着定居点的增加、人口的扩大以及大规模的农业实践取代自给农业,需要制定不同的水利法则。就州一级而言,大部分西部干旱地区制定了以专用为基础的水利法规和水权,以建立和加强用水的一般规则,并为水资源的分配和所有权提供一种机制(Xu et al.,2014)。在这些州一级的水法规则中,有许多是在该地区领土刚刚过渡到州土地时建立的,而且当时许多非灌溉土地仍属于公有土地,因而这些法规受到早期立法的深刻影响。例如,《沙漠土地法》(Desert Land Act,1877)通过要求确定受益用途,以及提供关于首次使用日期或先前拨款日期的文件,为将来的拨款立法奠定了基础(Xu et al.,2014)。但是,由于水权(通常包括使用地点和河岸走廊的转移点)的性质所限,这部分水权为贸易设置了壁垒,该壁垒可能限制水资源的转移,因此可能导致经济效率低下(Xu et al.,2014)。

在大多数地区,水是一种稀缺资源,在美国西部尤为如此。西部的经济发展主要取决于用水的存量和使用能力。在美洲印第安人和非印第安定居者之间,水资源的竞争和冲突十分普遍(McCool,1994)。尽管1908年的"温特斯诉美国案"(也被称为"保留权利学说")确立了联邦政府含蓄地保留预留土地的水权,但西方各州采用的是按有益用途的优先次序来分配水权的水法和政策(McCool,1994)。优先占用权——第一时间正确采取的原则,也被用来解决许多涉及自然资源的纠纷,如放牧权和土地使用权,这一原则随后成为西部干旱地区用水的法律原则,并且决定该地区的农业发展(Pisani,1996)。也有人认为,如果没有优先占用权,就不可能筹集资金来修建水坝和灌溉渠,从而将西部地区转变为农业生产区。尽管1902年《开垦法案》将建设灌溉项目的权力和工作交给联邦政府,但西部地区大部分灌溉土地的开垦主要依靠私人资本,而在20世纪80年代,由联邦开发项目提供的灌溉用水只占大约四分之一(Pisani,1996)。而且,尽管西部居民可能期望联邦政府推进大型灌溉项目的开发,但大多数人(加利福尼亚州的矿工、西方政客、开发商和农民)都赞成对水进行地方控制,而灌溉地区的水权管理最好交由个人来组织(Pisani,1996;Worster,1985)。

正如沃尔特·普雷斯科特·韦布(Walter Prescott Webb)最初所断言的那样,在西部水资源分配中优先占用权不应只被视为干旱气候的副产品或结果,因为该地区的经济需求和条件有助于美国西部水权制度的建立(Dunbar,1983;Webb,1931)。西部地区的干旱是其农业发展的关键限制因素,但是在加利福尼亚州有关采矿用水的法院案件中,优先占用权被首先考虑了。在19世纪中叶的加利福尼亚州,优先占用权使在公共土地上工作的矿工对矿产和水资源拥有优先权且能够首先占有并有益利用它们(Pisani,1996)。因此,在包括加利福尼亚州和蒙大拿州在内的一些西部州和地区,优先占用权最初并不打算适用于农田。但是,到1877年《沙漠土地法》颁布时,立法者正式承认定居者有权根据优先占用权的原则和程序,将公共土地上的水源用于农业和其他用途。

1902 年《开垦法案》的颁布是一场漫长的政治运动的高潮，该运动要求联邦政府帮助居民在干旱的西部地区建设主要水利基建设施。尽管许多西部居民希望联邦政府为灌溉项目提供资金，但他们并不希望项目由联邦政府控制，由此产生了一项法案，它是联邦资金和州控制权对于优先占用权法律的折中方案。甚至在 1902 年法案颁布之前的 1889 年，随着国会和各州干旱土地灌溉委员会的创立，垦荒铁三角就开始得到发展（McCool，1994）。该委员会主要由赞成灌溉的西部居民组成，他们以强调地域性和偏见而闻名。开垦权益也通过拨款委员会成功发起立法提案，这特别归功于担任主席的亚利桑那州参议员卡尔·海登（Carl Hayden），他从 1928 年开始在委员会任职，于 1953 年成为主席，直至 1969 年退休（McCool，1994）。在卡尔·海登参议员为西部地区争取到的众多开垦项目中，就包括中央亚利桑那州项目。

爱达荷州蒂顿水坝的决策过程解释了整个背景和建设过程，这是一个让人印象深刻的例子，正如恩斯特龙（Engstrom，1976）在大坝崩溃后不久所描述的那样，它体现了包括利益集团、国会议员和机构在内的利益相关者铁三角之间的相互合作。为了使蒂顿水坝项目得到支持，其主要倡导者［由威利斯·沃克（Willis Walker）所代表的垦务局和弗里蒙特-麦迪逊灌溉区］向国会和国会委员会提供大量有利的专家证词，并积极争取对大坝的建设。这些拥护者想要一座具有防洪、灌溉和水力发电能力的多用途水坝。尽管洪水控制不是大坝的主要目的，但 1962 年和 1963 年春季的洪水推动了在蒂顿河上建设大坝的需求。工程兵团（Army Corps of Engineers）也对在河上修建水坝感兴趣，但是在 1955 年研究了堤坝系统帮助控制春季洪水的可行性之后，它便放弃了这个想法（Engstrom，1976）。

由于许多农民在蒂顿河上拥有"自然流动"的水权，因此上游用户只有在优先使用权得到满足后才能转移多余的水。于是，在建造大坝时，除非径流量很大，否则它不能合法地注满水。因此，一项计划被制定了，即建立一个地下水井系统，将水从地下泵送到地表，再注入河流，以满足下游的用水需求。该计划要求建造 100 口井，费用约为 368 万美元（Engstrom，1976）。这部分存水将在弗里蒙特-麦迪逊灌溉区为大约 114 000 英亩的土地提供补充灌溉水。该项目的第二阶段是,由一条 30 英里长的抽水泵渠和 28 英里长的注水泵渠为 37 000 英亩的新土地提供用水。但是,其中的收益可能被高估了,因为在该地区 3—3.5 英亩英尺的水就足以满足农作物生产的需要,而 111 000 英亩的灌溉土地中有 87 000 英亩的灌溉土地已经获得了平均 11 英亩英尺的灌溉水(Engstrom,1976)。不幸的是,在 1976 年初完成第一阶段的建设以后,当大坝北侧破裂和坍塌时,大坝内水量约有 70%,最终导致淹没山谷并一路漫延到美国瀑布水库产生洪灾,在该事故中共有 11 人丧生,数百人受伤。

随着西部干旱地区主要储水基建设施的建设,其中所采取的水权制度在一定情况下使配水情况趋于恶化。例如,大量的储蓄水源与需要用水的农场距离较远,因而要利用现有的河岸走廊来输送水资源。所以,除了拥有将存量转化为动态流量的能力外,还需要对河流动力学有详尽的了解,并且要考虑蒸发和地下水回灌带来的损失。同样,农场的电气化和挖掘深水井的能力(可以与地表水源建立水文联系)也需要统一的水权制度(Xu et al.,2014)。

尽管美国西部干旱地区主要水利基建设施发展的直接(消费性)影响相对积极,但其非市场方面的影响无疑是负面的。大型蓄水坝的存在使各个季节的水资源得以进行时空转移,这导致生态系统可利用的水资源减少,加剧了供水的季节波动性(Hansen et al.,2014)。特别是在干旱年代,美国西部干旱地区的许多溪流和河流在一年中的大部分时间都处于缺水状态,从而减少了溯河鱼类洄游的机会,而这对主渠道筑坝的河流来说尤其如此。因而在整个 20 世纪,这些河流中的野生鱼类数量大幅减少(Hansen et al.,2014)。

罗德(Rhode,1995)分析了 1890—1914 年影响加利福尼亚州农业集约化的供需因素。对于加利福尼亚州农业产品从粗放型向集约型(例如水果)的转化有多种解释。这些解释包括:横贯大陆的铁路的建成导致运输条件发生改善和变化;灌溉的普及和劳动力市场状况的变化,导致劳动力增加。罗德对经济力量进行了系统调查以解释加利福尼亚州农业的变化。他发现,传统文献夸大了横贯大陆的铁路在加利福尼亚州农业转型中的相对重要性;相反,他发现资本稀缺性下降导致利率下降,生物知识的进步又导致生产力的提高,这些都在这种转变中成为相对重要的供给侧力量。

846

西部城市的发展:农业到城市的增长

尽管美国东部地区的运河和主要水利基建设施将水资源作为一种资本投入,而这种资本投入更类似于技术投入,但对于西部干旱地区的用户而言,水是生产的原材料投入。就大多数情况而言,在整个美国西部干旱地区,水资源都是一种约束性投入——可供灌溉的土地总是远远多于可用的灌溉水资源。同样,对于美国西部干旱地区的许多大都市来讲,主要水利基建设施促进了人口增长,并为城市、商业和工业发展提供了所需的水源。例子包括大萨克拉门托、洛杉矶、圣地亚哥、拉斯维加斯和凤凰城地区,这些地区的人口几乎占美国总人口的 10%,而所有这些地区每年的降水量都少于 15 英寸。

从远方进口大量水资源以满足不断增长的城市人口的消费需求的做法,是由罗马人在几千年前开创的。甚至在美国的西南部干旱地区,早在公元1400 年霍霍坎文明就将水资源转移数十英里以灌溉沙漠地区(Reisner,1986)。但是,与依靠重力将水从相对较近的水源移至用水地的罗马人和霍霍坎人不同,美国西部干旱地区的许多供水渡槽都依赖昂贵的抽水设备,并跨越海拔梯度进行水资源转移,总距离达数百英里。洛杉矶市则"开创了"远距离引水的做法——从科罗拉多河、圣华金河三角洲和欧文斯山谷汲水。建立于 1928 年的南加利福尼亚州大都市水区为其他许多地区的人们提供了比美国任何一个水区都多的服务。一旦没有进口水供给,当地现有的水源将只能满足总人口中一小部分人的需求(Erie and Joassart-Marcelli,2000)。

1905 年 9 月,洛杉矶市批准发行 2 300 万美元(按 2018 年美元汇率计算,约为 5 亿美元)的债券来修建渡槽,以将水资源从约 223 英里外的欧文斯山谷运送到洛杉矶(Reisner,1986)。当时,以农业为主的欧文斯山谷地区拥有丰富的水资源,但其农业发展潜力却很小,原因在于其耕地数量有限,土壤质量差,生长季节很短,以及向市场运输农产品的成本非常高(Libecap,2009)。渡槽本身的修建将耗时 6 年以上,需要约 6 000 多名工人,在此过程

847

中,将筑成 53 英里的隧道、120 英里的铁轨、170 英里的输电线路以及
500 英里的公路和山路(Reisner,1986)。出人意料的是,在修成初期,该渡
槽为洛杉矶提供的水量很少,而大部分份额都被输送到圣费尔南多谷地具
有高价值的农业地区(Reisner,1986)。就总量而言,到 1920 年,欧文斯山谷
通过洛杉矶渡槽为洛杉矶提供的水量是洛杉矶河供水量的四倍(Libecap,
2009)。到 1930 年(从 1900 年开始),洛杉矶县的房地产价值增长 4 408%,
但欧文斯山谷所在的因约县的房地产价值却仅增长 917%(Libecap,2009)。
与城市用水(每英亩英尺超过 500 美元)相比,当前农业用水的边际价值(每
英亩英尺 15—25 美元)能够显著地反映这种差距(Libecap,2009)。

　　在旧金山湾区更北部的地区,旧金山监事会目睹了 19 世纪中期矿业繁
荣时期的大规模人口激增浪潮,因而旧金山监事会产生了确保长期的水源
来满足城市不断增长的需求的兴趣(Starr,1996)。1906 年的地震和大火加
剧了这一需求:灾害摧毁了大部分城市,并引发对建立高压水系统的呼声,
以预防未来类似情况再发生。更重要的是,在内荷达山脉 150 英里以外的
地方,完全在优胜美地国家公园的范围内,监事会认为赫奇赫奇山谷是在图
奥勒米河上修建水库的最佳地点。经过多年的政治斗争,美国第二高的大
坝——奥肖纳西大坝——于 1923 年竣工。大坝需要 500 名工人历时三年才
完成(Starr,1996)。十一年后,耗资 1 亿美元,图奥勒米河的河水被引入旧
金山。总而言之,赫奇赫奇综合水体包括五个主要水库、四个水坝、几个水
力发电设施以及数百英里的隧道和管道(Starr,1996)。

848

　　直到 1941 年,从欧文斯山谷输送到洛杉矶的水资源都是唯一的进口水
来源(Libecap,2009)。然而不断增长的人口需要其他地区的水资源供给。
科罗拉多河渡槽和蓄水项目是一项价值高达 2.2 亿美元的项目,主要由财产
税来资助,该项目最终于 1941 年完工。它为大洛杉矶地区提供其生产的三
分之二的电力,并提供超过 400 万英亩英尺的水(Reisner,1986)。与早期的
欧文斯山谷项目采用重力给水不同,因为需要越过高大山脉输水和远距离
输水,科罗拉多河用水项目带来成本高昂的抽水需求(Erie and Joassart-Mar-
celli,2000)。此外,胡佛水坝是“为了维护整个西南地区的未来而建造的”,
并为其他所有渴望建造真正的大型蓄水坝的州和国家树立了榜样。然而被
胡佛水坝拦截的科罗拉多河并不是一条大河,其总流量仅排在美国前 25 名

开外(Reisner, 1986:257)。

始于20世纪50年代的加利福尼亚用水计划提出一项提案,该提案将成为美国各州或地方政府有史以来最大的水利项目(Reisner, 1986)。先前的供水系统,例如,纽约的卡茨基尔渡槽或特拉华渡槽系统——在第二次世界大战期间完成的,包括85英里地下隧道的供水系统,与加州用水计划中提出的方案相比,则显得相形见绌。与向纽约市供水的卡茨基尔渡槽相比,加州用水计划在六倍于卡茨基尔渡槽的距离内提供了四倍的供水量(Reisner, 1986)。与科罗拉多河渡槽不同,包括加利福尼亚渡槽及许多较小的分支渡槽和运河在内的州用水项目是由水的销售收入而不是税收来资助的(Erie and Joassart-Marcelli, 2000)。这主要是因为集水和配水网络遍布全州,此网络包括数十座水坝和数百英里运河、隧道和管道。

城市与农场的电气化

在20世纪30年代初,美国西北太平洋地区只有300万居民,其中一半以上居住在农村社区。在农村人口中,超过70%的人没有机会用电(Reisner, 1986)。赖斯纳(Reisner, 1986)指出,在1933年之前,哥伦比亚河上还未建起大坝;到20世纪70年代中期,哥伦比亚河干流及其支流共建起36座大型水坝,其中包括13座“巨型水坝”,例如大古力水坝、博纳维尔水
849 坝、约翰·戴水坝和地狱谷水坝等。20世纪30年代初,在大古力水坝蓄满水时,由它生产的水力发电就很少被利用了,这在很大程度上归因于博纳维尔下游大坝的建设(Reisner, 1986)。然而,到20世纪40年代初,随着太平洋和欧洲战场上的战争愈演愈烈,大古力水坝和博纳维尔水坝生产的水电量超过90%都用于国防工业,以及制造武器和飞机所需的铝的加工(Reisner, 1986)。赖斯纳(Reisner, 1986:164)指出:“轴心国的力量在两个方面是不能及的——苏联的寒冬,以及美国在四年之内造出6万架飞机的水力发电能力。”后来,大古力水坝为迅速发展的航空航天业提供了廉价的电力,并提供了必要的电力用于汉福德核生产设施。若说大古力水坝只是一个水坝,则是对它的大大低估。根据赖斯纳(Reisner, 1986:159)的说法:

"胡佛水坝十分庞大,沙斯塔水坝又大了一半。而大古力水坝比它们两者更大。"大古力水坝曾是世界上最大的水坝,共使用总质量为1 050万立方米的混凝土,坝顶长度近一英里,需要总长1.3亿英尺的木材来修建。为支持工人而兴建的城市在5英里范围内拥有比世界上其他任何地区都多的娱乐场所(Reisner,1986)。

农村电气化管理局(REA)的影响力与相对廉价的水力发电相结合,为乡村农场带来电力,并显著提高作物的生产力、产量和土地价值(Kitchens and Fishback,2015)。大坝本身不仅提供了洪水防控和灌溉用水,还通过提供可用于抽地下水和加工农产品的电力,提升了那些远离河岸水源的农场的经济潜力。皮萨尼(Pisani,2002:204)估计,农场的电气化"为西部地区的可灌溉土地供应增加了1 000万英亩的平坦土地"。然而,农村电气化管理局带来的收益与主要水利基建综合体带来的收益是很难区分开的(Kitchens,2014)。从《开垦法案》实施之初起,水力发电就被视为一种将会"复兴和扩张旧工业并创造新工业"的资源(Pisani,2002:203)。考虑到西部干旱地区广阔的土地、分散的人口和崎岖的地形,建立以电力而不是煤炭为基础的铁路系统显得非常合理。"与蒸汽动力火车相比",电动轨道被相信"更便宜、更快速、更高效,并且受寒冷天气和机械故障的影响更小"(Pisani,2002:204)。

到20世纪40年代初,美国许多大型水电大坝和水利综合体竣工,包括大古力水坝、胡佛水坝,以及田纳西河谷管理局(TVA)下辖的威尔逊水坝和诺里斯水坝。在20世纪30年代初,作物耕种仅占所有用电量的2.6%;到1940年,农村农场的电气化程度提高了230%(Kitchens and Fishback,2015)。与大多数水力发电项目一样,接受水力发电所产电能的地区收取的电费是全国最低的——即使不是最低的一个,也是最低的其中一批(Kitchens,2014)。至少在田纳西河谷管理局确是如此,它包括一系列运河、公路、洪水控制系统、水库和水坝(目前有29个水电大坝),这些水坝为许多以前并未通电的农场和家户提供水电,此外还提供如洪水控制和导航改进等一系列广泛服务(Kline and Moretti,2014;Kitchens,2014)。田纳西河谷管理局为东南部的七个州提供电力,尽管其所提供的电气化对电力供应产生的短期总体经济影响,相对于其成本而言并不大,但是其在总体基建设施

850

投资、洪水防控和交通安全方面,为"所有准备开发水资源的国家"带来了示范性干预(Kitchens,2014:390)。田纳西河谷管理局的运行依赖于地方性投资的事实引起人们的担忧,即任何地方性收益都可能被美国其他地区的损失所抵消(Kline and Moretti,2014)。然而,从长远来看,克兰和莫雷蒂(Kline and Moretti,2014)发现,来自田纳西河谷管理局收益的净现值约为65亿—192亿美元,这实际上具有显著的工业化特点,并创造出大量制造业就业机会和高薪制造业工作岗位。总体而言,来自田纳西河谷管理局的间接影响很小,但是在对全国的直接影响中占最大的份额,它使国内制造部门的生产率不断提高,其中1940—1960年提高了三分之一,而这一部分直接来自对公共基建设施的投资(Kline and Moretti,2014)。

结论与思考

水和水管理是复杂的经济资源,由此诞生了同样复杂的物质基建设施、制度和治理问题。在美国西部和西方移民的历史上,我们认为没有任何自然资源对经济的影响能够超过水及其推动的基建设施和公共治理。遍布西部干旱土地的各主要水利基建设施,如大坝、运河和渡槽等,通过储存、提升和运输水资源促进了移民的西进运动。西部干旱地区的水资源是经济增长的制约因素,因此需要大型的水利工程和基建设施,以贮存水源并允许人类重新开垦沙漠。包括《宅地法》和《开垦法案》在内的联邦法律,鼓励和促进了这一迁移。而在西部干旱地区,与采矿、农业和城市用水需求相适应并同步发展的制度,与东部地区的河岸水治理几乎并无相似之处。随着西部干旱地区城市的发展,城市需求也不断增加,技术创新使储存起来的大量水资源可以同时用于水力发电,这推动了工业复兴,加速了农场的电气化进程。

在气候更加多变的时期,主要水利基建设施在减轻洪水和干旱的潜在影响中继续发挥重要的作用(Hansen et al.,2011)。采用更宽广的历史视角,再加上对经济史的定量方法(即计量史学)的强化,在为当前关于气候变化和气候变异的影响的争辩提供见解以及如何最好地应对上,是必不可少的。在19世纪和20世纪的北美,西经100度线以西地区的农业扩张遭遇了未曾预料的,或者说以前从未经历的气候变化(Olmstead and Rhode,2008)。因此,对过去如何应对这些多变的气候条件的历史分析,能够而且将为解决日益严重的气候变化及其影响提供有价值的信息。例如,汉森等人(Hansen et al.,2011)使用大规模、综合性的数据(例如,与地形特征具有空间关联的县级水利基建设施数据,20世纪的历史气候数据和历史农业数据,等等),显示了水利基建设施和水管理对美国西部农作物混种、休耕方式以及农业生产的重大影响。除了研究储水基础设施的农业土地利用情况和农作物生产收益外,文献还讨论了一些潜在的生态系统影响,例如,借助计量史学技术研究爱达荷州的供水基础设施和水权治理——利用冷暖季之间的长期调水模式,可能会使水流量较低和供水量波动加剧(Hansen et al.,2014)。利用这种更全面的定量方法来评估半干旱地区水利基建设施的发展及其管理对农业和自然生态系统的长期影响,将继续有助于阐明农业收益与生态影响之间的权衡关系,并导致未来一系列更加均衡的政策(Hansen et al.,2011)。对作物混种和农业产量的比较分析、水利基建设施对产权价值和游憩价值的影响的特征分析,以及对大坝提供的水力发电价值的估计,都无法捕获其真实影响;这些分析需要更加深层次的理解,并结合制度方面的响应,以及更严格的、更长的时间框架下的计量经济学分析(Libecap,2011;Hansen et al.,2011)。为了响应美国半干旱地区农业需求而出现的制度今天仍然存在,并且通过提高水资源向高价值用途再分配的成本,在当今用水市场中发挥关键作用(Libecap,2011)。水权系统的优先占用权和治理体系为水的分配、使用和投资提供了框架,并且该框架将继续影响当代的用水和水分配,以应对新的城市化以及环境、工业和农业的需求(Leonard and Libecap,2017)。

　　与以不可再生的煤或天然气为燃料的电力技术相比,由主要水利基建设施所推动的水力发电提供了可再生的、可持续的、碳中和的且价格低廉的电力生产技术。美国有超过三分之一的人口居住在西经100度线及以西的各州,这些州也为美国提供了大部分的食品生产。但是,尽管过去的建设重点在于主要的储水和运输基础设施,但展望未来,大部分重点则在报废和拆除相同的基础设施上。环保意识以及对作为自然水源的溪流的价值的再关注,包括游憩用途、主要食品以及濒危和受威胁的本地物种的生存,使该问题的研究意义得到升华。自 20 世纪 60 年代末和 70 年代初起,建设最后一批大型水坝的议案被提出,已经退役的水坝数量远远超过新水坝的建造数量(Pisani,2002)。实际上,后续提出的许多新的水利基建设施,更多地集中在修复老化的旧水坝,为水力发电能力不足的水坝增强水力发电能力,转移这些水坝中的水资源,为鱼类迁徙提供替代方案,以及提高现有水坝的高度以便为增加的水资源提供储存空间上。由于气候驱动型对话强调了对可持续能源的需求,非消耗性用水对美国西部干旱地区的水管理决策产生了更大的影响,因此,关于我们如何走到当前所面临的困境,计量史学家们的贡献——帮助我们更好地了解这一情况——是这一讨论的重要组成部分。

852

参考文献

Bogart,E.L. (1913) "Early Canal Traffic and Railroad Competition in Ohio", *J Polit Econ*, 21(1):56—70. *JSTOR*, JSTOR. www.jstor. org/stable/1819852.

Brosnan,C.J. (1918) *History of the State of Idaho*. C. Scribner's Sons, New York.

Chanda,A., Craig,L. A., Treme, J. (2008) "Convergence(and divergence) in the Biological Standard of Living in the USA, 1820—1900", *Cliometrica*, 2:19. https://doi.org/10.1007/s11698-007-0009-1.

Coman,K. (1911) "Some Unsettled Problems of Irrigation 1911", *Am Econ Rev*, 101 (1):36—48.

Cranmer,H.J. (1960) "Canal Investment, 1815—1860" In: *Trends in the American Economy in the Nineteenth Century*. NBER. Princeton University Press, Princeton, pp.547—570.

Dennen,R.T. (1976) "Cattlemen's Associations and Property Rights in Land in the American West", *Explor Econ Hist*, 13(4):423—436.

Dunbar,R.G. (1983) *Forging New Rights in Western Waters [Western States (USA)]*. Lincoln: University of Nebraska Press.

Engstrom, J. (1976) "A Policy of Disaster: the Decision to Build the Teton Dam", *Rendezvous*, 11(2):62—74.

Erie,S. P., Joassart-Marcelli,P. (2000) "Unraveling Southern California's Water/Growth Nexus: Metropolitan Water District Policies and Subsidies for Suburban Development, 1928—1996", *Calif West Law Rev*, 36(2):Article 4. https://scholarlycommons. law. cwsl. edu/cwlr/vol36/iss2/4.

Fletcher,R.H. (1960) *Free Grass to Fences: The Montana Cattle Range Story*. University Publishers, New York.

Gates,P. W. (1979) *History of Public Land Law Development*. Arno Press, New York, Reprint of His 1968 Volume Prepared for the Public Land Law Review Commission, Washington, DC.

Haines,M. R., Craig,L. A., Weiss,T. (2003) "The Short and the Dead: Nutrition, Mortality, and the 'Antebellum Puzzle' in the United States", *J Econ Hist*, 63(2):385—416.

Hansen,Z. K., Libecap,G. D. (2004a) "The Allocation of Property Rights to Land: US Land Policy and Farm Failure in the Northern Great Plains", *Explor Econ Hist*, 41(2):103—129.

Hansen,Z. K., Libecap,G. D. (2004b) "Small Farms, Externalities, and the Dust Bowl of the 1930s", *J Polit Econ*, 112(3):665—

694.

Hansen, Z., Libecap, G. D., Lowe, S. E. (2011) "Climate Variability and Water Infrastructure: Historical Experience in Western United States" In: Libecap, G. D., Steckel, R. H. (eds) *The Economics of Climate Change: Adaptations Past and Present*. University of Chicago Press, Chicago/London, pp.253—280.

Hansen, Z. K., Lowe, S. E., Xu, W. (2014) "Long-term Impacts of Major Water Storage Facilities on Agriculture and the Natural Environment: Evidence from Idaho (U. S.).", *Ecol Econ*, 100: 106—118. https://doi.org/10.1016/j.ecolecon.2014.01.015.

Hibbard, B. H. (1924) *A History of the Public Land Policies*. Macmillan, New York.

Kitchens, C. (2014) "The Role of Publicly Provided Electricity in Economic Development: The Experience of the Tennessee Valley Authority, 1929—1955", *J Econ Hist*, 74(2): 389—419. https://doi.org/10.1017/S0022050714000308.

Kitchens, C., Fishback, P. (2015) "Flip the Switch: The Impact of the Rural Electrification Administration 1935—1940", *J Econ Hist*, 75(4): 1161—1195. https://doi.org/10.1017/S0022050715001540.

Kline, P., Moretti, E. (2014) "Local Economic Development, Agglomeration Economies, and the Big Push: 100 Years of Evidence from the Tennessee Valley Authority", *Q J Econ*, 129 (1): 275—331. https://doi.org/10.1093/qje/qjt034.

Leonard, B., Libecap, G. D. (2017) *Collective Action by Contract: Prior Appropriation and the Development of Irrigation in the Western United States*. NBER Working Paper 22185. http://www.nber.org/papers/w22185.

Libecap, G. D. (1981) "Bureaucratic Opposition to the Assignment of Property Rights: Overgrazing on the Western Range", *J Econ Hist*, 41(1):151—158.

Libecap, G. D. (2009) "Chinatown Revisited: Owens Valley and Los Angeles-bargaining Costs and Fairness Perceptions of the First Ma-jor Water Rights Exchange", *Journal Law Econ Org*, 25(2): 311—338. Available at SSRN: https://ssrn.com/abstract = 1476649 or https://doi.org/ 10.1093/jleo/ewn006.

Libecap, G. D. (2011) "Institutional Path Dependence in Climate Adaptation: Coman's 'Some Unsettled Problems of Irrigation'", *Am Econ Rev*, 101(1):64—80.

Libecap, G., Hansen, Z. (2002) "'Rain Follows the Plow' and Dry Farming Doctrine: the Climate Information Problem and Homestead Failure in the Upper Great Plains, 1890—1925", *J Econ Hist*, 62(1):86—120.

McCool, D. (1994) *Command of the Waters: Iron Triangles, Federal Water Development, and Indian Water*. University of Arizona Press, Tucson.

Nace, R. L., Pluhowski, E. J. (1965) *Drought of the 1950's with Special Reference to the Mid-continent*. U.S. Geological Survey Water-supply Paper No. 1804. Government Printing Office, Washington, DC.

North, D.C. (1956) "International Capital Flows and the Development of the American West", *J Econ Hist*, 16(4): 493—505. *JSTOR*, JSTOR. www.jstor.org/stable/2114694.

Olmstead, A. L., Rhode, P. W. (2008) *Abundance: Biological Innovation and American Agricultural Development*. Cambridge University Press, New York.

Pisani, D. J. (1984) *From the Family Farm to Agribusiness: The Irrigation Crusade in California and the West, 1850—1931*. University of California Press, Berkeley.

Pisani, D. J. (1996) *Water, Land, and Law in the West: The Limits of Public Policy, 1850—1920*. University Press of Kansas, Lawrence.

Pisani, D. J. (2002) *Water and American Government: The Reclamation Bureau, National Water Policy, and the West, 1902—1935*. University of California Press, Berkeley.

Rae, J.B. (1944) "Federal Land Grants in Aid of Canals", *J Econ Hist*, 4(2): 167—177. *JSTOR*, JSTOR. www.jstor.org/stable/

2113882.

Ransom, R. L. (1964) "Canals and Development: A Discussion of the Issues", *Am Econ Rev*, 54(3):365—376. *JSTOR*, JSTOR. www.jstor.org/stable/1818521.

Reisner, M. (1986) *Cadillac Desert: the American West and Its Disappearing Water*. Viking, New York. Representative Patterson. Appendix to the Congressional Record, 1879. In: 45th Congress, 3rd Session, p.221.

Rhode, P. (1995) "Learning, Capital Accumulation, and the Transformation of California Agriculture", *J Econ Hist*, 55(4):773—800.

Robbins, R. M. (1942) *Our Landed Heritage: The Public Domain, 1776—1936*. Princeton: Princeton University Press.

Starr, K. (1996) *Endangered Dreams: The Great Depression in California*. Oxford University Press, New York.

Turner, F. J. (1920) *The Frontier in American History*. H. Holt and Company, New York.

U.S. Department of Interior, General Land Office. *Annual Reports of the Commissioner*. Washington DC: GPO, various years (1880—1925).

Webb, W. P. (1931) *The Great Plains*. Ginn and Company, Boston.

Worster, D. (1985) *Rivers of Empire: Water, Aridity, and the Growth of the American West*. New York: Pantheon Books.

Worster, D. (2002) *A River Running West: The Life of John Wesley Powell*. Oxford University Press, New York/Oxford.

Xu, W., Lowe, S. E., Adams, R. M. (2014) *Climate Change, Water Rights, and Water Supply: The Case of Irrigated Agriculture in Idaho*. Water Resour Res 50: 9675—9695. https://doi.org/10.1002/ 2013WR014696.2.

索　引

本索引词条后面的页码,均为英文原著页码,即中译本的正文页边码。

S

T

W

X

译后记

计量史学依靠历史资料和统计数据,并应用计量经济方法来研究经济发展史,从而改变了经济发展史的传统研究方法。1957年,康拉德和迈耶对美国奴隶制的研究拉开了计量史学革命的序幕;1993年,福格尔和诺思因"解释经济和制度变迁,通过应用经济理论与计量方法革新经济史研究"而获得诺贝尔经济学奖。自计量史学诞生开始,经济史学界围绕"制度"这一主题,保持了经久不衰的研究热情。

诺思曾指出,技术创新、规模经济、教育和资本积累不是经济增长的原因,而是制度刺激的结果。不同的制度安排会产生不同的理性经济反应,进而影响长期经济发展。制度的影响不一定是有益的,因为它们可以将经济变革推向"增长、停滞或衰退"。这种复杂性表明,经济增长受到多种因素的交互作用,其中制度的作用不容忽视。

本书的英文名称是"Institution",直译即"制度",但我们最终选择将本书的题目定为"制度与计量史学的发展",是因为构成它的七个章节都不约而同地提及计量史学方法如何推动研究历史上的制度及制度带来的影响。在翻译本书的过程中,我们还经历着完成学业、科研任务、准备求职等各项挑战,因此大部分翻译工作只能在业余时间完成,但我们还是尽可能地投入自己的最大努力,希望能将最好的译本呈现给读者。同时,我们的老师、同事、朋友、家人在各个方面不遗余力地支持我们,让我们可以心无旁骛地投身到翻译中去。

在本书的译稿交付之际，回顾整个翻译过程，最大的感触是学无止境。翻译并非简单的语言转化，需要持续学习，不断拓展背景知识，提高解决问题的能力。对于这些熟悉的或不熟悉的文献，限于篇幅书里仅仅作了简单介绍，但读者可以根据兴趣再进行深入阅读。它们大多是经典文献或前沿研究，会指引我们去探索经济史的广阔世界。

最后，希望在这里表达我们的感激之情。感谢格致出版社编辑唐彬源和李月的细致且耐心的工作，他们在翻译和校对过程中一直不厌其烦地与我们进行沟通协调。感谢中国政法大学熊金武老师和南方科技大学郭悦老师在本书翻译过程中提供的宝贵修改建议。感谢中国政法大学王楚天、王佩钰、王舒露、项上、钟沥文、苏佳伟同学协助翻译，感谢南方科技大学商学院潘卓楹、刘玥、张志倩同学和山东大学经济研究院厚鑫、张晓宇、肖薇薇、林士新等同学参与译稿的修改和讨论。

在本书翻译过程中，错漏在所难免，不足之处由译者全部承担，我们也诚挚地希望读者能对我们的译本进行批评和指正。谢谢！

张文　杨济菡

2023 年秋记于韩国学中央研究院

图书在版编目(CIP)数据

制度与计量史学的发展 /（法）克洛德·迪耶博，
（美）迈克尔·豪珀特主编；张文，杨济菡译. — 上海 ：
格致出版社 ：上海人民出版社，2023.12
（计量史学译丛）
ISBN 978 - 7 - 5432 - 3495 - 6

Ⅰ. ①制… Ⅱ. ①克… ②迈… ③张… ④杨… Ⅲ.
①计量学-史学史-世界 Ⅳ. ①TB9 - 091

中国国家版本馆 CIP 数据核字(2023)第 159279 号

责任编辑 李 月
装帧设计 路 静

计量史学译丛

制度与计量史学的发展

[法]克洛德·迪耶博 [美]迈克尔·豪珀特 主编
张文 杨济菡 译

出 版 格致出版社
上海人民出版社
（201101 上海市闵行区号景路 159 弄 C 座）
发 行 上海人民出版社发行中心
印 刷 上海盛通时代印刷有限公司
开 本 720×1000 1/16
印 张 17
插 页 3
字 数 256,000
版 次 2023 年 12 月第 1 版
印 次 2023 年 12 月第 1 次印刷
ISBN 978 - 7 - 5432 - 3495 - 6/F · 1530
定 价 78.00 元